로스앤젤레스 건축 가이드

LOS ANGELES ARCHI-TECTURAL GUIDE

김태식 저

Spacetime

Let's Go To

Los Angeles.
Adams Blvd 1/4
10 Fwy 1
Downtown Exit 1 3/4
14'-9"

캘리포니아를 구성하는 58 개 카운티 지도

Wikimedia : Gigillo83

Wikimedia : Thadius856

로스앤젤레스가 속한 캘리포니아California는 미국 대륙의 서쪽에 자리한다. 캘리포니아는 남북한 통일된 면적의 2 배와 비슷할 정도로 거대하다. 총 58개의 카운티County가 캘리포니아 땅을 나누어 차지하고 있다.

캘리포니아에서 유명한 도시로 북쪽에는 샌프란시스코San Francisco가 있고, 남쪽에는 로스앤젤레스가 있다. 이 때문에 샌프란시스코가 캘리포니아 주의 주도州都라고 오해하는 사람들이 가끔 있는데, 새크라멘토Sacramento가 캘리포니아의 주도다. 1848년 금이 발견되었다는 소문이 전 세계로 퍼지면서, 골드러쉬Gold rush가 시작된 곳이기도 하다. 새크라멘토로 가기 위해 수많은 사람들이 샌프란시스코 항구로 몰려 들었고, 샌프란시스코가 캘리포니아에서 가장 먼저 큰 도시로 발전했다.

로스앤젤레스와 오렌지 카운티 지도

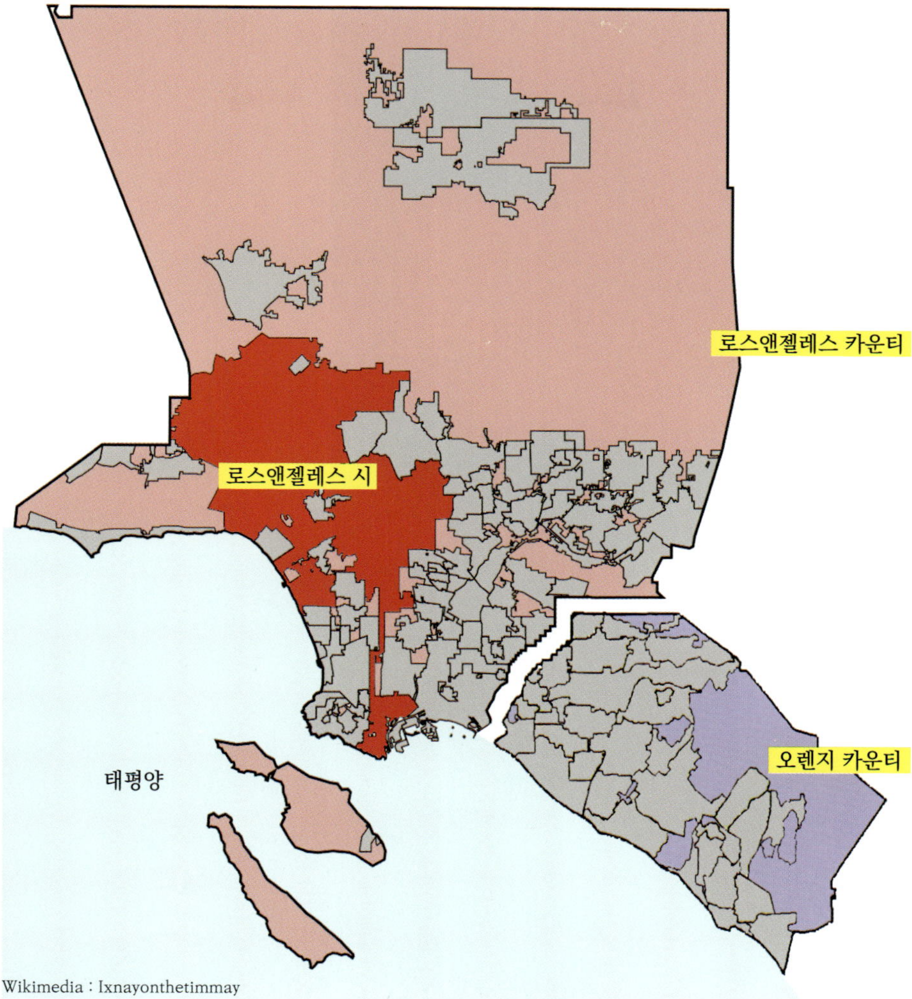

Wikimedia : Ixnayonthetimmay

로스앤젤레스 카운티에는 2025년 현재 88개의 시city(회색)가 있고, 그 중에 로스앤젤레스 시(빨간색)가 가장 크고, 인구가 많다. 붉은 부분은 로스앤젤레스 카운티에 속하면서, 시로 독립하지 않은 지역이다.

오렌지 카운티는 원래 로스앤젤레스 카운티의 일부였다가, 1889년에 독립했다. 로스앤젤레스 카운티의 남동쪽에 자리하고, 크기가 로스앤젤레스 카운티의 1/4 정도로 작다. 오렌지 카운티 안에는 34개의 시(회색)가 속해 있다. 푸른 부분은 오렌지 카운티에 속하면서, 시로 독립하지 않은 지역이다.

로스앤젤레스 시 경계의 변화

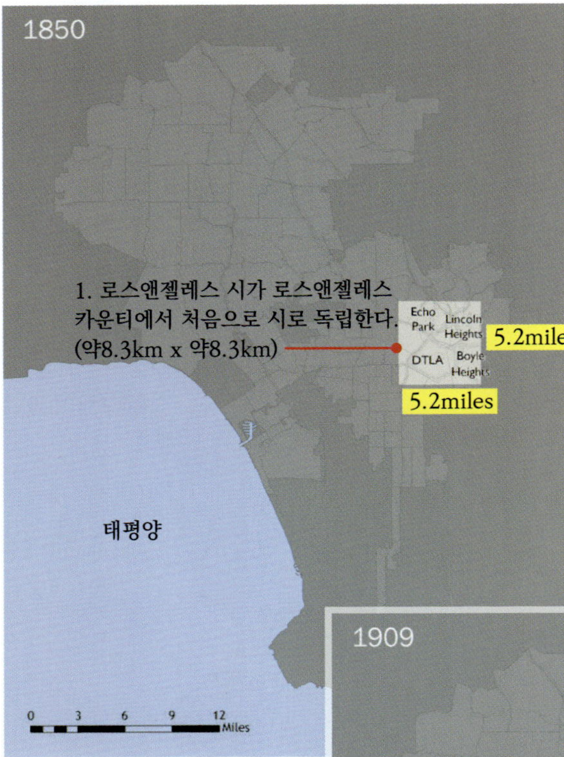

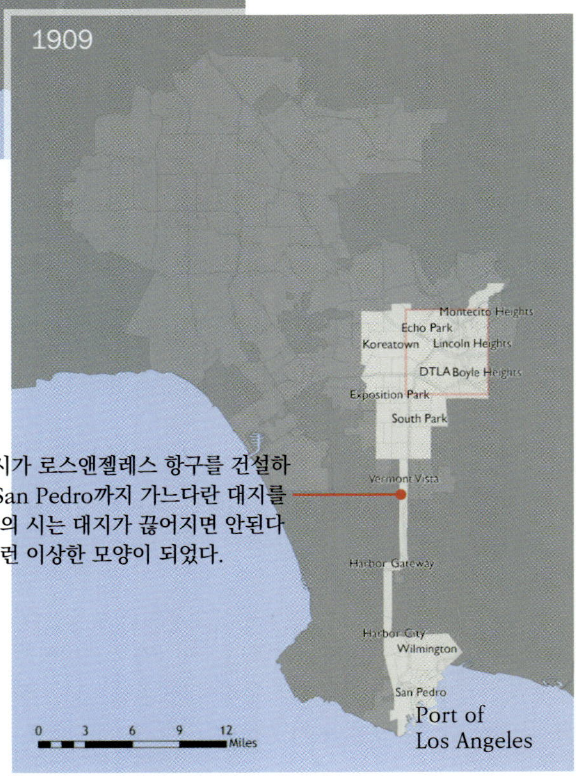

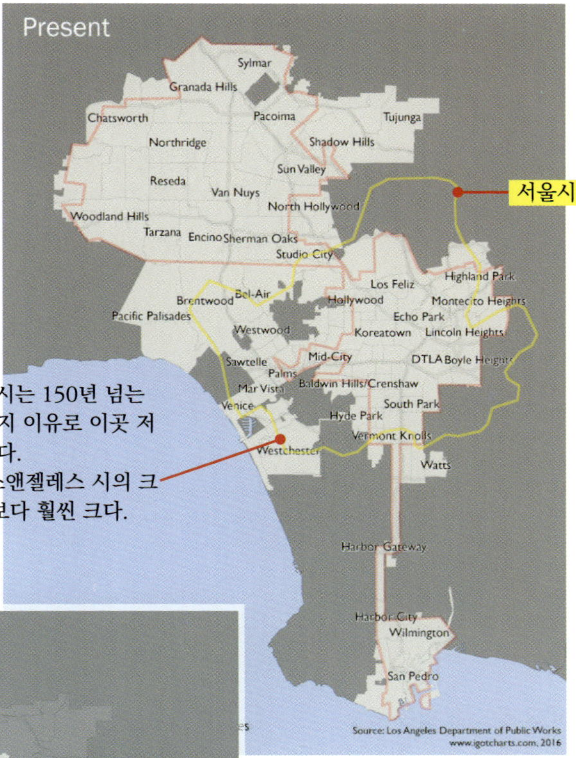

4. 로스앤젤레스 시는 150년 넘는 기간 동안 여러가지 이유로 이곳 저곳으로 확장해 왔다.
2025년 현재 로스앤젤레스 시의 크기는 서울특별시보다 훨씬 크다.

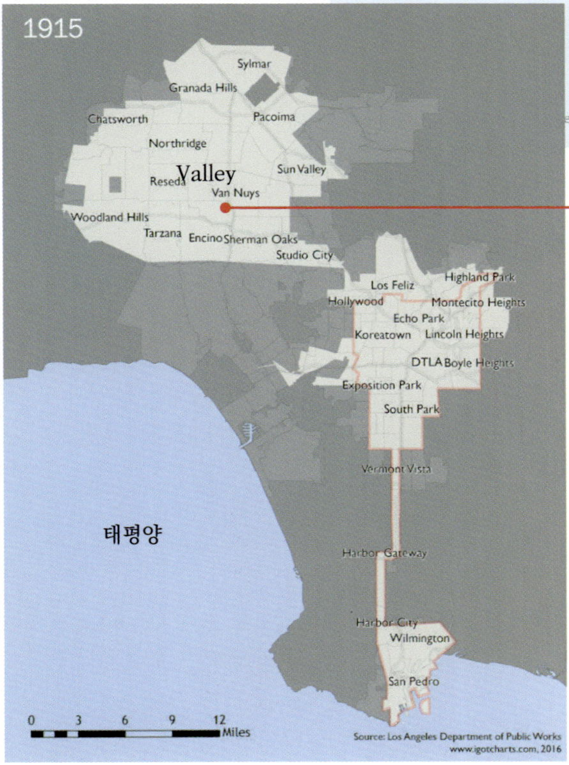

3. 로스앤젤레스 시의 상수도 문제 해결을 위해 밸리Valley (사실 계곡이라기보다는 분지basin가 맞는 표현이다) 지역이 로스앤젤레스 시에 편입되었다.

동희와 민정에게
to Amber & Ashley

미국 주소를 읽는 방법 :
미국 주소 읽는 방법은 한국에서와 다르다.
가장 큰 특징은 "**작은 주소부터 먼저 적는다**"는 것이다.

LA에서 유명한 건축 디자인 서적을 판매하는
'헤네시 앤 잉걸스 Hennessey + Ingalls' 라는 서점의 경우
300 S Santa Fe Ave #M, Los Angeles, CA 90013 USA라고 쓴다.
앞에 있는 300은 한국식으로 하면 번지수이다. S는 South를, Santa Fe Ave는 길 이름을 뜻하고, #M은 유닛 호수를 가리킨다. Los Angeles는 시를 나타내는데, 동네 neighborhood를 넣기도 한다. CA는 California를 뜻하는 약자, 90012는 우편번호 zip code를 가리킨다.

길을 의미하는 약자abbreviation

Aly :	Alley	Pl :	Place
Blvd :	Boulevard	Plz :	Plaza
Dr :	Drive	Rd :	Road
Hwy :	Highway	St :	Street
Pkwy :	Parkway		

2019년에 로스앤젤레스Los Angeles의 10개 건물을 자세히 소개하는 '로스앤젤레스 건축읽기'를 출판했다. 그 후 여러가지 이유로 예상보다 늦게 2번째 책이 나오게 되었다.

이번 책은 **18세기 중반 로스앤젤레스가 역사에 등장하는 시기부터 시작해서, 2025년 3월까지 지어진 건축물의 흐름을 소개한다.** 250년이 넘는 기간으로 짧다면 짧고, 길다면 긴 기간이다. 로스앤젤레스 최초의 흔적인 엘 푸에블로El Pueblo(1771SGAB)를 시작으로, 이제 막 완공한 스탠리 세이토위츠Stanley Saitowitz의 주상 복합 건물(2025CREN)까지 다룬다. 이 기간 동안에 지어진 건축물 중 약 250 여 개의 건축물을 선정해서, 건축물 당 한 페이지 안에서 개괄적으로 간단히 소개한다. 지역적으로는 로스앤젤레스 카운티와 오렌지 카운티로 한정해서 건축물을 선정했다. 사람들이 로스앤젤레스라고 하면, 대개 이 지역을 의미한다.

한 권 전체를 읽으면, 로스앤젤레스의 건축과 도시 역사를 대충 훑을 수 있다. 전체 읽기가 귀찮은 사람은 부분부분을 읽어도 된다. 중요 건축가별로 골라서 읽으면, 그 건축가가 어떻게 성숙해 왔는지 과정을 알 수 있다. 아니면, 한 지역에 어떤 중요 건축물들이 어떤 순서로 지어졌는지 흐름도 확인할 수 있다. 건물 종류에 따라 건물 유행 변천 과정도 살펴 볼 수 있다.

한국에서 LA로 관광을 많이 오는데, 관광 코스 짤 때도 유용하게 쓰일 수 있다. 멀지만, 세계 건축을 이끄는 도시중 하나인 LA라는 도시와 그 안의 건축을 이해하는 좋은 자료로 활용되기를 바란다.

2025년 5월
LA에서 김태식

차 례

페이지	건축가	건축물 / 장소	연도
101	Barton Myers	Cerritos Center for the Performing Arts	1993CERR
102	Jerde	Universal City Walk	1993CTWK
103	Ricardo Legoretta	Pershing Square	1994PERS
104	Frank Gehry	Disney Ice	1995DICE
105	Charles Moore	Beverly Hills City Hall	1996BEVE
106	Michael Rotondi	Carlson-Reges Residence	1996CARL
107	Richard Meier	Museum of TV & Radio (현 Brainwash Museum)	1996MTVR
108	Eric Owen Moss	Samitaur	1996SAMI
109	Moshe Safdie	Skirball Cultural Center	1996SKIR
110	Richard Meier	Getty Center	1997GETT
111	Stephen Kanner	In-N-Out Burger Restaurant	1997INOB
112	Fay Jones	Sky Rose Chapel	1997SKYR
113	Hardy, Holzman, & Pfeiffer	Colburn School	1998COLB
114	Morphosis	Diamond Ranch High School	1999DRHS
115	Morphosis	International Elementary School	1999INTE
116	Gyo Obata (HOK)	Japanese American National Museum	1999JAPA
117	NBBJ	Staples Center (현Crypto.com Arena)	1999STAP
118	Eric Owen Moss	Umbrella	1999UMBR
119	Michael Jantzen	M-House	2000MHOU
120	Peter Tolkin	Saladang Song Restaurant	2000SALA
121	Gary Paige	SCI-Arc	2000SCIA
122	Nadel	Westwood Center	2000WEST
123	Hodgetts & Fung	Sinclaire Pavilion at Art Center	2001ARTC
124	Stan Allen	Burnham House	2001BURN
125	Rockwell Group	Kodak Theatre (현Dolby Theatre)	2001KODA
126	David Hertz	Tilt-Up Slab House	2001TILT
127	Mark Mack	Abbot Kinney Lofts	2002ABBO
128	Jose Rafael Moneo	Cathedral of Our Lady of the Angels	2002CATH
129	Barton Myers	9350 Civic Center Dr	2002CIVI
130	Pugh & Scarpa	Colorado Court Housing	2002COLO
131	Abramson & Teiger	First Presbyterian Church of Encino	2002FIRS
132	Elkus & Manfredi	Grove Mall	2002GROV
133	Neil Denari	LA Eyeworks (현 Alfred Coffee)	2002LAEY

페이지	건축가	건축물 / 장소	연도
167	Michael Maltzan	Carver Apartments	2009CARV
168	Mehrdad Yazdani	Science Education Building at CSUN	2009CSUN
169	Angelil & Graham	Discovery Cube Los Angeles	2009DCLA
170	Coop Himmelblau	Cortines School of Arts	2009HIGH
171	Gensler	LA Live	2009LALI
172	AECOM	LAPD Headquarters	2009LAPD
173	Michael Rotondi	Madame Tussauds, Hollywood	2009MADA
174	Michael Maltzan	Pittman Dowell Residence	2009PITT
175	Marcelo Spina	Prism Gallery	2009PRIS
176	Stephen Kanner	United Oil Gas Station	2009UNGA
177	Hodgetts & Fung	Wild Beast Pavilion at Cal Arts	2009WILD
178	Lorcan O'Herlihy	Formosa 1140	2010FORM
179		2010 Downtown LA	
180	Hagy Belzberg	Los Angeles Museum of Holocaust	2010HOLO
181	Eric Owen Moss	Samitaur Tower	2010SAMI
182	Jerde	Santa Monica Place	2010SANT
183	Griffin & Enright	St. Thomas the Apostle School	2010STTH
184	Pugh & Scarpa	Alta Lofts	2011ALTA
185	Lewis, Tsurumaki, Lewis	Claremont Univ. Consortium Admin.	2011CUCA
186	Arquitectonica	East Los Angeles College – Arts Campus	2011ELAC
187	Rafael Vinoly	Kravis Center at Claremont McKenna College	2011KRAV
188	Brooks & Scarpa	Animo Leadership Green Dot School	2013ANIM
189	SPF:a	Wallis Annenberg Center for the Performing Arts	2013ANNE
190	Bohlin Cywinski Jackson	Newport Beach Civic Center	2013NEWP
191	Behnisch Architekten	Santa Monica Pub. Parking Str. #6	2013PARK
192	Michael Lehrer	Potrero Heights Community Center	2013POTR
193	James Corner	Tongva Park	2013TONG
194	HOK	Anaheim Regional Transportation Intermodal Center	2014ARTI
195	Morphosis	Emerson College Los Angeles	2014EMER
196	Hagy Belzberg	Kaplan Family Pavilion at City of Hope	2014HOPE
197	Moore, Ruble, & Yudell	2802 Pico Housing	2014PIHO
198	Koning & Eizenberg	Pico Branch Library	2014PILI
199	Kulapat Yantrasast	Pomona College Studio Art Hall	2014POCA

페이지	건축가	건축물 / 장소	연도
233	Assembledge+	Laurel Hills Residence	2019LAUR
234	Johnston Marklee & Assoc.	UCLA M. Leavin Grad. Art Studios	2019LEAV
235	Leong & Leong	Anita May Rosenstein Center	2019LGBT
236	Lorcan O'Herlihy	MLK 1101 Supportive Housing	2019MLK1
237	Selgas & Cano	Second Home Hollywood Office	2019SECO
238	David Adjaye	the Webster	2019WEBS
239	Corsini & Stark	At water Union	2020ATWA
240	Modative	Coolidge Place	2020COOL
241	HKS	SoFi Stadium	2020SOFI
242	Renzo Piano	Academy Museum of Motion Pictures	2021ACAD
243	Norman Foster	Apple The Grove	2021APPL
244	OMA	Audrey Irmas Pavilion	2021AUDR
245	Frank Gehry	J. & T. L. Beckmen YOLA Center	2021BECK
246	Lorcan O'Herlihy	Canyon Homes	2021CANY
247	Kevin Daly	Gramercy Place Apartments	2021GRAM
248	Steinberg Hart	McGregor Computer Science Center	2021MCSC
249	Eric Owen Moss	A+M House	2022AMHO
250	Frank Gehry	The Grand	2022GRAN
251	Morphosis	Orange County Museum of Art	2022OCMA
252	Michael Maltzan	Sixth Street Viaduct	2022SIXT
253	Kevin Tsai	Frogtown	2023FROG
254	Lever Architecture	843 N. Spring	2023SPRI
255	Eric Owen Moss	Wrapper	2023WRAP
256	Anonymous (Simon Storey)	Anonymous House	2024ANON
257	AECOM	Intuit Dome	2024INTU
258	Lorcan O'Herlihy	ISLA Intersections	2024ISLA
259	Iwamoto & Scott	4575 Santa Monica	2024SAMO
260	Mehrdad Yazdani	SMC Math & Science Building	2025MASC
261	Stanley Saitowitz	4242 Crenshaw	2025CREN

이 책을 구성하는 기본 페이지 구성

도시

1781ELPU

건물의 종류와 그에 따른 색상 색인

건물이 지어진 연도와 기호

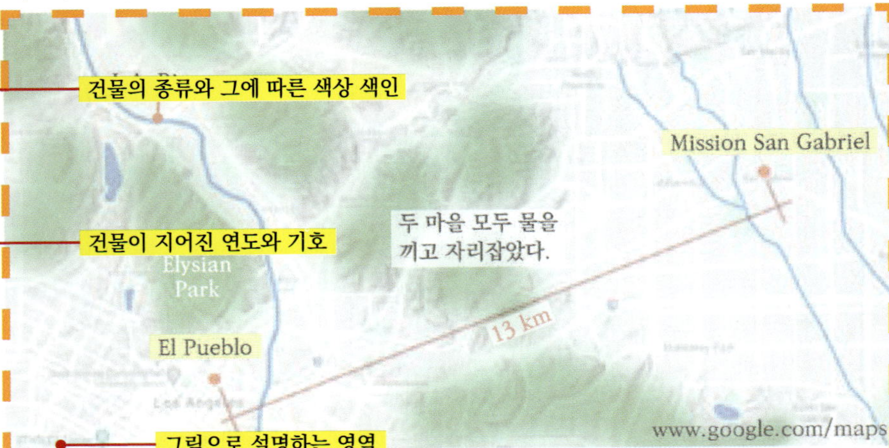

그림으로 설명하는 영역

1786년 즈음의 엘 푸에블로 : 광장 주변에 가족마다 집을 짓고, 아직은 성당이 지어지지 않았다. 농경지는 로스앤젤레스 강가에 마련하고, 강에서 관개수로를 빼 왔다.

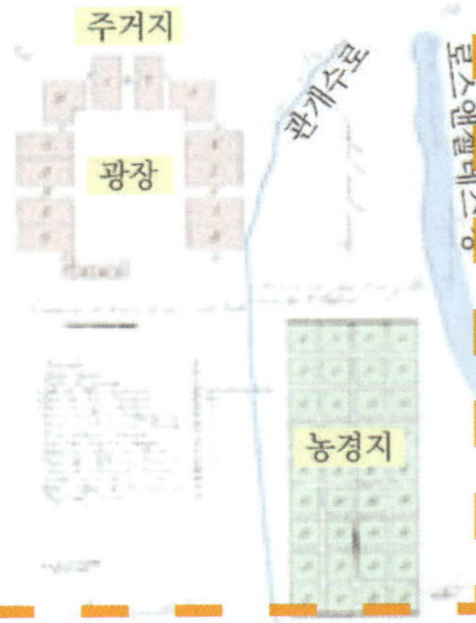

Jose Arguello / Bancroft Library, UC Berkeley

1869년 즈음의 엘 푸에블로

Wikimedia : Unknown author

El Pueblo (마을) 건축물 이름

설계 : unknown 건축가 이름

주소 : 125 Paseo De La Pl 건축물 주소 ngeles, CA 90012

우리가 아는 로스앤젤레스는 아주 조그만 마을로 시작한다. 스페인 식민지 시기에 캘리포니아 초대 주지사를 지냈던 펠리페 데 네베Felipe de Neve가 임기를 끝내고, 멕시코에서 11가족을 데려와 마을을 세웠다. 원래 이름은 상당히 길다. El Pueblo de Nuestra Señor 글로 설명하는 영역 **Ángeles** del Río de Porciúncula(포시운쿨라 강 가에 천사의 여왕이 다스리는 마을) 처음에는 인근에 자리한 미션 Mission San Gabriel Arcangel(1771)을 돕는 배후 마을로 지어졌지만, 200여년이 지난 지금은 미국 서부에서 가장 큰 도시로 성장했다. 눈여겨 볼 게 있다. 도로 격자가 스페인 식민지법에 따라 동서남북 축에서 약 45도 정도 돌아 그어졌다. **스페인 격자Spanish Grid**라고 부른다. 마을에 있는 Avila Adobe(1818)는 마을의 촌장이 지내던 관사였다.

참고 : 1771SGAB 비교할 만한 건축물 리스트

건축물 종류 색인

학교, 도서관, 연구 시설 : 교연

공원, 마을, 터미널, 기차역, 주차장 : 도시

복합 용도 : 복합

시장, 도소매 시설, 식당 : 상업

공공 청사, 사무소, 공장 : 업무

미술관, 박물관, 전시장 : 전시

성당, 교회, 종교 관련 시설 : 종교

단독 주택 : 주택

호텔, 기숙사, 아파트, 다세대 & 다가구 주택 : 집주

극장, 체육관, 운동장, 컨벤션 센터 : 집회

1860년 경 알래스카 지도 : 러시아가 오늘날의 알래스카까지 차지했는데, 1867년에 이 커다란 땅을 미국에 판다.

1750년 경 북아메리카 대륙 지도

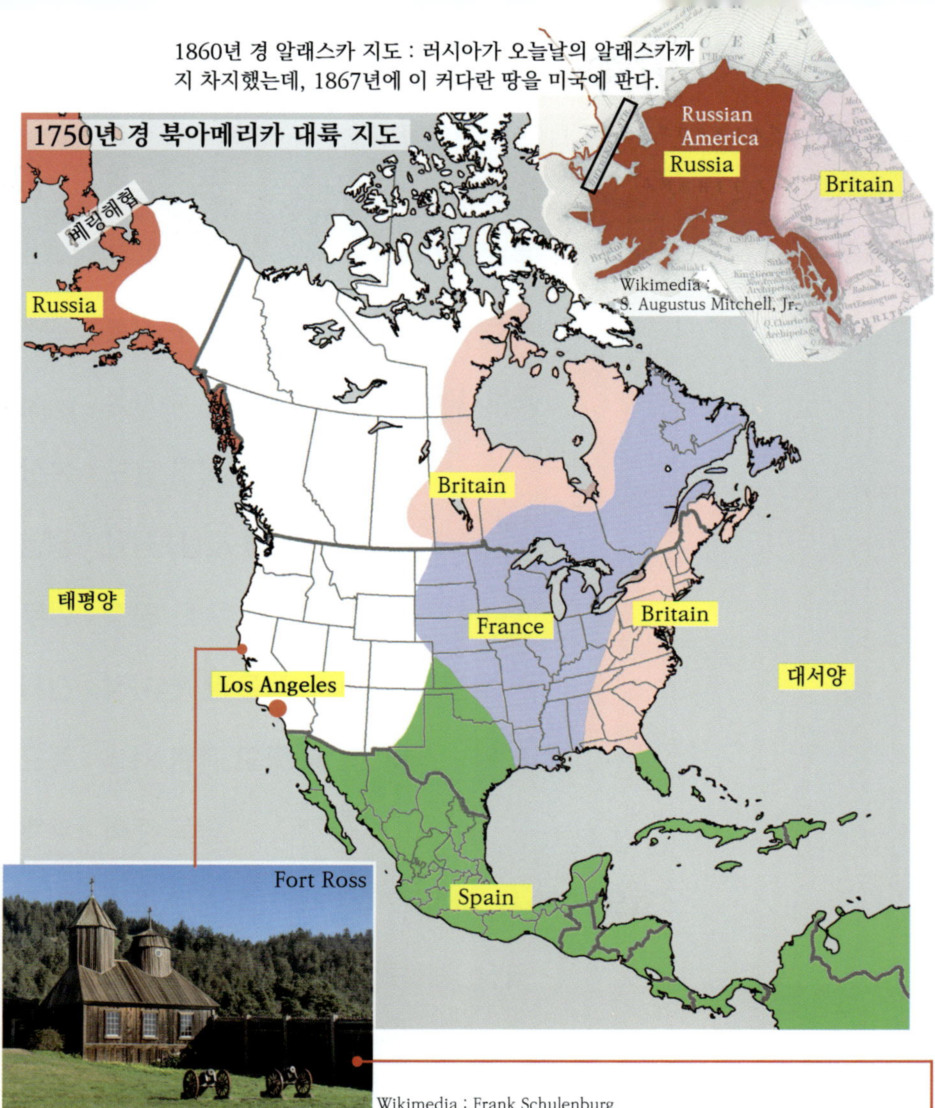

Wikimedia : S. Augustus Mitchell, Jr.

Wikimedia : Frank Schulenburg

16세기부터 멕시코 이남을 점령해 오던 스페인은, 300년 가까이 별 어려움 없이 아메리카 대륙의 식민지를 통치해 오고 있었다. 영국과 프랑스는 17세기가 되어서야 본격적으로 미 대륙의 동부에 식민지를 건설하기 시작한다. 19세기가 될 때까지 이들은 북미 대륙의 서쪽에는 그다지 관심이 없던 상황이었다. 아메리카 원주민들은 유럽인들에게 별 위협이 되지 않았다. 한편 러시아가 16세기부터 유럽에서 아시아 쪽으로 영토를 확장해 오고 있었다. 18세기 중반에는 베링해협을 건너 알래스카를 점령했다는 소식이 스페인 국왕에게 전달되었다. 이들이 남쪽으로 내려오는 것은 시간 문제였다. 스페인 국왕은 러시아가 내려오기 전에, 미리 캘리포니아까지 올라가서 러시아에 맞서고자 계획한다. 참고로 샌프란시스코 북쪽의 포트 롸스Fort Ross는 러시아가 1812년에 건립한 요새다.

스페인이 캘리포니아에 건설한 21개의 미션
Wikimedia : Shruti Mukhtyar

캘리포니아 일대를 둘러보는 선교사 일행
Wikimedia : Engelhardt, Zephyrin

샌 개브리얼에 세워진 미션
Wikimedia : Robert A. Estremo

San Gabriel Mission
painted by Ferdinand Deppe (1830)

Mission San Gabriel Arcángel

(미상) unknown : 설계
428 S Mission Dr, San Gabriel, CA 91776 : 주소

18세기 중반까지만 해도, 우리가 알고 있는 캘리포니아에는 아직 백인들이 살고 있지 않았다. 아메리카 원주민만이 거주하고 있었다. 스페인이 캘리포니아를 점령하기 위해, 꾀를 쓴다. 군대를 보내기에 앞서 선교사를 파견하기로 한다. 선교사는 지역 정탐이 주 목적이었고, 캘리포니아 일대를 자세히 둘러본 후 스페인 국왕에게 탐사 보고서를 제출한다. 얼마 후 스페인은 군대 파병 없이 캘리포니아와 주변지역을 스페인 식민지로 선포했다. 이와 동시에 샌디에고San Diego를 시작으로 바닷가를 따라 미션Mission(선교마을)을 세운다. 약 60년에 걸쳐 샌프란시스코San Francisco까지 총 21개의 미션이 만들어졌다. 각 미션은 대개 하루 동안 걸어서 닿을 만한 거리마다 세워졌다. **선교의 목적과 방어의 목적을 동시에 수행해야 하는 자급자족 시설**이었다.

1781ELPU : 참고

샌 개브리얼과 엘 푸에블로의 위치도

1786년 즈음의 엘 푸에블로
광장 주변에 가족마다 집을 짓고, 아직은 성당이 지어지지 않았다. 농경지는 로스앤젤레스 강가에 마련하고, 강에서 관개수로를 빼 왔다.

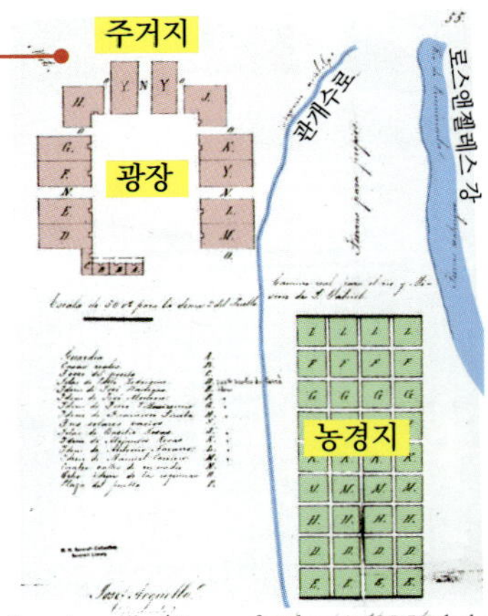

Jose Arguello / Bancroft Library, UC Berkeley

1869년 즈음의 엘 푸에블로

Wikimedia : Unknown authorship

El Pueblo (마을)

설계 : unknown (미상)

주소 : 10 Olvera St, Los Angeles, CA 90012

우리가 아는 로스앤젤레스는 아주 조그만 마을로 시작한다. 스페인 식민지 시기에 캘리포니아 초대 주지사를 지냈던 펠리페 데 네베Felipe de Neve가 임기를 끝내고, 멕시코에서 11가족을 데려와 마을을 지었는데 이름이 상당히 길다. El Pueblo de Nuestra Señora la Reina de **los Ángeles** del Río de Porciúncula(포시운쿨라 강 가에 천사의 여왕이 다스리는 마을) 처음에는 인근에 자리한 미션 Mission San Gabriel Arcangel(1771)을 돕는 배후 마을로 지어졌지만, 200여 년이 지난 지금은 미국 서부에서 가장 큰 도시로 성장했다. 눈여겨 볼 게 있다. 도로 격자가 스페인 식민지법에 따라 동서남북 축에서 약 45도 정도 돌아 그어졌다. **스페인 격자**Spanish Grid라고 부른다.
마을에 있는 Avila Adobe(1818)는 마을의 촌장이 지내던 관사였다.

참고 : 1771SGAB

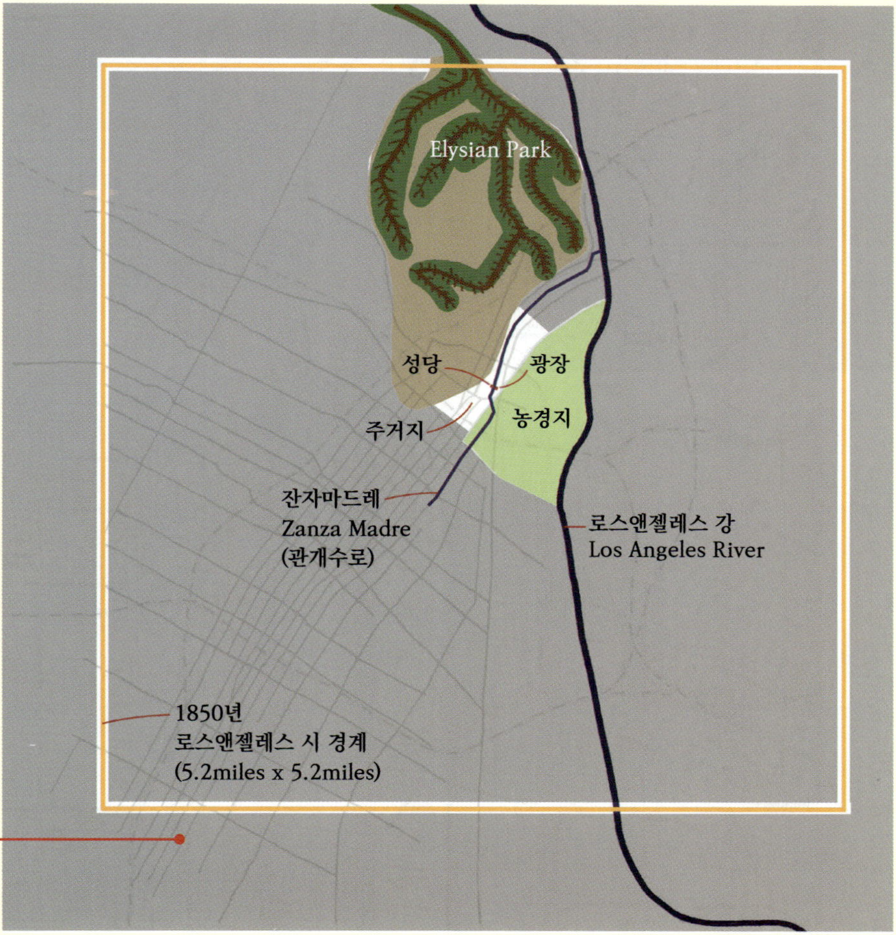

1850 1910 1960 2010

헐리웃 산맥의 흐름이 북쪽에서 내려와 현재 다저스 야구장이 있는 일리지안 공원Elysian Park에서 멈춘다. **유럽인이 건설한 로스앤젤레스의 첫 마을은 이 산자락 밑에서 시작한다. 마을 앞으로는 서울의 청계천과 비슷한 로스앤젤레스 강이 흐르고 있었다.** 농경사회였기에 강가에 자리하는 것은 필수였다. 자연스레 마을은 배산임수의 성격을 갖게 되었다. 1781년에 처음으로 멕시코에서 온 이주민들이 정착한 이후, 1850년까지 마을에는 큰 변화가 없었다. 미국이 인수하면서 시의 경계도 처음으로 정해졌다. 현재 LA 시와 비교하면 작게 느껴질 수도 있지만, 예전 서울 사대문 안의 크기와 비교하면 4배나 될 정도로 큰 땅이다.

내부 유리 천장의 모습

기준층 평면도

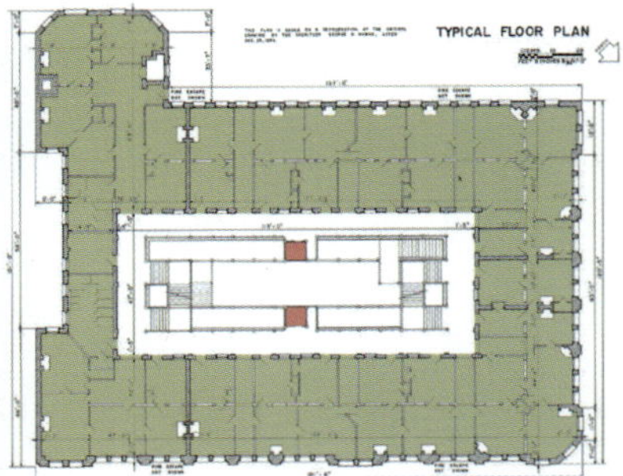

www.loc.gov/resource

빛이 가득한 중정

브래드베리 빌딩 외관

Bradbury Building

설계 : George Wyman
주소 : 304 S Broadway, Los Angeles, CA 90013

광산 재벌 브래드베리Lewis Bradbury는 문득 자신의 이름을 오래토록 남길 만한 건축물을 짓고 싶었다. 한창 인기 있던 건축가 섬너 헌트Sumner Hunt에게 먼저 의뢰를 했는데 계획안이 마음에 들지 않자, 그의 직원 조지 와이먼이 설계를 맡게 되었다. 와이먼은 1888년에 출판된 공상과학 소설 '뒤를 돌아보며 2000-1887Looking Backward : 2000-1887'에서 영감을 얻어서 설계했다. 19세기 당시에 100년도 훨씬 지난 미래 세상의 공공건물에 대한 묘사를 참고한 것으로 보인다. 건물 중간에 빛이 가득한 중정을 넣고, 개방된 복도로 감쌌다. 수직 교통을 위해 중정의 남과 북쪽에 엘리베이터를 동과 서쪽에 계단을 배치했다. 밖은 수수하지만, 내부는 반대로 화려하다. 20세기 전에 지어진 전 세계 어떤 상업건물과 비교해도 결코 주눅들지 않을 건축물이다.

참고 : 1914HERA, 1966GLEN, 2004CALT

2005년 운하의 모습

유명 건축가 미켈리 사이Michele Saee가 설계한 주택

1909년 운하의 모습

Wikimedia : Unknown authorship

하늘에서 본 운하의 모습

www.bing.com/maps

Venice in California

Abbot Kinney : **설계**

200 Linnie Canal, Venice, CA 90291 : **주소**

원래는 태평양에 면한 버려진 늪지대였다. 담배사업으로 부를 축적한 사업가 애벗 키니가 이 곳을 개간하면서 새로운 사업을 구상한다. 그는 어려운 행정절차를 해결하는 재주가 있었다. **이탈리아Italia의 베니스와 뉴욕New York의 코니 아일랜드Coney Island라는 놀이공원을 접목해서 독창적인 마을로 만들고**, 사람들을 끌어 모았다. 운하를 뚫어 베니스처럼 마을을 곤돌라를 타고 돌아다닐 수 있게 꾸몄다. 키니가 살아 있을 때는 인기가 높았다. 하지만 1920년 그가 세상을 떠나고 시간이 지나면서 관리 소홀로 슬럼화되었다. 아이러니하게도 이 덕에 가난한 예술가들이 모여 살기도 했다. 20세기 말부터 재생 사업을 실시해서, 오늘날과 같은 고급 주거지역으로 되살아났다. 최근에는 명소가 되어 유명 건축가들의 주택 전시장이 되었다.

1781ELPU, 1942BALD, 1949PLBH : 참고

스위스의 민가, 샬레가 연상되는 외관

내부 계단

단면도

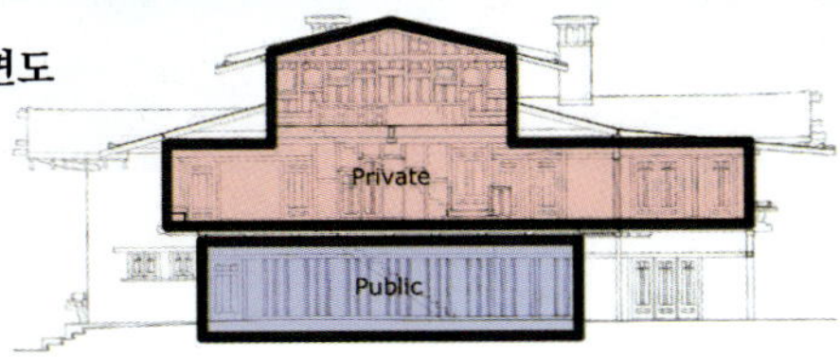

1층 평면도

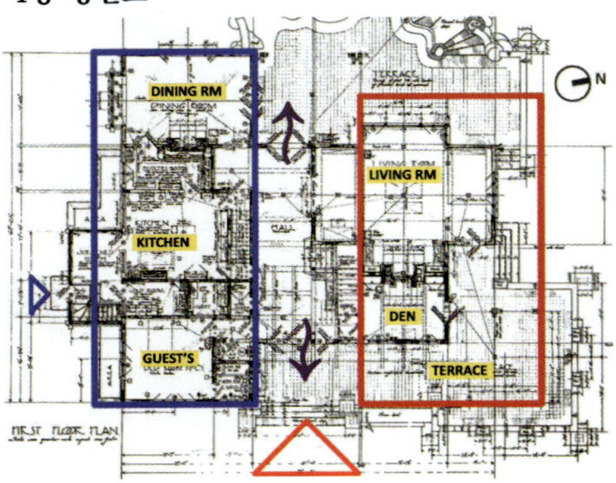

2층 평면도

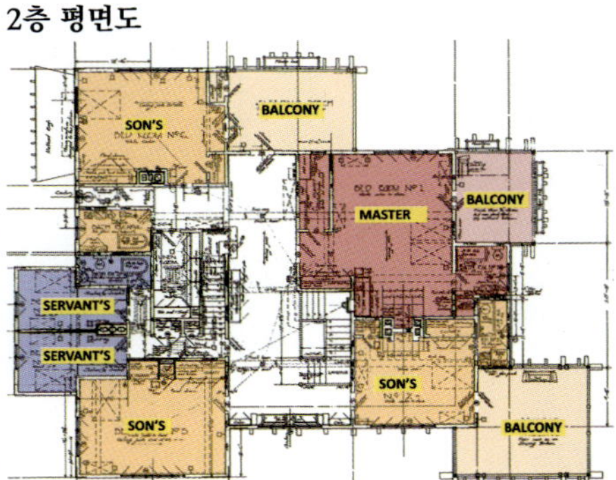

Wikimedia : Historic American Building Survey

Gamble House

설계 : Greene & Greene

주소 : 4 Westmoreland Pl, Pasadena, CA 91103

전 세계에 생필품을 판매하는 대기업 P&G 그룹의 2세 회장이 LA 인근에 지은 겨울 별장이다. 서양에서는 모더니즘 건축이 발생하기 전에, '예술 공예 운동Arts and Crafts movement'이 있었는데, **미국의 예술 공예 운동을 대표하는 건축물 중 하나다.** 언뜻 봐서는 스위스의 전통 민가, 샬레Chalet처럼 보이지만, 일본 건축에 영향을 받아서 쇠못 없이 나무 부재를 짜맞추는 방식으로 집을 지었다. 마치 가구 장인이 가구를 만들듯, 부재 하나하나 정성을 들였다. 건물 입구 계단 옆 철 난간만 봐도 알 수 있다. 그리고 집안 곳곳에서는 동양적인 느낌을 많이 받는다. 1층은 식당/부엌, 거실과 응접실 등의 공간이, 2층부터는 가족들만이 쓰는 공간을 배치했다. 현재는 USC 건축학과가 기증받아서 관리하고 있다.

참고 : 1922SCHI, 1924ENNI, 1963SHEA

1910

1850 **1910** 1960 2010

19세기말까지만 해도 로스앤젤레스는 샌프란시스코에 농산물을 공급하는 한적한 농촌이었다. **1890년대 석유가 개발되면서** 사람들이 몰리기 시작했고, 다운타운 인근에도 석유 시추 탑이 숲을 이루던 때가 있었다. 1850년에 인구 1,600명이던 조그만 마을이, 1910년에는 320,000명으로 늘어났다. 늘어난 인구 덕에 도시는 점점 확장해 갔고, 이들을 실어 나르기 위해 1900년 전후로 로스앤젤레스 주변에 전차가 다니기 시작했다. 20세기 중반에는 세계 최고 수준의 전차 시스템을 갖게 되었다. **1910년대 이후에는 영화 산업까지 이주해 오면서** 미국 서부를 대표하는 도시로 성장한다. 기존의 마을은 상대적으로 쇠퇴하고, 도시는 넓게 펼쳐진 남쪽과 서쪽으로 확장한다. 다운타운 남쪽에 대학교(University of Southern California)가 1880년에 세워졌다.

자연채광하는 톱니지붕

www.azcentral.com

톱니지붕의 북쪽에 창을 내어 일정한 조도를 유지하려고 시도했다.

www.mattconstruction.com

길 모서리에서 본 모습

중심부 입면

스페인 양식의 1층 로비

Herald Examiner Building

설계 : Julia Morgan

주소 : 1111 S Broadway, Los Angeles, CA 90015

지금은 폐간되었지만, 한 때 미국 내 최대 판매부수를 기록했던 신문사의 사옥이었다. 건축주는 언론 재벌 허스트W.R. Hearst(1863-1951)였다. 캘리포니아 최초의 여성 건축가 줄리아 모건에게 의뢰해서, 당시 LA에서 유행하던 스페인 양식Spanish Colonial Style으로 지었다. 1989년에 신문이 폐간되면서 한동안 비어 있다가, 2021년에 건물 전체를 개보수해서 복합 시설로 다시 살아났다. 현재는 애리조나 주립 대학교 Arizona State University의 LA 캠퍼스로 쓰이고 있다. 도로에 면한 아치형 아케이드가 매력적이다. 2층 지붕에는 톱니지붕을 이용하여 자연채광을 하고 있다. 건물 내부 곳곳에 옛스러움이 아직 많이 살아 있다. 건축주는 이 신문사 건물이 마음에 들어서, 나중에 같은 건축가와 중부 캘리포니아에 허스트 성Hearst Castle을 짓는다.

참고 : 1893BRAD, 1929CHAP, 1932BARC

단순화한 건물 외벽

진입로에서 본 건물 모습

1층 평면도

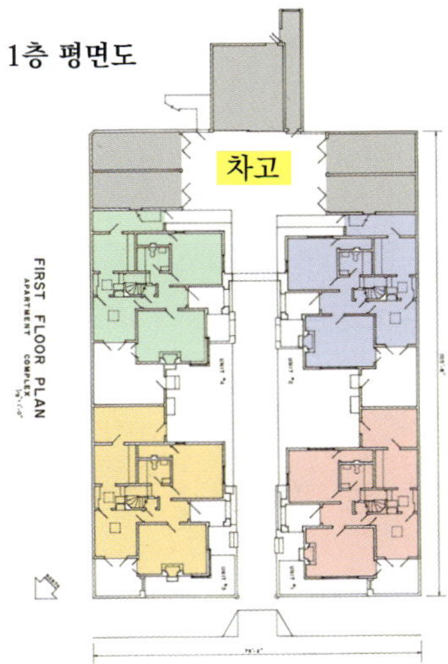

www.loc.gov/resource

서쪽에서 본 등각 투상도
Isometric

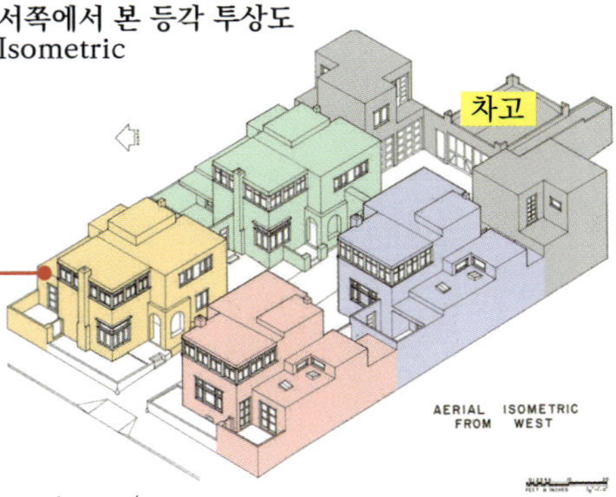

www.loc.gov/resource

Horatio West Court

Irving Gill : 설계

140 Hollister Ave, Santa Monica, CA 90405 : 주소

샌디에고San Diego의 유명 건축가 얼빙 길(1870-1936)이 LA에 지은 건축물 중 하나다. 4가구가 함께 사는 집합주택으로 분명 스페인 미션 스타일인데, 그 특징을 거의 다 단순화해서 흰 색의 두꺼운 벽만 남았다. 대표적인 특징 중의 하나가 붉은 기와인데, 이것 마저도 없애고 평지붕으로 마무리했다. **연속된 모서리의 수평 띠창을 보면,** 단순히 스페인 미션 스타일을 따라하지 않고, 새롭게 그만의 건축 언어로 발전시켰다는 것을 알 수 있다. 도로에서부터 대지의 가운데로 통로를 내고, 좌우에 독립된 주택을 붙여서 지었다. 부분부분 아기자기한 공간을 느낄 수 있다. 차고가 뒤에 있고, 당시 자동차 진입로로 쓰던 통로는 현재는 너무 좁아서 쓸 수가 없다. 20세기 초의 자동차는 폭이 작았다는 것을 짐작할 수 있다. 길의 건축은 쉰들러R. Schindler의 건축에 영향을 끼친다.

1922SCHI, 1932BARC, 1937STRA : 참고

1층 평면도
https://www.metalocus.es

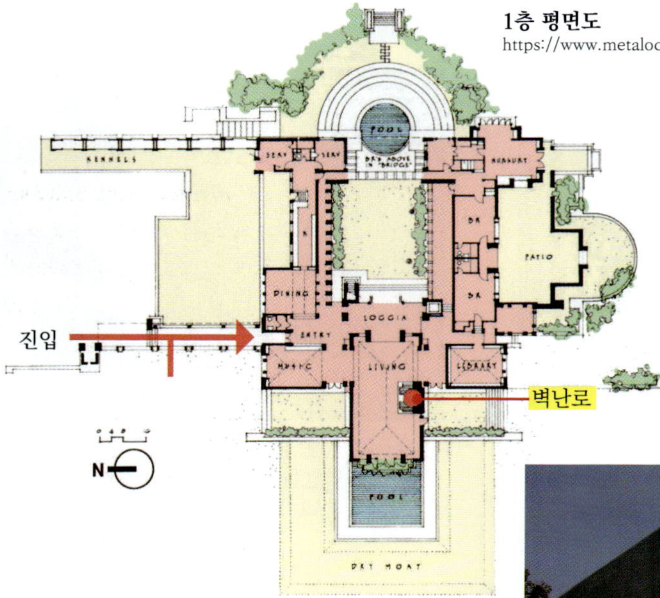

서쪽에서 본 모습

접시꽃hollyhock 장식

Barnsdall House

설계 : Frank Lloyd Wright
주소 : 4800 Hollywood Blvd, Los Angeles, CA 90027

건축주가 석유 재벌의 상속녀 반즈돌Aline Barnsdall이었고, 주택 전체를 아우르는 디자인 모티프가 접시꽃hollyhock이어서 할리혹 주택Hollyhock House이라고도 부른다. 설계는 미국을 대표하는 건축가 프랭크 로이드 라이트Frank Lloyd Wright가 맡았다. 대개 라이트는 공사중에 그가 직접 현장을 찾아서 진행상황을 체크했지만, 이 집은 그러지 못 했다. 당시 그는 일본의 제국 호텔Imperial Hotel 설계 때문에, 이 프로젝트에 신경쓸 여유가 없었다. 대신 그가 신임하던 직원 쉰들러를 보내서 공사가 제대로 마무리되도록 하였다. 원래 언덕 전체에 반즈돌이 꿈꾸는 세계를 구현하고자 했으나, 완성을 이루지는 못 했다. 그녀가 살던 살림집은 2019년에 세계문화 유산에 등재되었다. 살림집 동쪽에 현재는 시립 미술관과 극장이 지어져 있다.

참고 : 1921SCHI, 1924ENNI, 1939STUR

1층 평면도

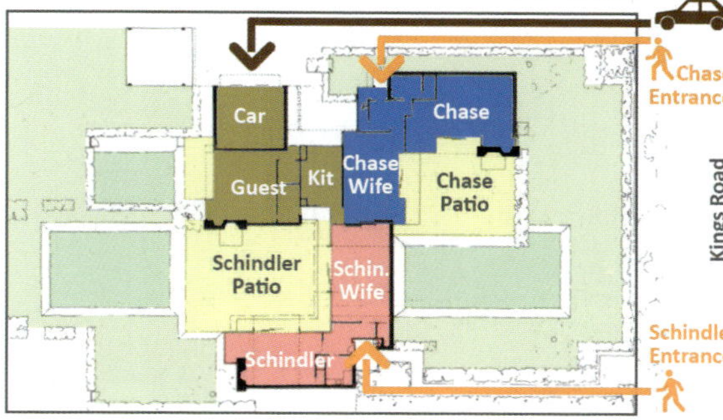

단위 공간에서 전체 공간으로 발전하는 과정

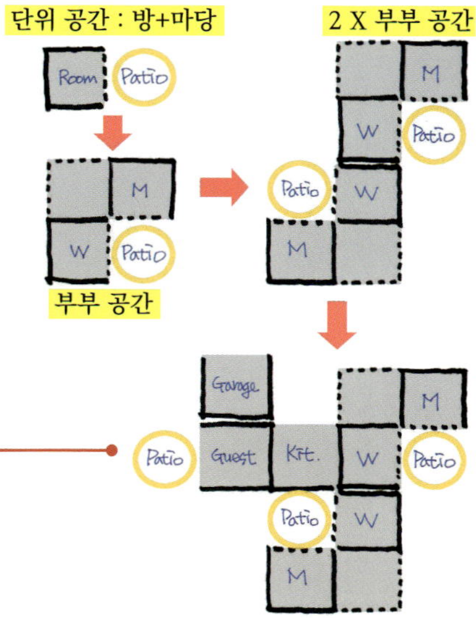

건물과 어우러진 조경

일반 콘크리트 벽과 틸트업 콘크리트 벽의 시공 비교

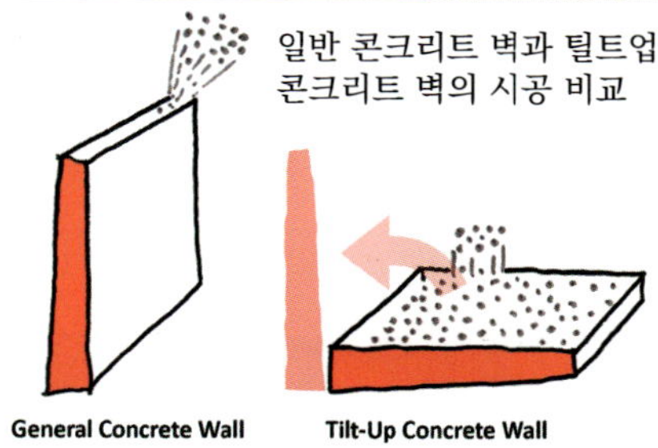

Schindler House

Rudolph Schindler : **설계**
835 N Kings Rd, West Hollywood, CA 90069 : **주소**

쉰들러는 반즈돌 주택을 지으면서, 건축주와 좋은 관계를 맺게 되었다. 건축주 덕에 공사가 끝난 후, 라이트의 설계사무소가 있는 시카고로 돌아가지 않고 LA에 남게 되었다. 첫 프로젝트는 그의 주택이었다. 그의 부인의 친구 내외(Chase 부부)와 함께 살도록 설계했다. **하나의 방과 마당을 단위공간으로 설정한 후, 이게 가족 공간으로 확장하고, 더 나아가 전체로 발전하는 과정**을 확인할 수 있다. 주택 전체를 감싸고 있는 콘크리트 벽은 틸트업tilt-up 방식으로, 콘크리트 벽을 눕혀서 타설한 후, 굳은 뒤 세워 연결했다. 쉰들러는 어릴 적부터 일본 문화를 접해서, 이 집을 둘러 보면 일본 분위기가 느껴진다. 실제로 일본 목수가 공사에 참여하기도 했다. 건축 뿐 아니라 조경도 뛰어나다. 비록 규모는 작지만, LA를 대표하는 건축물 중 하나로 손색이 없는 중요한 건축물이다.

1921BARN, 1924ENNI, 1928SACH : **참고**

컬리시엄 정문 외부

2005년 즈음 컬리시엄 : 서쪽에서 동쪽을 본 모습

Wikimedia : CanonStarG

컬리시엄 정문 내부

1922년 공사중인 컬리시엄의 모습

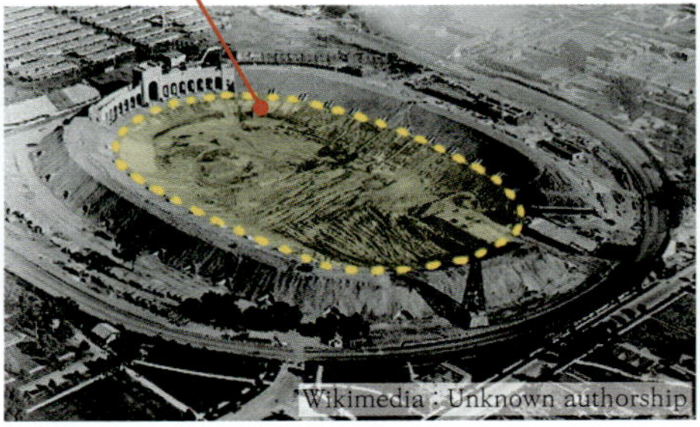

Wikimedia : Unknown authorship

경기장의 단면 비교 :
지하를 파지 않고 경기장을 건설하면, 운동 선수가 지상 레벨에서 경기를 한다. 지상에서 바로 경기장으로 진입하게 되므로, 선수가 편한 공간 구성이다.

반면 지하에 경기장을 건설하면, 운동 선수가 한 단을 내려가서 경기를 하게 된다. 이 덕에 수만 관중의 동선이 짧아진다.

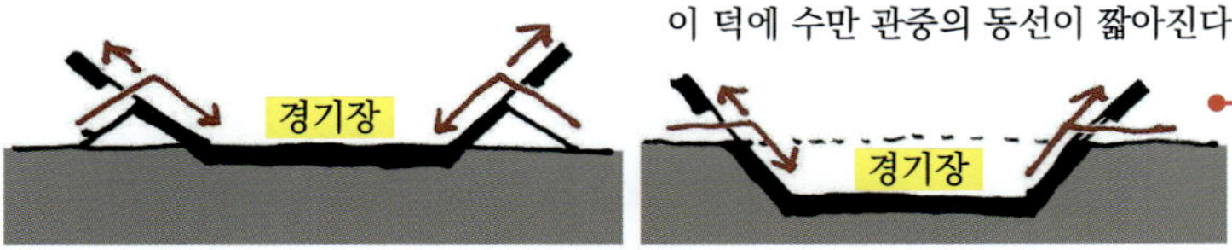

Los Angeles Memorial Coliseum

설계 : Parkinson & Parkinson

주소 : 3911 Figueroa St, Los Angeles, CA 90037

원래는 1차 세계 대전에 참전했던 참전용사를 기념하기 위해 지은 종합 운동장이었다.(수용 인원 : 75,144명) 로마의 콜로세움을 모티브로 설계해서, 영어식으로 '컬리시엄'이라는 이름을 붙였다. 위 그림을 보면, 관중석 단면의 중간이 지상 레벨이 되도록 설정했다. 반은 위로 올라가고, 반은 아래로 내려감으로써, 관람객들에게 아주 효율적인 동선이 만들어졌다. 대신 선수들이 경기를 펼치는 경기장은 아래층에 마련했다. 다수의 관람객을 위해 소수의 선수들이 희생을 한 셈이다. 1932년 하계 올림픽을 위해 관중석을 위로 더 넓혔다.(수용 인원 : 101,754명) 2019년에는 DLR 그룹이 낡은 시설을 최신 시설로 업그레이드했다.(수용 인원 : 77,500명) 1932년과 1984년 올림픽 때 개폐회식이 열렸고, 2028년 올림픽 때에는 폐회식 장소로만 쓰일 예정이다.

참고 : 1999STAP, 2020SOFI, 2024INTU

다운타운 전경이 한눈에 들어온다.
www.realtor.com/

로스필리스 언덕에 자리잡은 에니스 주택

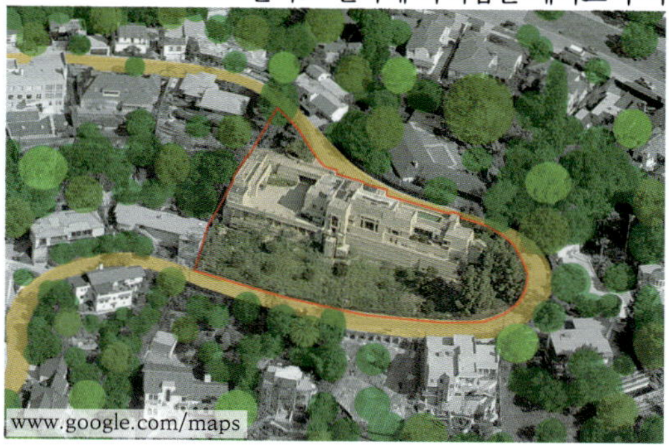
www.google.com/maps

마야 문명의 궁전 유적

Wikimedia : Mesoamerican

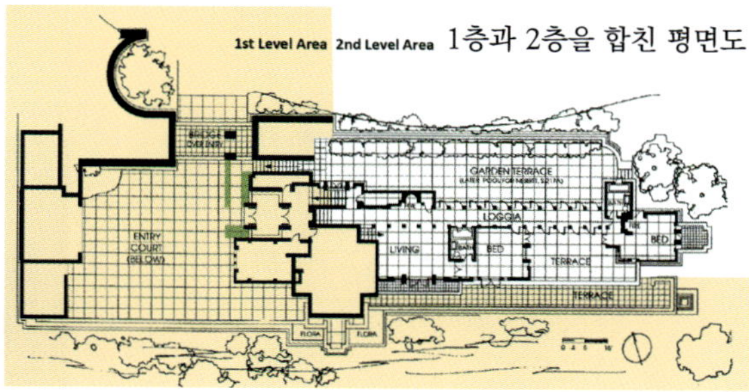

1층과 2층을 합친 평면도

선적인 공간체험 linear space sequence

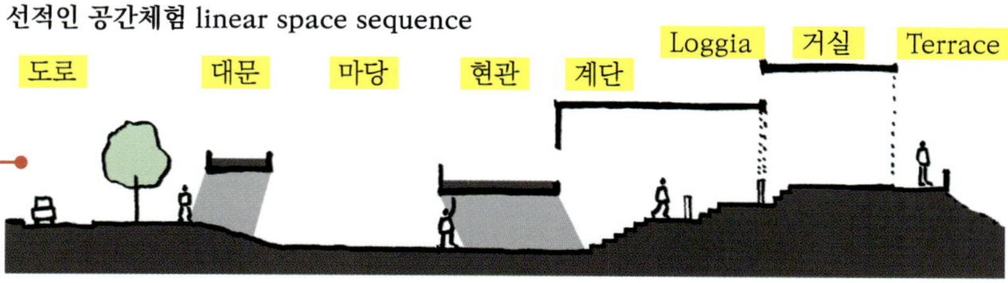

Ennis House

Frank Lloyd Wright : 설계

2607 Glendower Ave, Los Angeles, CA 90027 : 주소

전망 좋고 양지바른 로스필리스Los Feliz 언덕에 자리 잡았다. 건축가 프랭크 로이드 라이트는 **아메리카 원주민 마야 문명의 궁전 유적에서 영감을 얻어**, 콘크리트 블럭으로 주택을 지었다. 가파른 언덕에 세운 성채처럼 보인다. 이 집만의 독특한 패턴으로 만든 콘크리트 블럭이, 내부 외부 상관없이 집 전체를 감싸고 있다. 주택같지 않다고 말하는 사람도 꽤 많다. 형태적으로만 특이한 게 아니고, 선적인 공간체험linear space sequence적인 측면에서도 라이트가 왜 건축의 대가인지를 일깨워 준다. 어둡고 낮은 입구를 지나 계단을 오르면 2층 높이의 거실에 이른다. 건물의 안과 밖, 그리고 대지 전체를 둘러보고 나면, 한편의 영화를 본 것 같은 느낌이 든다. 헐리웃의 프리먼 주택Freeman House (1924)도 비슷한 스타일로 지어졌다.

1921BARN, 1922SCHI, 1939STUR : 참고

동화 속에서 본 듯한 건물의 정면

입구에서 본 독립된 엘리베이터

1층 평면도와 단면도

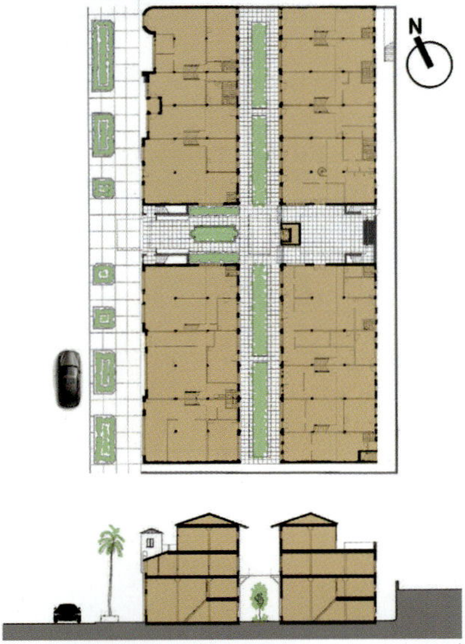

Courtyard Housing in Los Angeles, p.174

건물 사이의 아늑한 통로

Granada Building

설계 : Franklin Harper

주소 : 666 S La Fayette Park Pl, Los Angeles, CA 90057

전체적으로 스페인 미션 스타일인데, 건물을 장난감처럼 아기자기하게 꾸며놓았다. 일부는 동화 속에 나오는 집처럼 원통형 요소를 올리고, 일부는 작은 상자가 살짝 튀어나오게 꾸몄다. 대지에 면한 주도로를 따라 남북으로 길게 2 개의 긴 건물을 배치한 후, 긴 건물의 중간을 통로로 만들기 위해 끊었다. 결국 4개의 독립된 건물로 구성되어 있다. 바깥 뿐만 아니라, 안에서도 나름 휴먼스케일을 적용해서 아담하면서 산뜻하다. 안은 건물로 둘러 있고, 지붕 없이 열려 있다. 좁지만 답답하지 않고, 아늑하게 느껴지는 공간이다. 건물 자체가 특이해서, 예술가나 건축가들이 많이 거주한다. 각 유닛이 복층으로 구성되는데, 아래층은 사무실이나 가게로, 윗층은 작업실이나 주거 공간으로 쓸 수 있게 마련해 놓았다.

참고 : 1929CHAP, 1932BARC, 1936CROS

2층 내부 중심 공간

남쪽에서 본 중앙 도서관

증축된 부분의 최상층에서
내려다 본 아트리움

1층에서 올려 본 아트리움

Los Angeles Central Library

Goodhue & Winslow : **설계**

630 W 5th St, Los Angeles, CA 90071 : **주소**

뉴욕 건축가 버트램 굳휴Bertram Goodhue의 유작이다. 서양의 역사를 요약해서 보여주듯, 다양한 건축 양식을 조합해서 설계했다. 지붕에서는 이집트 피라밋이 보이고, 건물 내외를 돌아다니다 보면, 로마, 비잔틴, 스페인 미션, 그리고 심지어 이슬람 분위기도 느낄 수 있다. 1990년 즈음에 동쪽으로 증축할 때, HHPA(Hardy Holzman Pfeiffer Assoc.)가 설계를 맡았다. 증축된 부분의 아트리움이 인상적이다. 미국에서 손꼽히는 대형 도서관이긴 하지만, 1층 부분의 천장고가 낮고, 증축된 부분으로 이어지는 에스컬레이터가 협소해서, 전체적으로 상당히 답답하게 느껴진다. OMA (대표 건축가 : Rem Koolhaas)가 설계한 시애틀 중앙도서관 Seattle Public Library: Central Branch과 비교하면, 초라해 보인다.

1983SANJ, 2006SANT, 2019BJKL : 참고

헐리웃 전망대에서 내려다 본 헐리웃 보울

저 멀리 헐리웃 간판이 보인다.

가까이서 본 헐리웃 보울 무대

1930~1945년의 헐리웃 보울

Wikimedia : Tichnor Brothers

Hollywood Bowl

설계 : Myron Hunt

주소 : 2301 N Highland Ave, Hollywood, CA 90068

LA의 기후는 지중해성 기후로 분류된다. 그래서 유럽에서 온 이주민들은 자연스레 그들의 조상격인 그리스 문화를 이곳에 끌어들이려고 시도했다. 1919년 리드Reed 부자父子가 현재 헐리웃 보울 자리를, 그들이 속한 연극모임의 야외 무대로 개발하자고 제안하면서, 프로젝트가 시작되었다. 발견 당시에 아무 것도 바꾸지 않아도, 이미 **천혜의 야외 공연장**이었다. 여기에 마이런 헌트가 무대와 인공 객석을 설계했다. 18,000명이 관람할 수 있을 정도로 거대하다. 무대 구조물은 여러 차례 시행착오를 거친 후, 프랭크 로이드 라이트의 장남, 로이드 라이트Lloyd Wright가 현재 남아 있는 반원형 무대 구조물(1928년)을 설계했다. 2005년에는 호젯과 펑Hodgetts & Fung이 무대에 원형 음향 반사판과 스피커를 추가했다.

참고 : 1961GARD, 2009WILD, 2013POTR

SUV 너머가 백사장이다.

앞으로 튀어 나온 3층 침실 공간

평면도와 단면도

12ft마다 세워진 콘크리트 기둥

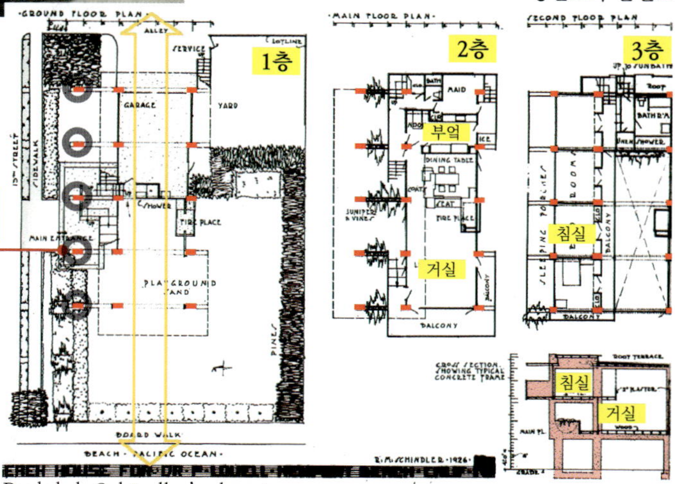

Rudolph Schindler's drawings

Lovell Beach House

Rudolph Schindler : **설계**
1242 W Oceanfront, Newport Beach, CA 92661 : **주소**

1920년대 LA Times에 건강 관련 칼럼을 쓰던 필립 로벨Philip Lovell의 주택이다. 쉰들러 주택을 직접 보고 감동받은 로벨은, 뉴포트 비치Newport Beach 바닷가에 자신의 주택을 지어달라고 의뢰한다. **햇볕 잘 들고 환기 잘 되면서 설계가 잘 된 집에서 살아야, 우리의 몸도 건강을 유지할 수 있다**고 설파하던 차였다. 스스로 모범을 보이고 싶었다. 1층은 필로티pilotis로 띄워 이웃 주민들에게 개방하고, 생활공간은 2층부터 시작한다. 집 전체 뼈대를 형성하는 콘크리트 구조를 12ft(3.6m)마다 세웠다. 여기에 목구조를 사이사이에 채워넣었다. 2층에 거실과 부엌을, 3층에 침실을 배치했다. 휴양지에 여유롭게 지어진 별장처럼 보인다. 그런데 언제부터인가 주인이 바뀌더니, 1층 부분에 벽을 세워서 이웃 주민이 지나다닐 수 없게 막아 놓았다. 아쉽다.

1922SCHI, 1929LOVE, 1962RAIN : **참고**

헐리웃 길 건너에서 본 극장 입구 모습

극장 내부 모습

Wikimedia : Bobak Ha'Eri

헐리웃 길 건너 동쪽에서 본 모습

개관한 지 얼마 안 된 이집트 극장

Wikimedia : Unknown authorship

Chinese Theatre

설계 : Meyer & Holler

주소 : 6925 Hollywood Blvd, Los Angeles, CA 90028

헐리웃에 관광하러 오는 거의 모든 사람들이 이 건축물 앞에서 사진을 찍는다. 그만큼 유명한 건물이다. 1910년대 초부터 헐리웃으로 메이저 영화사들이 옮겨오기 시작했다. 1920년대 초기 헐리웃의 영화는 미지의 신비의 세계를 보여 주는 영화가 많았다. 이 극장 건물은 그 당시 이런 유행을 반영해서 설계했다. 건축주는 1922년에 이집트 극장 개관하면서 화제를 끈 적이 있었다. 이번에는 중국에서 모티브motif를 가져왔다. 실제 중국 건축과는 아무 상관 없다고 봐도 된다. 중국 건축에서 느낀 것을 과장되게 만들어 기본 구조물에 덧붙여 표현했다. 영화 보러 온 사람들에게 보이는 모든 벽, 천정, 바닥을 중국스럽게 꾸몄다. 놀이공원에 있는 **가짜 건축물**kitsch과 같다고 봐도 된다. LA 도심에 있는 마야 극장Mayan Theater(1927)도 비슷한 예라고 볼 수 있다.

참고 : 1963CINE, 1993CERR, 2001KODA

네브라스카 주 의회 건물

Wikimedia : Capitolist

서쪽에서 본 LA 시청사

일본 국회 의사당

Wikimedia : Wiiii

1933년 시카고
세계 박람회 포스터
(아르데코 스타일)

Wikimedia : Weimer Pursell

정면에서 본 시청사

밭전田자 모양의 평면

www.bing.com/maps

Los Angeles City Hall

Parkinson, Martin & Whittlesey : 설계
200 N Spring St, Los Angeles, CA 90012 : 주소

지금은 고층건물이 많이 있지만, 1960년대까지만 해도 LA에서 가장 높은 건물로 LA를 대표하는 랜드마크였다. 아르데코art deco 스타일로 분류한다. 1930년 전후로 이와 비슷한 건물이 전세계에 많이 지어졌다. 미국의 네브라스카Nebraska 주 의회 건물(1932)도 비슷하고, 키를 낮추면 일본 국회의사당 건물과도 비슷하다. 평면은 밭전田자 모양이다. 중심부에 32층짜리 거대한 타워를 세우고, 10층 짜리 중간 건물이 남북으로 양 옆에서 타워를 받쳐준다. 그리고, 가장 끝에 4층짜리 덩어리가 넓은 기단부를 형성하면서 마무리지었다. 밭전자 모양이다 보니, 자연스레 4개의 중정이 만들어졌다. 타워 최상층은 전망대로, 일반인들도 주중에는 무료로 올라가 구경할 수 있다. 전체 건물은 철골로 뼈대를 세우고, 돌판으로 철골 구조를 감싸서 마감했다.

1962LACR, 1973INGL, 1996BEVE : 참고

집
주

1928SACH

Lucile Ave.에서 바라본 모습

Lucile Ave.의 아파트 입구

단지 내부 경사지에 있는 마당

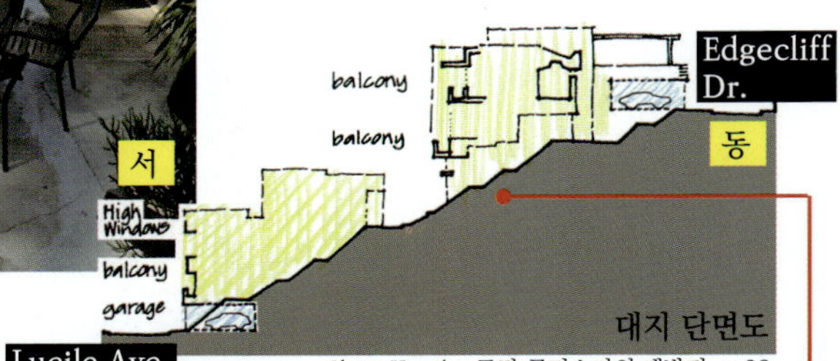

Shun Kanda, 근린 클러스터의 재발견, p.28

Sachs Apartments

설계 : Rudolph Schindler

주소 : 1811 Edgecliff Dr, Los Angeles, CA 90026

헐만 색스Herman Sachs라고 세계적으로 유명한 벽화 화가가, 자신이 살면서 나머지 공간은 임대할 수 있도록 지은 여러 채의 다가구 주택이다. 처음부터 한번에 다 지은 것은 아니고, 1926년부터 39년까지 단계별로 늘려 갔다. 전체 4채의 건물이 언덕에 마치 하나처럼 조화를 이루면서 모여 있다. 색스가 쉰들러 주택을 접한 후, 그에게 이 프로젝트를 의뢰했으리라 생각한다. **쉰들러 주택에서 느끼는 공간감을 압축해서, 가파른 경사지에 3차원으로 쌓아 올렸다.** 대지는 동에서 서로 30도 정도 경사져 있다. 아래와 위로 2개의 진입로가 지나가서, 아래 위 길을 따라 16 대의 주차장을 만들었다. 그 사이 경사진 공간에는 건물과 마당을 아기자기하게 배치했다. 안도 다다오安藤 忠雄의 로코 집합주택(1983)과 비교할 만큼 훌륭한 사례다.

참고 : 1922SCHI, 1937STRA, 1949LAUR

월셔 길에 주출입구를 두지 않고, 주차장으로 돌아가서 자동차 사용자를 위해 주출입구를 만들었다.

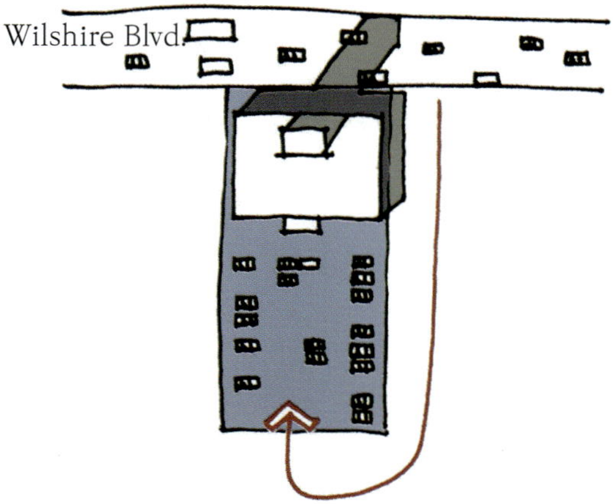

월셔 길에 우뚝 솟은 타워

주차장 쪽에 있는 주 출입구

월셔 길 가의 쇼 윈도우

(현 S.W.법대) Bullocks Wilshire Department Store

John & Donald Parkinson : 설계
3050 Wilshire Blvd, Los Angeles, CA 90005 : 주소

LA 도심에 백화점을 운영하던 건축주 불럭Bullock은 당시 LA의 중심도로로 떠오르던 월셔 길Wilshire Blvd.에 새로운 고급 백화점을 계획한다. 우선 월셔 길 가에 시선을 사로잡기 위해 241ft(73m)나 되는 높은 타워를 세우고, 그 주변에 2~5층 덩어리를 덧붙여서 건물의 외관을 마무리했다. 높은 타워가 자동차 운전자의 시선을 끌고, 길가에 면한 1층에 커다란 창으로 보이는 멋진 마네킨이 보행자의 시선을 사로 잡았다. **주 출입구는 월셔 길에 두지 않고, 주차장이 있는 건물 뒤편에 두었다.** 보행자보다 자동차 운전자를 배려한 최초의 백화점 건물 중 하나로 보면 된다. 청록색의 고즈넉한 구리 장식과 세련된 아르데코Art Deco 장식이 건물의 품격을 드러내고 있다. 마치 어디선가 배트맨이 나타날 것같은 분위기다. 현재는 법과 대학Southwestern Law School으로 바뀌었다.

1928CITY, 1931WILT, 1965TRAN : 참고

6가에서 본 채프만 마켓 Wikimedia : Downtowngal

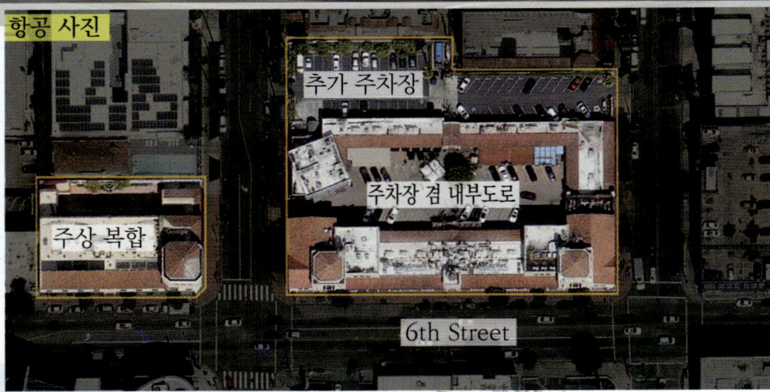

www.google.com/maps

남서쪽에서 본 모습

두 건물 사이의 주차장 겸 도로

Chapman Market

설계 : Morgan, Walls & Clements

주소 : 3465 W 6th St, Los Angeles, CA 90020

코리아타운에서 가장 사람이 붐비는 장소 중의 하나다. 주 도로를 따라 1층 건물이 길게 늘어 서 있다. 양 쪽 끝은 높여서 2층으로 마무리지었다. 이 건물 뒤로 자동차 운전자를 위해 주차장 겸 길을 내고, 다시 1층 낮은 건물을 뒤에 배치했다. 전체적으로 보면, 끝이 열린 길다란 중정형 건물로 이해할 수 있다. 시간이 지나면서, 주 도로 6가6th St.쪽으로 난 입구는 기능을 잃게 되면서, 이 문을 막고 중정으로만 입구를 내기도 한다. 여지껏 **LA는 보행자보다는 자동차 운전자를 위한 개발을 이끌어 왔다**는 반증으로 볼 수 있다. 건물의 디테일이 상당히 세련되게 꾸며져 있다. 1988년에 서쪽에 주사위 모양의 새 건물을 추가하고, 뒤 쪽으로 추가 주차장을 마련했다. 길 건너 서쪽은 자매 건물로 주상복합으로 지었다.

참고 : 1931WILT, 1936CROS, 1990RODE

층별 평면도

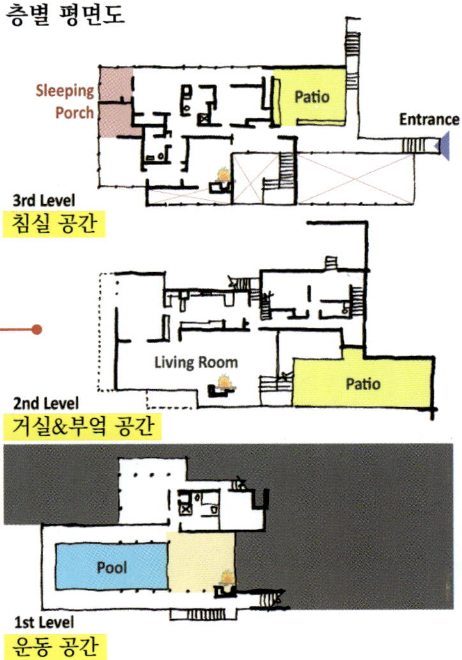

도로에서 본 주택... 1층으로 보인다.

거실에서 침실로 오르는 계단을 보다.
Wikimedia : Codera23

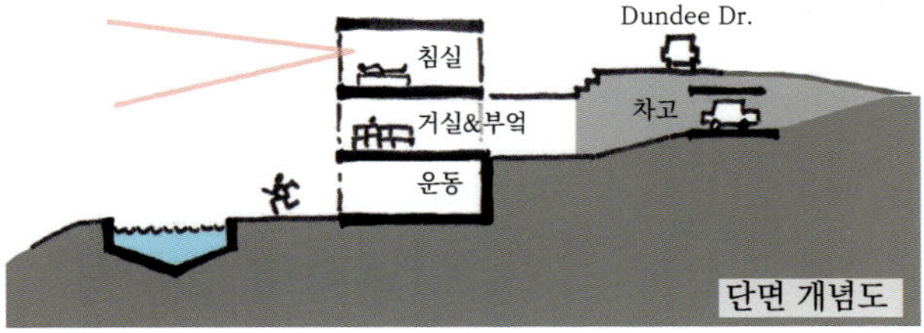

단면 개념도

Lovell Health House

Richard Neutra : **설계**
4616 Dundee Dr, Los Angeles, CA 90027 : **주소**

'로벨 해변 주택'과 같은 건축주다. 로벨은 해변 주택이 끝나자, 바로 쉰들러의 대학 후배 리차드 노이트라에게 다른 주택 설계를 의뢰한다. 로스필리스Los Feliz의 햇볕 잘드는 언덕에 자리한다. 진입도로에서 보면 1층 집으로 보인다. 경사를 따라 집도 아래로 이어서 지었다. 가장 아래 층에는 수영장을 중심으로 운동 공간을, 중간층에는 거실과 주방공간을, 최상층, 다시 말해 진입로와 맞닿아 있는 층에는 침실 공간을 배치했다. 현관과 침실을 어떻게 구분하느냐가 관건이었다. 철골로 뼈대를 만들고, 경량 재료로 외피를 둘러서, 건축공법의 산업화를 추구했지만, 제대로 성공하지는 못 했다. 그렇더라도 건축주가 만족해 했고, 유명 건축 평론가 프램튼K. Frampton은 이 주택을 **국제주의**internationalism **건축을 대표하는 작품**이라고 극찬을 했다.

1926LOVE, 1964VDLH, 1976SCHU : **참고**

복합

1931WILT

북서쪽에서 본 타워 :
빛나는 간판 아래 1층 부분이 극장 입구이고,
나머지는 사무실이나 상업 시설이다.

북동쪽에서 본 건물 :
여기서 보는 것은 사무실이나 상점
이고, 극장은 뒷줄에 놓여 있다.

내부 장식은 외부 장식이 반복된다.

Wikimedia : Codera23

남쪽에서 본 건물 : 붉은 색으로 표시된 부분이 극장이다.

Wiltern Theatre

설계 : Morgan, Walls & Clements

주소 : 3790 Wilshire Blvd, Los Angeles, CA 90010

또 하나의 아르데코를 대표하는 건축물이다. 두 개의 큰 길, 윌셔 길Wilshire Blvd과 웨스턴 길Western Ave이 만나는 모서리에 큰 타워를 올렸다. 두 길의 앞과 뒷글자를 조합해서 Wiltern이라는 새 단어를 만들었다. 당시 건축 높이와 층수 제한이 있어서, 12층에 맞춰 지어야 했다. 조금이라도 **더 높게 보이게 하려고 수직선을 강조했다.** 위층은 사무실이고, 1층은 극장 입구 로비다. 입구 천장에서 아르데코의 화려한 장식을 느낄 수 있다. 타워 주변은 2층의 아담한 건물로 감쌌다. 주로 사무실과 상점이 들어서 있다. 건물 전체 외벽은 청록색의 테라코타 타일로 마감했는데, 불럭 백화점의 구리 장식이 떠오른다. 콘서트같은 특별 행사가 있는 날에는, 건물이 들어선 블럭을 한바퀴 돌 정도로 사람들이 줄을 서서 기다리는 인기 공연장이다.

참고 : 1927CHIN, 1928CITY, 1929BULL

배치도

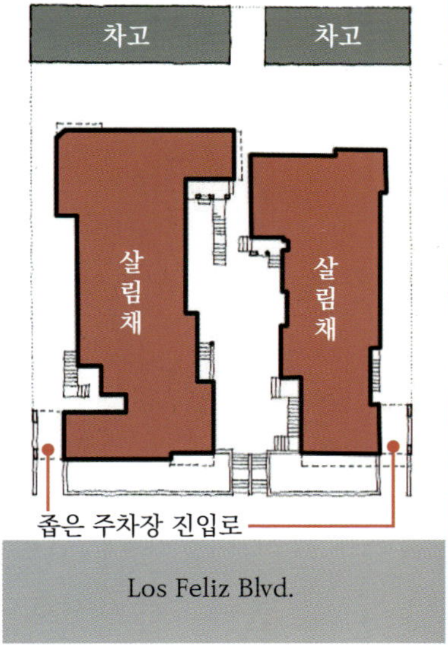

스페인 양식을 제대로 드러내는 남동쪽 모습

중정에서 본 건물 입구

건물의 주 출입구

Barcelona & Corunna Apartments

George Fosdyke : 설계

4621 Los Feliz Blvd, Los Angeles, CA 90027 : 주소

고급 주택이 많은 로스필리스Los Feliz 동네의 입구에 있다. 스페인 양식Spanish style 주거의 좋은 사례로, 그 특징이 잘 드러나 있는 2층 건물이다. 지붕에는 빨간 기와가 덮여 있고, 두꺼운 흰색 벽에 아치로 된 개구부가 사람의 시선을 끈다. 한국의 도시형 한옥처럼 중정형인데, 막히지 않고 남쪽으로 열려 있다. 가운데 마당을 중심으로 생활 공간이 둘러싼다. 남쪽으로 큰 도로가 지나가서, 주 진입구는 남쪽으로 나 있다. 대지경계선에서 동쪽과 서쪽에 각각 8ft (2.4m) 정도 씩 간격을 두어 자동차 진입로를 만들었다. 상당히 좁다. 주차장은 건물 뒤편 북쪽 끝에 만들어 놓았다. 2층에 붉은 목재로 짜여진 발코니와 붉은 계단이 흰 벽과 잘 어울리고, 두 건물 가운데 마당에는 녹색 정원이 꾸며져서 포근한 기분이 든다.

1921HORA, 2002ABBO, 2002SEVE : 참고

북동쪽에서 본 주택 : 도로 쪽에는 창을 최소화했다.

주차장 부분 디테일

2층 : 독립된 유닛

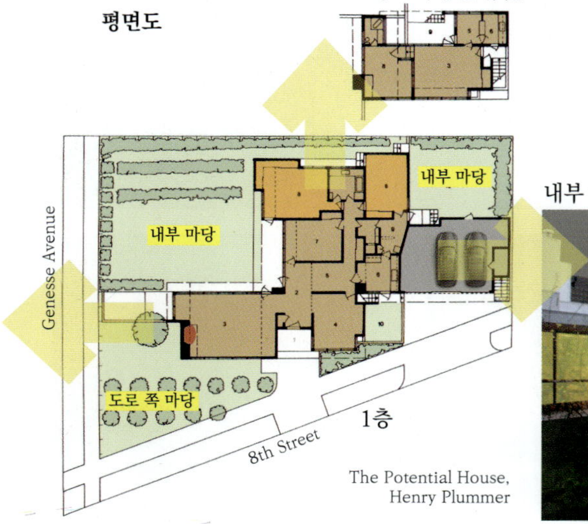

내부 마당 쪽으로는 전면 창을 냈다.

Robert Olsen

Buck Residence

설계 : Rudolph Schindler

주소 : 5958 W 8th St, Los Angeles, CA 90036

쉰들러 주택(1922SCHI)과 많이 닮은 집으로 LACMA 길 건너 동네에 있다. 이 집에서는 건물이 바람개비처럼 3방향으로 뻗어나간다. 그리고 구조는 일반 주택처럼 나무 스터드 stud로 벽을 세우는 방식을 따랐다. 뻗어나간 건물이 바라보는 마당은 각각 조건에 따라 성격이 다르다. 진입로에 면한 마당은 담장이 없이 개방되어 있는 반면, 반대편 마당은 담장을 둘러서 폐쇄적으로 만들었다. 벽은 이와 반대다. 진입로에 면한 벽에는 가능하면 창을 두지 않으려고 했다. 대신 고창을 내어서 빛은 받아 들이되, 바깥과 교류는 차단한다. 이와 달리 반대편은 마당을 향해 모든 벽에 유리를 달았다. 프라이버시에 따른 건축적인 해결 방법이었다. 그리고 주차장 위에는 월세를 놓을 수 있게 독립된 유닛을 마련해 놓았다. 쉰들러의 세련된 조형감을 느낄 수 있는 좋은 사례다.

참고 : 1922SCHI, 1939PEAR, 1942RODR

건물의 모습은 배를 닮았다.

남쪽 하늘에서 본 전체 배치

중앙 건물 주변은 공원같다.

LA 코카콜라 병 제조 공장

세계를 떠받드는 중앙 건물

Crossroads of the World

Robert V. Derrah : **설계**

6671 Sunset Blvd, Los Angeles, CA 90028 : **주소**

아르데코의 일종으로 당시 한창 번화한 동네에 자리한다. 1930년대가 되면, **당시 엄격한 기하학이 주류를 이루던 모더니즘에 유선형streamline이 가미된다**. 벽이 만나는 모서리에 각을 없애고, 둥글게 처리했다. 당시 비행기는 새로운 시대를 이끄는 신문물이었다. 비행기에 영향을 주는 공기역학이 선박에도 영향을 끼치고, 자동차나 기차에도… 더 나아가 건축 디자인에도 영향을 끼친 것이다. 건축주는 전세계 다양한 나라의 물건을 파는 시장을 짓고 싶었다. 건축가 데라Derrah는 대지의 가운데에 여객선 모양의 건물을 짓고, 주변에는 다양한 국가에서 영감을 얻은 건물을 지었다. 주변 건물은 남아 있는 게 거의 없지만, 당시에는 실외 쇼핑센터로서 자리매김했다. 건축가는 3년 후에 싸이악SCI Arc 인근에 코카콜라 병 제조 공장을 실제 여객선과 비슷한 느낌이 들게 짓는다.

1929CHAP, 1967SCPL, 2002GROV : **참고**

도로에 면한 아파트

완공된 지 몇 해 지나지 않은 모습

www.pinterest.co.uk
neutralives.com

대지의 동쪽 하늘에서 본 아파트 배치

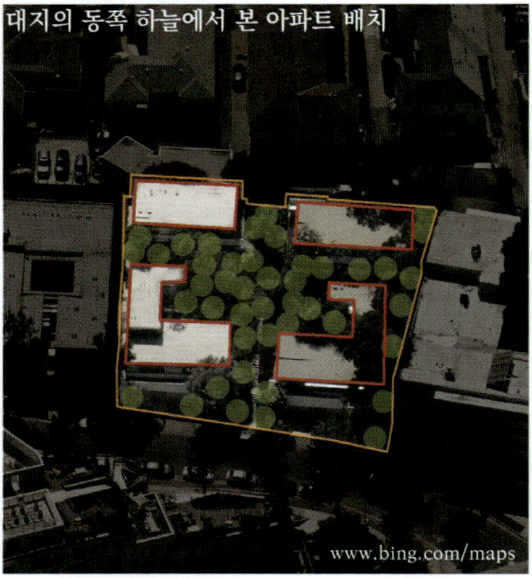

www.bing.com/maps

아파트 입구 바로 옆에 있는 주거 유닛

Strathmore Apartments

설계 : Richard Neutra

주소 : 11005 W Strathmore Dr, Los Angeles, CA 90024

리차드 노이트라가 UCLA 인근에 지은 다가구 주택이었다. 현재는 다세대 주택으로 바뀌었다. 경사진 언덕을 계단처럼 단을 만든 후에 8가구를 앉혔다. 푸른 나무와 하얀 건물이 시간이 지나면서 하나로 잘 융화되어 있다. 대지의 조건으로 보면, 쉰들러의 '색스 아파트(1928SACH)'와 비교할 만하다. 비슷한 시기에 지어졌다. 로벨 건강 주택과는 연장선 상에 있는 건물이다. 쉰들러와 노이트라 둘 다 오스트리아 비엔나Vienna에서 세제션Secession을 바탕으로 한 건축을 배워서, 이들의 건축은 모두 절제된 장식을 드러낸다. 공간적으로는 둘 다 아기자기한 공간 구성을 확인할 수 있지만, 건축의 형태를 보면 다르다. 건축 장인처럼 보이는 쉰들러와는 달리, 노이트라는 모더니즘이 보다 산업화되어 국제주의 건축의 전형을 보여준다.

참고 : 1928SACH, 1929LOVE, 1964VDLH

길 건너에서 본 정면 :
'ㄱ'과 'ㄴ'이 맞물린 듯 보인다.

건물 중간에 있는 광정(빛 우물)

진입로에서 본 모습

기존 차고 위에 새로 지어진 전시장

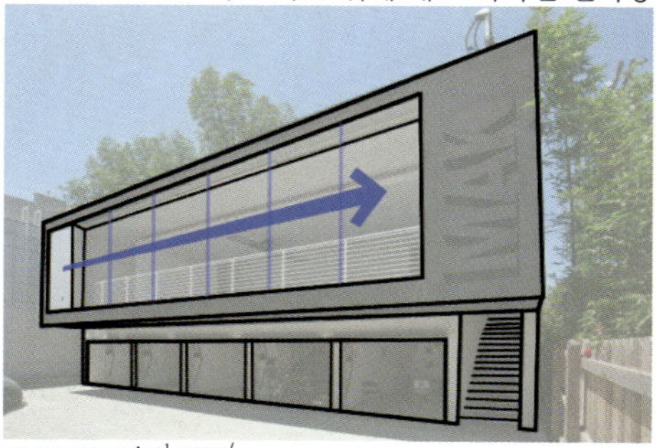

www.space-intl.com/

Pearl Mackey Apartments

Rudolph Schindler : 설계
1137 S Cochran Ave, Los Angeles, CA 90019 : 주소

쉰들러가 평지에 4가구가 살 수 있도록 지은 다가구 주택이다. 노이트라처럼 하나의 평면으로 전체를 채우지 않고, 쉰들러는 서로 다른 유닛을 재미나게 조합해서 배치했다. 3차원 테트리스라고 이해하면 될 듯 싶다. 전체적으로는 단순한 정사각형 평면이지만, 길가에서 보이는 입면을 통해 공간이 어떻게 구성되어 있는지 상상할 수 있다. 'ㄱ'자 형태의 각각의 유닛이 테트리스 게임을 하듯이 서로 맞물려 있다. 건물 중간에 광정光井을 뚫어 아래층의 채광을 돕고 있다. 앞마당에는 관목을 둘러 심어서 앞길을 바라보는 유닛 전용 공간으로 만들었다. 쉰들러 주택에서와 비슷하다. 주차는 대지의 가장 안쪽에 별채로 지어진 건물 내부에 한다. 21세기 들어 퍼거슨Michael Ferguson이 기존의 차고 위에 새로운 전시공간을 만들었다(2004).

1928SACH, 1934BUCK, 1989APTS : 참고

대지의 가장 높은 곳으로 진입한다.

평면도

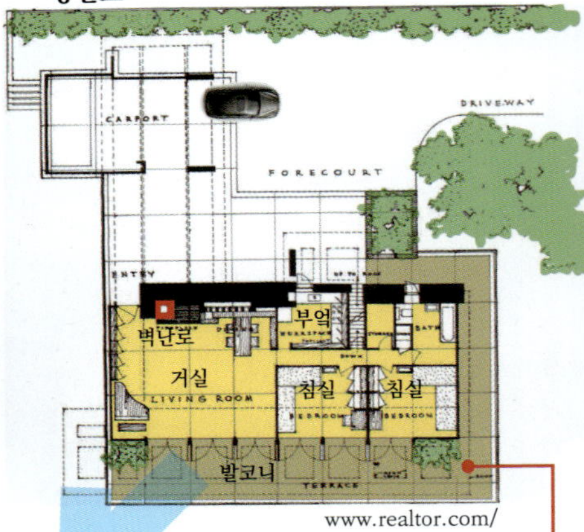

www.realtor.com/

발코니에서 태평양이 보인다.

묵직한 축대 위에, 캔틸레버로 커다란 발코니를 내밀고, 그 축대 위에 아담한 집을 얹어 놓았다.

Sturges House

설계 : Frank Lloyd Wright

주소 : 449 N Skyewiay Rd, Los Angeles, CA 90049

라이트는 1930년대 중반에 중산층을 위한 주택을 설계하기 시작한다. 기존의 다른 주택에 비해 아담한 규모다. 미국 전역에 대략 60채 정도 된다. 이런 주택을 **'유소니안 주택 usonian houses'**라고 부른다. 유소니아usonia는 아메리카 대륙에서 미국USA만을 지칭하는 것에서 유래한다. 이 주택은 언덕 위에 묵직한 축대를 쌓고 그 위에 작은 주택을 얹어 놓았다. 벽돌과 목재로 외장을 마감했다. 에니스 주택처럼 좋은 전망을 위해 대지를 반 바퀴 돌아 가장 높은 곳으로 진입한다. 여기에 차고를 만들고, 같은 레벨에 생활공간을 마련했다. 우선 전망 좋은 곳에 거실과 침실 2개를 나란히 배치하고, 이 앞에 널찍한 발코니를 설치한다. 저 멀리 태평양이 내려다 보이는 전망대같은 주택이다. 부엌과 다른 부속 공간은 전망이 중요하지 않아서 침실 뒤에 마련했다.

참고 : 1924ENNI, 1960CASE, 1976SCHU

연합 역사 정면

연합 역사 주 출입구

대합실은 천장이 높고, 커다란 창에서 들어오는 충만한 빛 덕분에 시원한 느낌이 든다. 기차를 타기 전에 미리 기차 내부 분위기를 내려고, 비슷한 가구를 갖다 놓았다.

역사 내부

Union Station

Parkinson & Parkinson : 설계
800 N Alameda St, Los Angeles, CA 90012 : 주소

로스앤젤레스에 흩어져 있던 여러 기차역을 한 곳에 모아서 연합 역사를 지었다. 스페인 미션 양식으로 두툼한 흰 회벽과 붉은 기와로 단정하게 마무리했다. 보통 스페인 건축에서 아치는 반원형에 짧은 수직 벽으로 마감해서, 개구부의 높이와 폭이 비슷하기 마련이다. 그런데, 여기서는 건물을 올리면서, 수직 창을 많이 늘어뜨린 후에 아치를 얹어서 좀 어색해 보인다. 밖에서 보이는 건물 자체는 거대하지만, 내부에 층을 더 올리지 않고, 1층으로 마무리했다. 그래서 천장이 아주 높다. 줄줄이 서 있는 기다란 유리창으로 빛이 들어와 로비 공간이 따사롭게 느껴진다. 기차 플랫폼까지 가기 전에 있는 가구들이 실제 기차 객실의 내부같은 느낌이 들게 꾸몄다. 승객이 기차 타기 전에, 미리 다른 곳으로 떠나는 기분이 들게 하려는 건축가의 의도가 깔려 있다.

2013PARK, 2014ARTI, 2022SIXT : 참고

단지 배치도

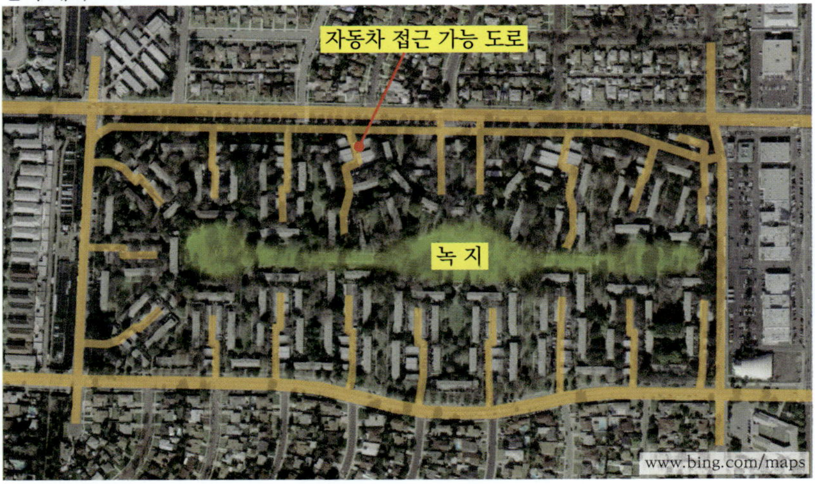

아파트 뒤에 공원같은 녹지가 조성되어 있고, 자동차는 주차장까지만 접근할 수 있다.

Baldwin Hills Village

설계 : Johnson, Wilson, Merill, & Alexander

주소 : 5300 Obama Blvd, Los Angeles, CA 90016

산업혁명 이후 산업화에 따른 폐단이 여기저기서 생겨나면서, 1900년 즈음 영국에서 **전원도시 운동**Garden City Movement이 생겨난다. LA에도 이에 영향을 받은 마을이 지어졌다. 볼드윈힐스 주택단지다. 2,800ft(850m) x 1,200ft(360m)의 땅(306,000m²)에 627개 주거 유닛이 들어서 있다. **자동차는 대지 외곽의 주차장까지만 진입할 수 있고, 대지를 관통할 수 없게 했다. 대신 보행자는 자유롭게 오갈 수 있다.** 이 덕에 대지 중앙부는 숲이 가득한 녹지 공원으로 가꿀 수 있었다. 대지 경계에 막다른 골목cul-de-sac을 여러 개 배치해서, 각각의 골목마다 20세대 정도의 주민들이 이웃이 되도록 만들었다. 이렇게 함으로써 골목 간의 유대감이 높아졌다. 아직도 이웃 동네에서는 느낄 수 없는 마을 풍경이 잘 유지되고 있다.

참고 : 1905VENI, 1949LAUR, 1949PLBH,

높은 쪽의 경사진 땅을 정리해서 2층 바닥과 비슷한 평지로 만들었다. 이 마당은 2층에서만 들어갈 수 있고, 가족만을 위한 공간이다.

www.bing.com/maps
maps.assessor.lacounty.gov

뒷마당에서 보면 1층 규모다.

unknown authorship

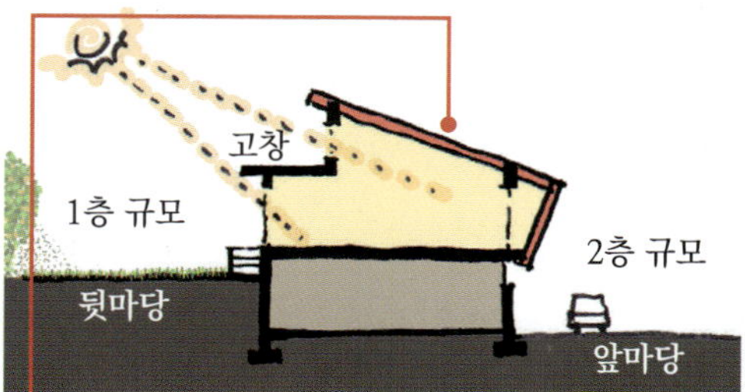

앞마당에서 바라보면 2층 규모다.

Rodriguez House

Rudolph Schindler : **설계**

1845 Niodrara Dr, Glendale, CA 91208 : **주소**

대개 쉰들러가 설계한 집은, 건축주의 예산이 그리 넉넉치 않아서 저렴한 자재를 써야 했다. 반면 로드리게스 주택은 건축주가 고급으로 짓자고 먼저 의뢰해 온 경우다. 건물은 전체적으로 평면상 'L'자형이다. 진입할 때 보이는 건물은 남동향이고, 이 건물의 오른쪽 끝에서 뒤로 이어지는 건물은 북동향이다. 진입할 때 보이는 건물이 앞마당과 뒷마당을 구분한다. 1층은 땅에 묻혀져서 돌로 마감했고, 2층은 목구조로 되어 있다. 2층의 외부로 향한 목구조는 **라이트의 탈리에신 웨스트Taliesin West에서 영감을 받은 것**으로 보인다. 기둥을 15도 정도 밖으로 경사지게 내밀고, 여기서 90도로 지붕이 연결되어 지붕이 자연스레 경사지붕이 된다. 건물 평면이 두껍고 주변이 숲으로 덮여 있어 내부가 어두울 것 같지만, 지붕 중간에 고창이 있어 상당히 밝다.

1934BUCK, 1963SHEA, 1967KAPP : 참고

컴튼 길Compton Ave.에서 본 모습

49가49th St.에서 본 모습

1층 평면도

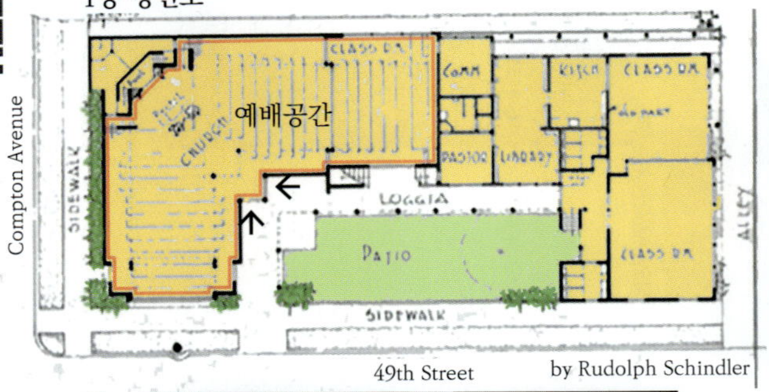

내부 제단altar의 모습

제단에서 본 교회 입구의 모습

Bethlehem Baptist Church

설계 : Rudolph Schindler

주소 : 4901 Compton Ave, Los Angeles, CA 90011

쉰들러가 설계한 건물 중 남아있는 유일한 종교 시설로, 아담한 교회다. 쉰들러가 설계해서인지 다른 교회와 다르다. 새로운 형식의 예배 공간이 눈길을 끈다. 예배를 보는 주 공간은 'L'자 형태로 되어 있다. 다른 공간에 비해서 천장이 높다. 보통은 주변이 어둡고 앱스apse부분이 화려하면서 밝아서 신앙심을 유발한다. 그러나 여기서는 반대다. 앱스 부분이 밝지 않고, 신도들이 앉아 있는 쪽이 오히려 밝다. 대지가 2 개의 길에 면해 있는데, 주출입구는 작은 길 쪽으로 냈다. 그래서, **작은 길에서 지붕 위의 세련된 십자가를 접한 후에 그 아래 공간을 통해서 예배당으로 들어가게 처리했다. 밖에서 보이는 십자가를 내부에서도 느낄 수 있다.** 전체 공간에서 가장 밝은 곳이다. 영역 분리를 위해, 큰 길 쪽으로는 되도록 창이나 개구부를 내지 않으려고 노력했다.

참고 : 1951WAYF, 1961GARD, 1962CONG

언덕 위에서 주택을 내려다 본 모습

왼쪽 평지 끝에 서면,
아래에 태평양 백사장이 펼쳐진다.

임스 주택 1층 평면도

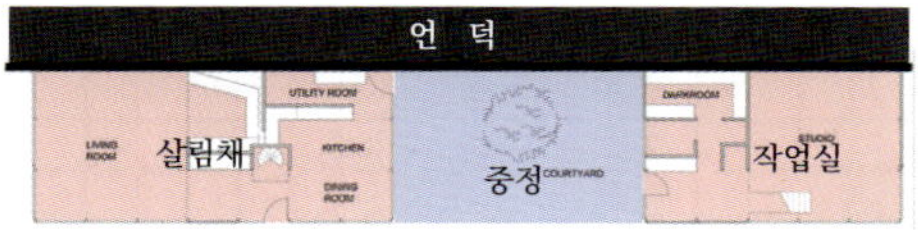

Shifra Berg

작업실에서 살림채를 보다.

중세 시대 일반적인 상가 주택 평면도

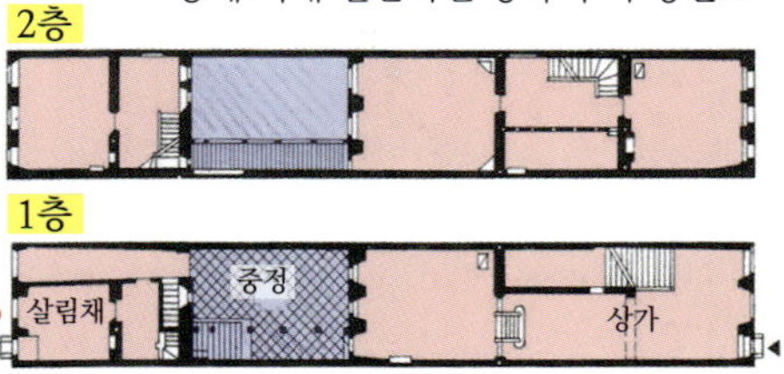

손세관, 도시 주거 형성의 역사, p.152

Eames House

Charles Eames : 설계
203 Chautauqua Blvd, Pacific Palisades, CA 90272 : 주소

중산층에게도 설계 잘 된 주택을 보급하고자 노력했던 케이스 스터디 주택Case Study House 시리즈 중의 8호로, 건축가이자 건축주는 임스 부부다. 1분만 걸어가면 태평양이 바로 앞에 보이는 절벽이 있다. 절벽 위 너른 평지에 키 큰 나무로 둘러싸여 아늑한 곳이 대지다. 북쪽에 언덕을 등지고, 2개의 상자 건물을 나란히 지었다. **평면만 보면, 중세 유럽 도시에 가늘고 긴 상가주택을 하나 떼어 갖다 놓은 느낌**도 든다. 바닥은 콘크리트이고, 철골로 뼈대를 세운 후 외벽을 회벽과 유리로 채웠다. 자재를 표준화해서 건축비를 낮추려고 노력한 흔적을 엿볼 수 있다. 입구에서 들어올 때 먼저 보이는 것이 작업 공간이고, 뒤에 보이는 것이 생활 공간이다. 건물의 입면을 보면, 몬드리안의 추상회화가 떠오른다. https://eamesfoundation.org

1959CASE, 1960TREE, 1964VDLH : 참고

도로에서 본 아파트 :
앞에 차고가 있고, 너머에 주거동이 보인다.

배치도

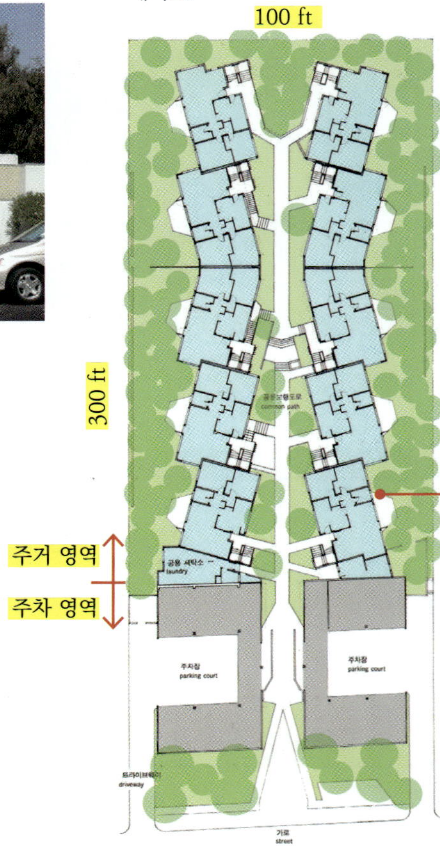

Shun Kanda, 근린 클러스터의 재발견, p.40

주거 유닛과 연결하는 계단

Laurelwood Apartment

설계 : Rudolph Schindler

주소 : 11837 Laurelwood Dr, Studio City, CA 91604

할리웃 산 북쪽면에 있는 다가구 주택이다. 로렐우드 길에서 북쪽으로 진입한다. 대지는 폭이 100ft(30m)이고, 깊이는 300ft(90m)로 상당히 크다. 건축가 쉰들러는 앞에 주차장을 마련하고, 그 다음부터 보행로의 좌우에 단위 주거를 배치했다. 보행자는 가운데 길을 따라 쭈욱 들어가고, 자동차는 대지의 좌우로 진입해서 바로 앞 주차장에서 멈춘다. 주차장과 주거 공간 사이의 자투리 공간에 공용 세탁장과 창고를 배치했다. 보통은 밀도를 높이기 위해 주거유닛을 대지 경계에 바싹 붙이고, 주거 건물 사이에 마당을 놓기 마련인데, 여기서는 중정을 포기했다. 롸드리게스 주택(1942RODR)에서는 단면에서 각을 꺾었는데, 여기서는 평면에서 꺾었다. 건축가 쉰들러는 마주 보는 유닛끼리의 시선을 어긋나게 해서 프라이버시를 좀 더 높이려고 시도했다.

참고 : 1928SACH, 1942BALD, 1942RODR

단지 외곽의 2층 짜리 주거동

팍 라브레아 주변과 블럭 내 도로 패턴 : 45 도 격자도로가 선명하다. (노란색)

www.bing.com/maps

르코르뷔지에가 제안한 파리 재개발 계획안 : 실현되지는 않았다.

기존 유지 구역

재개발 구역

caosplanejado.com/

'X'자 모양의 고층 주거동

Park La Brea Housing

G. Kaufman and J.E. Stanton : **설계**

6200 W 3rd St, Los Angeles, CA 90036 : **주소**

미국 서부에서 가장 큰 주택 단지로, 약 650,000m²의 커다란 땅에 약 4,500 유닛이 들어서 있다. 우선 주변의 도로와는 다르게 45도 대각선 도로를 이용해서 전체 대지를 구획했다. 중앙의 3군데에, 길이 모이는 중심점이 생겨났다. 이곳은 공원으로 비워 두었다. 서쪽은 2층짜리 낮은 건물로, 길을 따라 빙 둘러서 자연스레 가운데에 중정을 끼게 만들었다. 집으로 둘러싸인 마당은 입주자들만이 접근할 수 있어서 이웃 간의 친밀도를 높이고 있다. 반면 동쪽은 13층 짜리 'X'자 모양의 고층 아파트 건물로 짜여 있다. 이곳은 마당보다는 전망을 목적으로 지어졌다. **르코르뷔지에가 제시했던 빛나는 도시La Ville radieuse 계획안이 LA에 구현되었다고 볼 수 있다.** 볼드윈 힐스 주택 단지와 밀도를 비교 하면 약 3.5배 차이가 난다. (306,000m²에 627유닛)

1942BALD, 1973INGL, 1992COLO : **참고**

동쪽 진입로에서 언턱 위의 교회를 본 모습

대지 내 서쪽에서 바라본 교회 주 출입구

입면에서도 60도 그리드가 보인다.

건축 구조 기초 평면도 : 60도 그리드가 보인다.

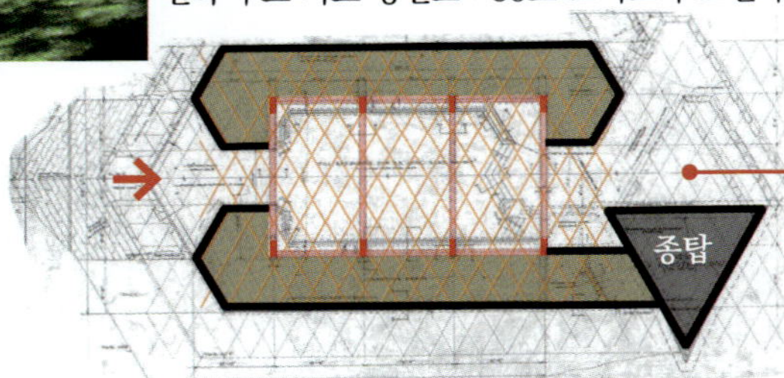

unknown authorship

Wayfarers Chapel

설계 : Lloyd Wright

주소 : 5755 Palos Verdes Dr S, Rancho Palos Verdes, CA 90275

로이드 라이트는 미국 건축을 대표하는 건축가 프랭크 로이드 라이트의 장남이다. 반즈돌 저택을 지을 때부터 LA에서 살면서, 아버지의 일을 돕기도 하고 자신의 일도 했다. 이 교회는 그의 대표작이다. 이 동네는 한국으로 치면 땅끝마을 같은 곳인데, 주변이 팔로스 버디스Palos Verdes라고 고급 주택이 즐비한 부촌이다. 대지에 서면, 바로 앞이 낭떠러지로 눈 앞에 태평양이 펼쳐져 있다. 라이트는 아담한 유리 교회를 세웠다. 구조체는 철골이다. 신께 복종하게 하는 교회라기보다는, 천국에 신도들이 모여 있는 모습을 표현한 것같다. **60도 그리드로 평면과 입면을 그렸다.** 아버지의 건축에서 영향을 받은 것을 부인할 수 없다. 나중에 교회 옆에 등대같이 생긴 돌탑을 쌓고, 그 위에 십자가를 얹었다. 결혼식장으로 많이 쓰였는데, 최근 지진으로 피해를 입어 출입이 통제된 상태다.

참고 : 1944BETH, 1954ANDE, 1962CONG

체육관의 내부와 외부를 가르는 벽은 위로 들어 올릴 수 있다.

동쪽과 서쪽의 고창을 통해 자연채광을 한다.

왼쪽 벽을 들어올리면, 내부와 외부를 잇는 매개공간이 된다.

동쪽과 서쪽 벽을 들어올리면, 내부와 외부 공간이 서로 관통한다interpenetrate.

Eagle Rock Playground Clubhouse

Richard Neutra : **설계**

1100 Eagle Vista Dr, Los Angeles, CA 90041 : **주소**

동네에 지은 체육관이다. 건축가 노이트라는 국제주의 건축을 대표하는 사람답게 단순하면서 기능적으로 지었다. 우선 천장이 높은 체육관을 가운데에 세우고, 사무실이나 화장실같은 부속실은 체육관의 남쪽과 북쪽에 배치했다. 체육관의 동쪽과 서쪽에는 벽 없이 기둥을 세우고 지붕만 덮었다. **체육관의 칸막이 벽을 들어올리면, 체육관 공간이 동서로 확장된다.** 초기 모더니즘이 강조한 **'내부와 외부공간의 상호 관입'**을 여기서도 확인할 수 있다. 노이트라가 좋아했던 기계장치를 활용했다. 뿐만 아니라 체육관은 동쪽과 서쪽 벽 위에 난 수평의 긴 띠창을 통해서 햇빛을 끌어들인다. 외벽도 잘 처리해서 모더니즘 조형물을 보는 듯 하다. 북쪽의 탁아소Child Care Center는 호젯과 펑Hodgetts & Fung이 설계했다.

1964VDLH, 1991SHAT, 2013POTR : 참고

로데오 길에서 본 건물의 정면

주변과 달리 60도 격자로 건물이 지어졌다.

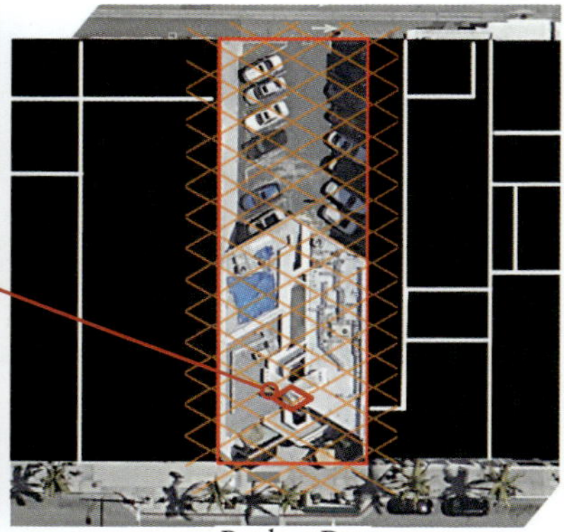

www.google.com/maps

건물의 남쪽 부분은 도로보다 반층 정도 낮다.

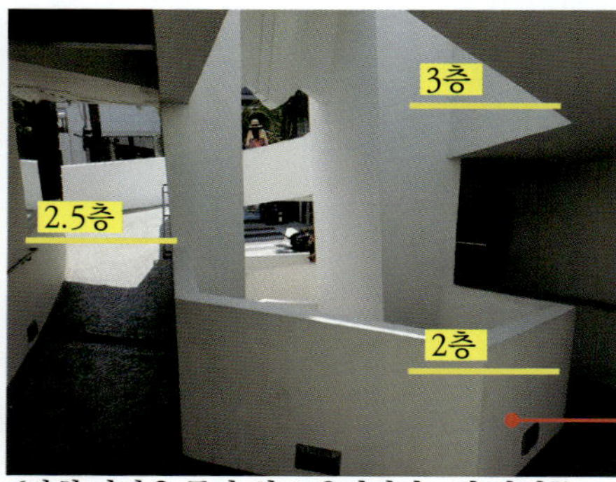

6각형 마당을 돌아 위로 올라간다. 반 바퀴를 돌면, 반 층이 올라간다.

Anderton Court

설계 : Frank Lloyd Wright

주소 : 332 N Rodeo Dr, Beverly Hills, CA 90210

프랭크 로이드 라이트가 LA에 지은 유일한 상업건축물이다. 유명한 베벌리힐스의 로데오 길을 바라보고 있다. 웨이페어러스 채플(1951WAYF)처럼 60도 격자를 사용하고 있다. 우선 로데오 길 중간에 높은 뾰족탑을 세워, 인근을 오가는 사람들의 시선을 끌게 했다. **뾰족탑 주변에 벌집처럼 6각형 모양의 마당을 두고, 이 마당을 감싸면서 경사로를 만들어 올라가게 했다.** 다른 건물이라면 보통 1층 상점의 입구를 전면에 내세우기 마련이다. 그리고 엘리베이터나 계단은 뒤로 물렸겠지만, 여기서는 경사로를 전면에 내세웠다. 각층 상점을 오가는 사람들도 동선을 끄는 중요한 요소로 여겨서다. 로데오 길에서 보면 경사로를 중심으로 좌우의 건물이 반층 차이가 난다. 경사로를 반바퀴 돌 때마다 좌우 상점의 층이 반 층씩 바뀐다.

참고 : 1924ENNI, 1951WAYF, 1990RODE

LA의 동쪽 La Puente에 지어진
다른 도넛 모양의 식당

길 건너에서 본 모습

건물의 기능이
건물 디자인에
반영된 경우

건물과 장식이
무관한 경우

Robert Venturi 외, Learning from Las Vegas

가까이에서 본 모습

Randy's Donut

Henry Goodwin : 설계
805 W Manchester Blvd, Inglewood, CA 90301 : 주소

상업 건축에서 간판이 다른 어느 건축에서보다 더 중요한 역할을 한다. 비록 작은 도넛 가게지만, 오가는 누구에게나 확실한 인상을 남기려고 했다. 가게 위로 커다란 철골 뼈대를 세우고, 거대한 도넛 모양을 만들어 철골 틀을 덮었다. 도넛 가게보다 큰 도넛 모형이다. 몇 블럭 건너에서도 눈에 잘 띄어서, 지나가는 사람은 누구나 한번쯤 웃고 지나가게 한다. 키치kitsch라고 비아냥거리기도 하지만, 자본주의의 속성을 제대로 보여주는 건축 사례라고 이해해도 좋을 듯 싶다. 포스트모더니즘의 대가 벤츄리Robert Venturi와 브라운Denise Scott Brown은 **건축물의 기능과 형상이 같은 것을 '오리duck'**라고 하고, **간판과 건물이 따로 놀면 '장식한 헛간decorated shed'**라고 불렀다. 사람들은 이 건물을 장식한 헛간이라고 부르는데, 난 오리라고 부르고 싶다.

1961LAXT, 1991KENT, 1996SAMI : 참고

로디아가 30여 년 동안 지은 조형물

조형물 디테일

조형물에 들어가는 입구

전북 진안 마이산에 있는 탑사

Wikimedia : Steve46814

Watts Towers

설계 : Simon Rodia

주소 : 1765 E 107th St, Los Angeles, CA 90002

잡일로 하루벌어 근근히 살아가던 이민 노동자 사이먼 로디아가, 30여 년 동안 지은 조형물이다. 나이 40이 지나면서, 더 이상 술로 인생을 낭비하지 않겠다고 다짐하고, 이 세상 어디에도 없을 뭔가를 만들겠다고 해서 시작했다. 글도 모르지만, 건설 현장에서 어깨너머 배운 기술로 땅을 파서 기초를 만들고, 철근을 이용해서 뼈대를 만들었다. 총 17개의 타워가 서로 얽히고 설켜 있다. 가장 높은 것은 30m가 넘는다. 재료를 구하기 위해 여기저기 돌아다녀야 했다. 수도승이 도를 찾는 삶이 아니었을까… 특별한 용도로 지어진 구조물이 아니다. 초기에는 불법이었겠지만, 현재는 문화재가 되었다. 나이 75세 때 뇌졸중으로 타워에서 떨어진 뒤로 일을 멈췄다. 전북 진안 마이산의 탑과 비슷할 것같다는 생각이 든다. **건축의 의미**에 대해서 생각하게 한다.

참고 : 1961LAXT, 2010SAMI, 2013TONG

거실 앞에 놓인 테라스... 밑에 물이 흐른다.

도로에서 집 안으로 들어올 때, 물을 건넌다.

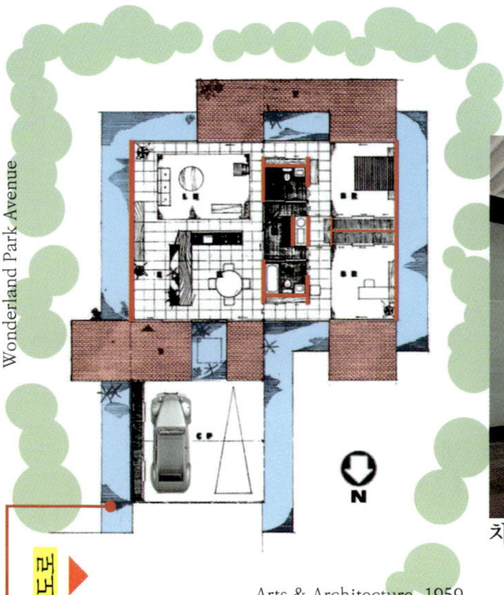

Arts & Architecture, 1959

차고에서 집 안으로 들어올 때도, 물을 건넌다.

Case Study House #21

Pierre Koenig : 설계

9038 Wonderland Park Ave, Los Angeles, CA 90046 : 주소

케이스 스터디 주택 시리즈는 '예술과 건축Arts & Architecture'이라는 잡지의 편집장이었던 좐 엔텐자John Entenza가 중산층에게도 설계가 잘 된 주택을 제공하려고 시도한 실험 프로젝트였다(1945년-1964년). 케이스 스터디 주택의 개념이 마음에 든 베일리Dr. Bailey 부부는, 자신들이 구입한 헐리웃 산 중턱의 대지를 잡지사에 의뢰하고, 엔텐자는 건축 신인 피에르 코니히에게 설계할 수 있는 기회를 주었다. 전체적으로 간단한 철골 구조로 집의 틀을 잡은 상자형 주택이다. 북쪽의 가장 높은 곳에 주차공간을 마련하고, 남쪽에 생활공간을 배치했다. 생활공간 주변에는 해자垓子를 둘러서 주거공간이 신성한 공간이라는 의미를 부여했다. 남쪽은 전면 유리로 시내 전경을 담으려고 했고, 동쪽과 서쪽은 벽으로 막아 외부인의 .시선을 차단했다.

1949EAME, 1960TREE, 1964VDLH : 참고

대문 안으로 들어서자 마자, 시내가 눈에 들어 온다.

작은 물은 따뜻한 물이 있는 욕조로, 건축가가 반대했지만 건축주가 밀어부쳐 나중에 지었다.

주택 평면도

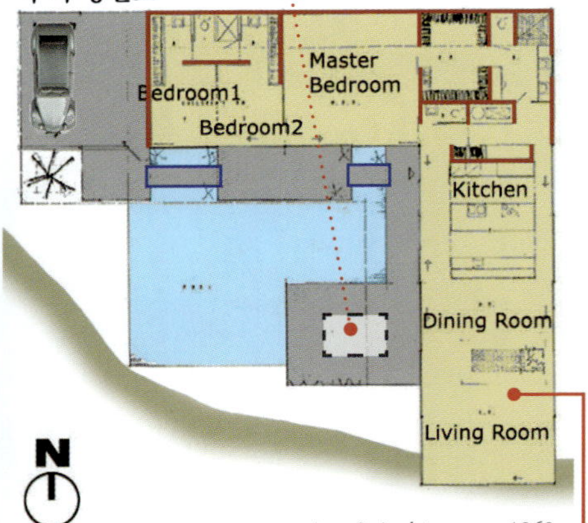

Arts & Architecture, 1960

절벽 위에 떠 있는 거실

Case Study House #22

설계 : Pierre Koenig

주소 : 1635 Woods Dr, West Hollywood, CA 90069

케이스 스터디 주택 시리즈 중에서 가장 유명한 주택이다. 건축주가 스탈Buck Stahl이어서 '스탈 주택'이라고도 불린다. LA 시내가 내려다 보이는 언덕 위에 자리하고 있다. 진입로는 북쪽에 닿아 있다. 북쪽과 동쪽이 그나마 평지에 가깝고, 남쪽과 서쪽은 절벽이라고 봐도 될 정도로 가파르다. 건축주가 집을 최대한 지을 수 있게 동남쪽에 축대를 쌓고, 나름 설계를 한 후, 건축가 코니히를 만나서 마무리했다. 건물은 'ㄱ'자 평면으로 침실은 주차장 바로 옆에 나란히 배치하고, 가장 전망 좋은 곳에 거실을 놓았다. 주차장에서 집 안으로 들어갈 때, 간단한 다리를 건너야 한다. **일반적으로 마당이 있을 자리에 수영장을 마련했다.** 다운타운부터 태평양까지 180도 확 트인 전망을 즐길 수 있다. 집을 구경하려면 $60을 내고 예약을 해야 한다. https://stahlhouse.com

참고 : 1939STUR, 1962RAIN, 2005HILL

1850 **1910** **1960** **2010**

1928년에 새로 커다란 시청을 지으면서 관공서 거리가 태동한다. 시청과 수도전기국 청사 사이에 길다란 잔디 광장을 만들고, 이 주변에 관공서 건물을 순차적으로 지었다. 1939년에는 여기저기 산재해 있던 기차역을 통합해서, 차이나타운 동쪽에 통합 기차역을 세웠다. 20세기 중반 로스앤젤레스는 브로드웨이와 6가를 중심으로 발전한다. 지도에 보이는 빨간 네모는 퍼싱 스퀘어Pershing Square로, 아직 제대로 자리잡지 못 한 상태다. 자동차 제조 회사의 저열한 비밀 로비로, **2차 세계대전 이후에는 프리웨이가 들어서기 시작했다.** 이 때문에 세계적인 시내전차는 시스템을 유지하기 힘들어졌고, 결국에는 자취를 감추게 되었다. 1962년에 다저스 야구장이 지어졌다. 1960년 즈음에는 시민들이 다운타운의 동쪽을 공장지역으로 인식하고 있었다.

전망 좋은 산 중턱에 떠있는 UFO처럼 보인다.

UFO에 오르기 위해 경사진 엘리베이터를 타고 올라가야 한다.

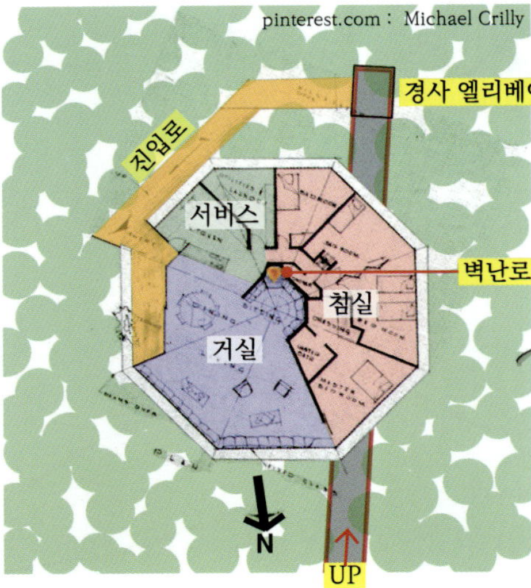

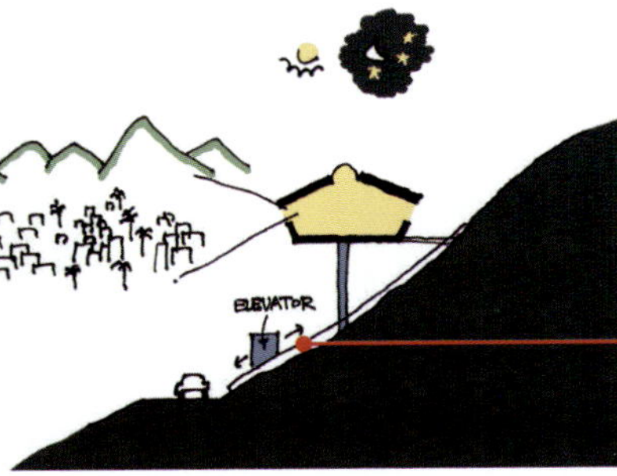

Chemosphere House

설계 : John Lautner

주소 : 7776 Torreyson Dr, Los Angeles, CA 90046

좐 라우트너는 프랭크 로이드 라이트의 제자 중 한명으로 LA 인근에 기념비적인 주택을 여러 채 설계했다. 이 중 첫번째다. 키모스피어Chemosphere(화학권)는 우리가 숨쉬는 대류권 위 성층권의 일부를 일컫는다. 이름을 이렇게 지은 데에는 당시의 시대적 상황과 관련이 있다. 1957년 소련이 스푸트닉Sputnik 1호를 우주에 쏘아 올린 후, 전세계의 시선은 미국과 소련의 우주 개발 경쟁에 쏠리기 시작했다. 이 일련의 사건은 디자인계 전반에도 큰 파장을 일으켰다. 라우트너는 아주 가파른 경사지에 우주선을 닮은 팔각형의 건물을 콘크리트 말뚝 위에 올려 놓기에 이른다. 진입로는 산 아래에 있고, 집의 입구까지 경사 엘리베이터를 타고 올라간다. 거실에 서서 주변을 둘러 보면, 아마도 UFO를 타고 있는 기분이지 않을까 싶다.

참고 : 1939STUR, 1962RAIN, 2005HILL

입구에서 식당을 본 모습 :
식당 위가 부부 침실 공간이다.

단면 개념 스케치 :
기존의 나무를 살려서 건물을 배치했다

주택 평면도

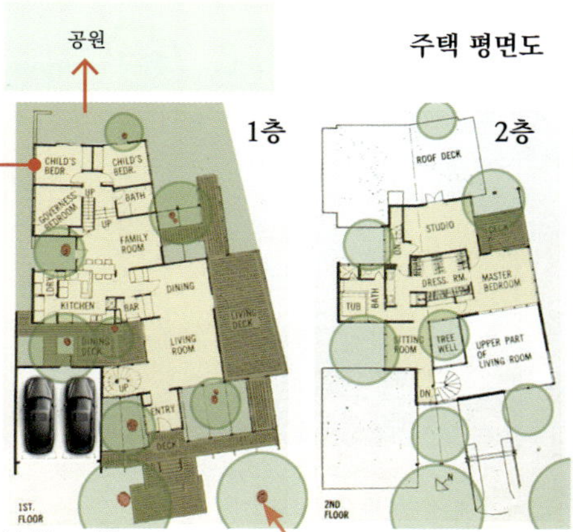

LA Times Magazine

거실에서 입구를 본 모습

Tree House

David Hyun : 설계
640 Hightree Rd, Santa Monica, CA 90402 : 주소

퍼시픽 팰리세이즈Pacific Palisades라고 고급 주택 동네에 자리한다. 설계를 한 데이빗 현은 1세대 한인 건축가로 USC 건축과를 졸업하고, 노이트라 사무실에서 실무를 익혔다. 그래서인지 주택 전체에서 노이트라 건축과 비슷한 분위기를 느낄 수 있다. 대지의 북쪽이 도로와 만나고, 남쪽에는 동네 공원이 자리한다. 주변 뿐만 아니라, 대지 내에 여러 나무가 있어서 최대한 이를 살려서 건물을 설계했다. 도로에서 들어와 바로 차고를 배치하고, 건물 입구는 프라이버시를 위해 꺾어서 들어간다. 현관 공간을 지나 거실로 들어오면 2개층을 뻥 뚫어 놓았다. 1층에는 거실/식당 공간이 앞에 자리하고, 뒤에 자녀 침실을 배치해서, 자유롭게 공원으로 이어진다. 2층은 부부만을 위한 공간으로 아래를 내려다 보면서 전체 공간을 통제할 수 있게 꾸몄다. 2층의 roof deck은 나중에 증축되었다.

1922SCHI, 1963SHEA, 1964VDLH : 참고

서쪽에 줄 서 있는 기둥이 건물의 하중을 지탱한다.

예배당과 주차장 사이에 물을 두고, 이 위로 목사님이 설교할 수 있는 캐노피를 내밀었다.

서쪽 기둥이 지붕을 받치면서, 동쪽 입면의 대부분을 유리로 덮을 수 있었다.

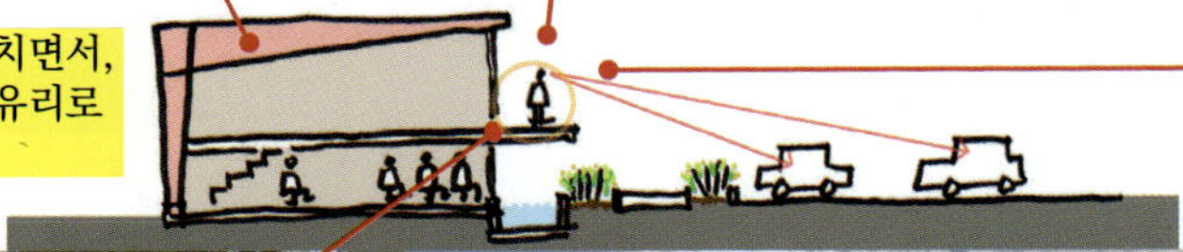

설교를 더 잘 볼 수 있게 하기 위해, 주차장에 살짝 경사를 두었다.

Garden Grove Community Church

설계 : Richard Neutra

주소 : 12141 S Lewis St, Garden Grove, CA 92840

유명한 슐러Robert Schuller 목사가 노이트라에게 설계를 맡겨서 지은 자동차용drive-in 교회다. 1955년에 이미 자동차 전용 극장을 빌려서 교회로 써 왔으므로, 건축주로부터 좋은 아이디어를 얻었을 것으로 보인다. 단순한 상자형 건물로, 철골을 이용하여 날렵한 구조가 드러나게 꾸몄다. 앱스apse가 북쪽에 있다. 신도들이 있는 주차장이 동쪽에 있어서, 서쪽의 철골 기둥들이 건물의 하중을 많이 받게 했다. 덕분에 동쪽 기둥은 가늘게 해서 바깥과 안이 서로 소통하게 만들었다. 파이프 오르간이 앱스의 2층부분에 있는데, 2층 바닥판이 동쪽 벽을 뚫고 나간다. 그리고 발코니가 되었다. 목사님이 여기 발코니에 서서, 자동차에 앉아 있는 신도들에게 설교를 한다. 자동차 극장이 스크린을 바라본다면, 여기서는 스크린 대신에 목사님을 바라 보게 되어 있다. 나중에 수정교회가 된다.

참고 : 1944BETH, 1962CONG, 1980CRYS

아치에서 철선을 내려 식당을 들고 있다.

Wikimedia : monkeytime | brachiator

가느다란 2개의 아치가 식당을 받들고 있다.

식당 내부 모습

Wikimedia : Sam Howzit

루이스 부르즈와의 거미를 형상화한 조형물과 비슷한 느낌이 든다.

Wikimedia : John Talbot

개념 스케치

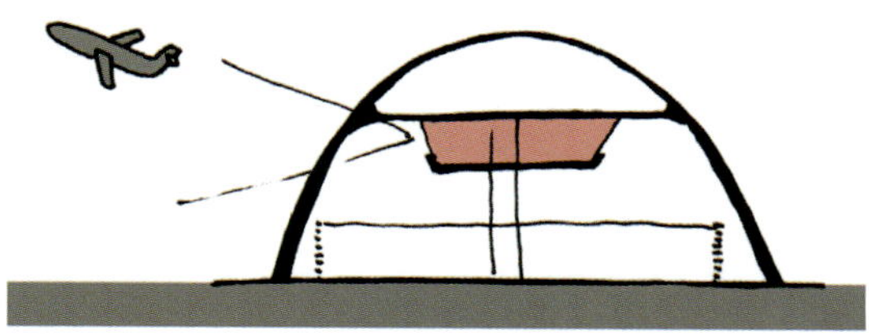

LAX Theme Building

Pereira, Luckman, & Becket : **설계**

201 World Way, Los Angeles, CA 90045 : **주소**

1960년 즈음 LA국제 공항에 아이콘이 되는 전망 좋은 식당을 지으려고 한다. 하늘을 나는 비행기보다 우주선이 더 높은 최첨단 과학기술을 필요로 한다. 건축가 퍼레이라는 우주 개발 시대에서 영감을 얻어서 비행접시같은 건물을 만들어냈다. 키모스피어 주택(1960CHEM)과 비슷한 개념이다. 먼저 철골 구조를 이용해서 대지에 거대하면서 가느다란 아치arch 2개를 세웠다. 스터코stucco로 덮어서 철골인지 티가 안 난다. 이 **아치에서 보를 내밀어 천장을 만들고, 천장에서부터 식당 공간을 만들었다.** 기존 건축 수법과 반대로 지어졌다. 사람은 도로 레벨에서 엘리베이터를 타고 올라간다. 어떻게 보면 거대한 거미를 추상화시킨 예술품과 비슷해 보이기도 한다. Maman by 루이스 부르즈와 Louise Bourgeois (1999)

1960CHEM, 1965UN76, 2010SAMI : **참고**

사각 모임 지붕과 그 위의 뾰족탑이 눈길을 끈다.

North Christian Church
by Eero Saarinen

Wikimedia : Greg Hume (Greg5030)

일본 느낌나는 내부 공간

Congregational Church of Northridge

설계 : A. Quincy Jones

주소 : 9659 Balboa Blvd, Northridge, CA 9132

1951년부터 79년까지 거의 30년간 USC에서 건축 설계를 가르쳤던 퀸시 존스가 설계한 교회다. 제단altar을 성스럽게 만드는 전통적인 라틴 십자가Latin Cross 형태의 교회가 아니라, 집회 장소로서의 특징을 살린 교회다. 전체적인 건물 형태는 사각 모임지붕 위에 첨탑을 올려 놓았다. **사각 모임지붕은 바닥에서 1개층을 들어 올려 지면에 반사된 빛을 건물 내부로 끌어들이고, 사각 모임지붕 꼭대기에는 천창을 만들어 하늘에서 신성한 빛이 내려오게 했다.** 이 정도 규모의 건물이면, 보통 철골이나 콘크리트로 지을 텐데, 여기서는 합성 목재인 글루램 빔glue laminated beam을 이용해서 포근한 분위기를 이끌어냈다. 일본 건물처럼 느껴지기도 한다. 비슷한 시기에 지어진 에로 사리넨의 North Christian Church(1964)와 비교할 만하다.

참고 : 1961GARD, 1980CRYS, 1997SKYR

북쪽 입면 디테일

북쪽에서 본 입면

남쪽 입면 디테일 : 수직 차양 장치

바람개비 모양의 배치도

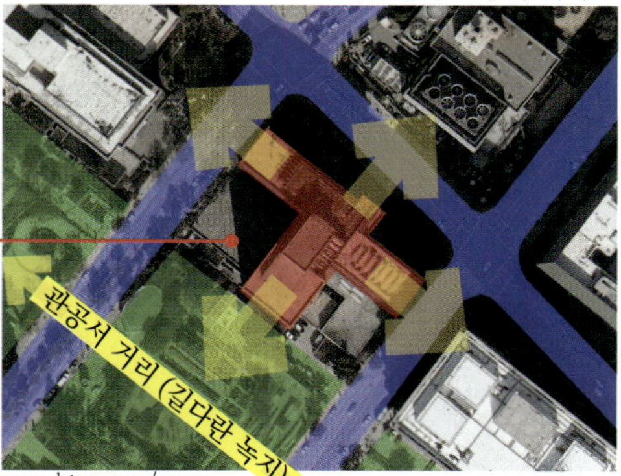

www.bing.com/maps

Los Angeles County Hall of Records

Richard Neutra : **설계**

222 N Hill St, Los Angeles, CA 90012 : **주소**

노이트라가 설계한 건물 중에 유일한 고층건물로, 17층 높이다. LA 시청의 서쪽 관공서 건물이 몰려있는 거리에 있다. LA 시청과 LA 수도전기국 건물을 양 끝에 놓고, 그 사이는 녹지로 비워 두었다. 이 빈 녹지를 둘러싸서 여러 공공기관 건물들이 들어 서 있다. 그 중 하나가 LA 기록보관소인데, 주로 주민의 출생 사망 기록을 보관한다. 이 건물에는 기록물을 보관하는 공간과 직원이 일하는 업무 공간으로 나뉜다. 남쪽에 창이 없이 흰 건물에 기록물을 보관했고, 북쪽에 직원 업무공간을 배치했다. 전체적으로 바람개비같은 평면을 하고 있다. 남쪽에는 햇빛을 조절하는 수직 차양 시설을 배치했고, 동서쪽에는 창을 내지 않았다. 남쪽에 차양 시설은 수평이 합리적인데, 여기서는 수직으로 걸었다. 국제주의 건축을 대표하는 건축가답게 그 특징을 잘 살렸다.

1953EAGL, 1961GARD, 1964VDLH : **참고**

도로에서 집으로 들어가려면 다리를 건너야 한다.

건물의 지붕이 무지개 모양이다.

아래에서 본 모습

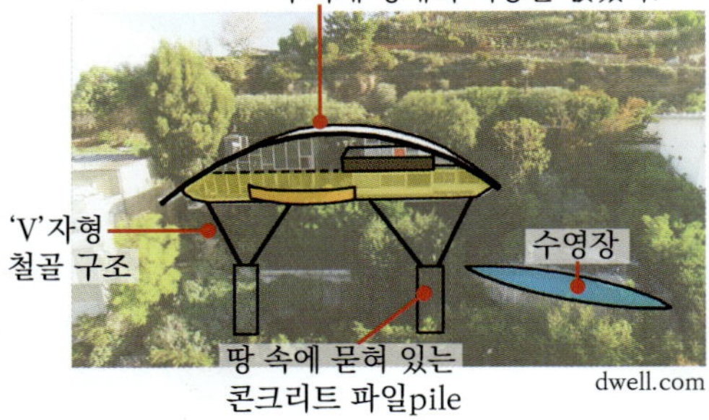

대지 단면 개념도

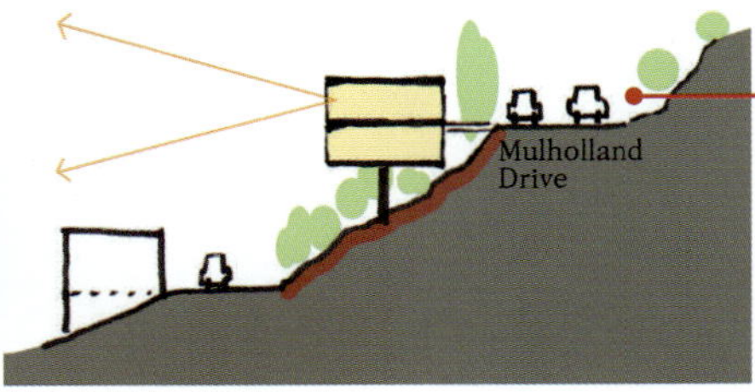

Rainbow House (Garcia Residence)

설계 : John Lautner
주소 : 7436 Mulholland Dr, Los Angeles, CA 90046

주택이 위치한 멀홀랜드 길은 헐리웃 산을 가로지르고 있는데, 전망이 좋기로 유명한 도로이다. 대지는 이 길에서 남쪽으로 면했는데, 거의 절벽이다. 대지 조건이 케이스 스터디 주택 22호(1960CASE)보다 더 안 좋아 보인다. 진입로에서의 전망은 좋지만, 바로 낭떠러지다. 높이 제한이 있어서 1층보다 높게 지을 수 없었을 것이다. 건축가 라우트너는 진입로에서의 전망을 살리기 위해 몇가지 아이디어를 생각해 냈다. 첫째, 진입로에는 주차장과 건물 입구를 만들고, 거실은 아래층에 만들기로 했다. 둘째, 절벽에서 집을 받치기 위해 쇠파이프로 2개의 'V'자 형 구조물을 만든다. 셋째, **집의 전망을 최대한 살리기 위해 지붕 구조는 무지개 모양의 아치로 만든다.** 여기서 레인보우 이름이 붙여졌다. 콘크리트 쉘concrete shell구조라고도 한다.

참고 : 1960CASE, 1960CHEM, 1963SHEA

극장 내부 모습 : 외부 돔과는 따로 떨어져 있다. 천장을 육각형으로 장식해서 통일성을 부여했다. (1963년)

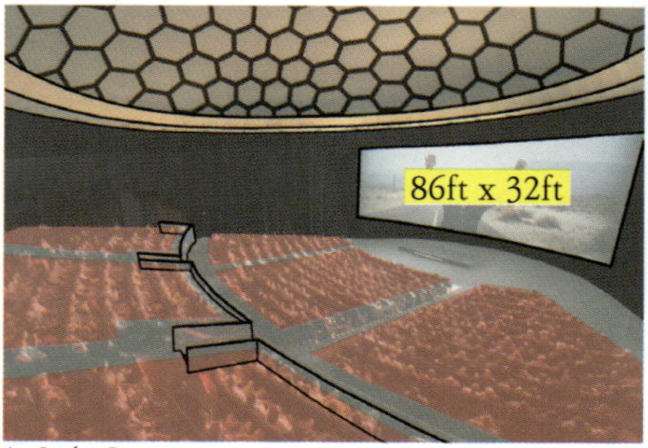

ArcLight Cinemas

선셋길 건너에서 바라본 극장 전면

Wikimedia : UpdateNerd

스파이더맨 2 개봉 당시 (2005) 스파이더맨 조형물을 돔 위에 올려 놓았다.

Wikimedia : Yo shi

풀러가 설계한 초기 돔형 주거 (실제 크기 복원 모형)

Wikimedia : Communityhelper1000

Cinerama Dome

Welton Becket (Pierre Cabrol) : 설계
6360 Sunset Blvd, Los Angeles, CA 90028 : 주소

여러 개의 영화관을 소유한 퍼시픽 극장Pacific Theatres의 창업자가 시네라마Cinerama라는 대형 화면 극장 시스템을 인수하면서, 1963년 2월에 과감한 사업을 발표한다. 벅민스터 풀러Buckminster Fuller가 개발한 지오데식 돔geodesic dome을 이용해서, 기존 영화관의 공사비와 공사기간을 반으로 줄인 극장을 지어 보이겠다고 선언했다. 마침 설계회사 베켓에는 MIT에서 풀러의 지도를 받았던 피에르 캐브럴Pierre Cabrol이 있었다. 캐브럴이 실무적인 일을 맡았다. 공사는 7월에 착공해서, 11월에 공사를 마무리 짓고 개관했다. 실제 공사 기간은 16 주(4개월) 밖에 걸리지 않았다. 스크린 크기가 가로 86피트(26m) x 세로 32피트(10m)로 개관 당시 세계 최대 규모였다. 예상과는 달리 이 극장 외에 다른 곳에 많이 지어진 것같지는 않다.

1951WAYF, 1995DICE, 1980CRYS: 참고

남쪽 하늘에서 내려다 본 모습 : 건물이 숲에 덮여 있어서 잘 보이질 않는다.

www.bing.com/

평면도에서 보이는 남쪽 끝의 삼각형이 항공사진에서도 보인다. 아래 사진에서 보이는 침실의 지붕이다. 현재의 건축주 골드스틴이 라우트너를 다시 고용해, 많이 바꾸었다.

오른쪽 사진의 아래층으로 침실이다. 멀리 LA 도심이 보이고, 전면창이 열리게 되어 있다.

jamesfgoldstein.com/

남쪽에서 본 거실 모습
: 삼각형의 와플 구조가 보인다.

Wikimedia : Arch.james

거실 안의 모습 : 삼각형의 와플 구조가 선명하고, 콘크리트의 한쪽 면이 땅에 묻힌다. 와플 구조를 이용한 덕에, 중간에 기둥을 많이 세우지 않아도 되었다.

Wikimedia : Grueslayer

Sheats-Goldstein Residence

설계 : John Lautner

주소 : 10110 Angelo View Dr, Beverly Hills, CA 90210

베벌리힐스 뒷산의 전망좋은 경사지에 자리하고 있다. 집 짓기에는 아주 가파른 땅이면서, 대지에 온갖 녹색식물이 가득 덮여 있다. 이번에는 **그의 스승 프랭크 로이드 라이트가 이용한 삼각형 그리드와 와플 구조를 접목시켰다.** 콘크리트를 이용해서 기둥 간격을 최대한 넓게 떨어뜨릴 수 있었다. 정삼각형의 한 변은 땅 아래에 묻고, 다른 쪽의 꼭지점 부분은 고개 들어 밖으로 뻗은 모습이다. 여기서 아래로 내려다 보이는 전망이 멋지다. 1972년에 이 주택을 매입한 골드스틴James Goldstein은 이미 건축의 원형이 훼손된 상황이 안타까웠다. 건축가 라우트너를 다시 초빙해서, 원형을 보전할 것은 하고, 더 나은 모습으로 고쳤다. 라우트너 사후에는 몇몇 시설을 더 추가했다. 골드스틴은 2016년에 이 주택을 그의 사후 LACMA에 기증해서 일반에 공개하겠다고 발표했다.

참고 : 1951WAYF, 1967KAPP, 2009PITT

여러 개의 아이클러 주택 타입 중 두 개의 정면

아이클러 주택 타입 중 하나의 평면도

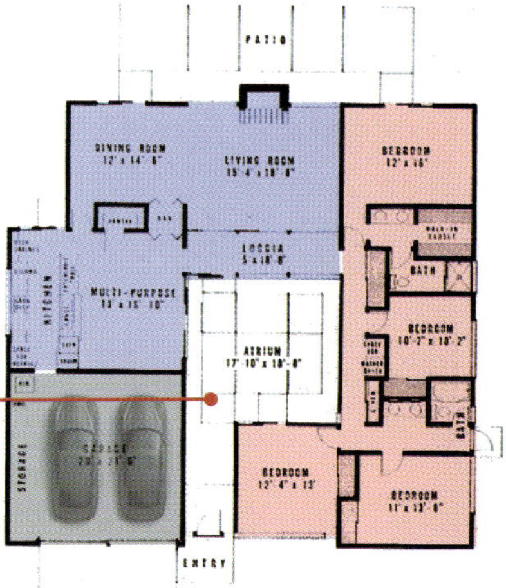

www.eichlersocal.com

그라나다 힐스에 있는 아이클러 주택 단지

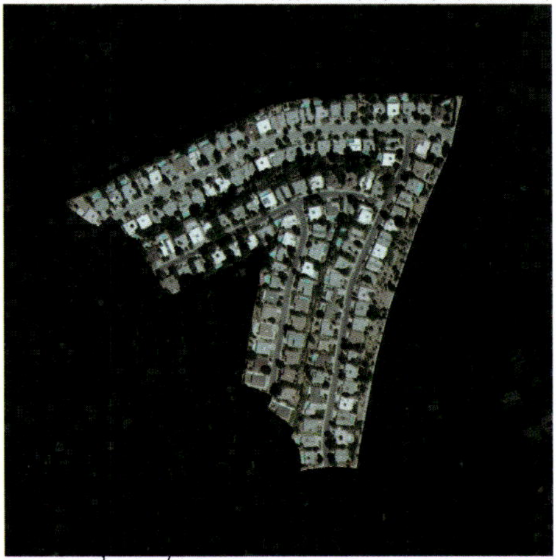

www.google.com/maps

Eichler Homes

A. Quincy Jones : 설계

12713 Darla Ave, Granada Hills, CA 91344 : 주소

케이스 스터디 주택이 중산층 1가족을 위한 집짓기 운동이었다면, 아이클러 주택은 이 아이디어를 주택 단지로 확장하려고 한 경우다. 조셉 아이클러 Joseph Eichler는 1949년 이후 샌프란시스코를 중심으로 하는 캘리포니아의 북쪽 일대에 이미 11,000 채가 넘는 주택을 지었다. 여세를 모아서 1964년부터 66년까지 LA 인근 그라나다 힐스와 오렌지에 600여 채를 짓는다. 이 주택 일대에 100여 채의 집이 비슷한 유형의 집이다. 가운데 마당을 중심으로 방이 배치된 중정형 주택이다. 설계는 USC에서 건축을 가르치던 퀸시 존스를 비롯한 몇 명이 맡았다. 스티브 잡스가 생전에 케이스 스터디 주택과 비슷한 주택에서 살았던 기억이 자신에게 많은 도움을 준 바 있다고 얘기한 적이 있다. 아마도 아이클러 주택이 아닐까 생각한다.

1949EAME, 1959CASE, 1964VDLH : 참고

정면이 서향이어서, 수직 차양시설을 마련했다.

2층 지붕에 물을 담았다.

2층 지붕의 물과 길 건너의 호수가 같이 보인다.

건물 입구 위에 있는 캐노피

V.D.L. House

설계 : Richard Neutra

주소 : 2300 Silver Lake Blvd, Los Angeles, CA 90039

루돌프 쉰들러의 대학 후배, 리차드 노이트라의 자택으로, LA에서 보기 드물게 호수 변에 자리하고 있다. 과거에는 집 앞 도로가 한산했겠지만, 현재는 그 주위를 자동차가 씽씽 달려서 주택에서 호수를 느끼기는 좀 어렵다. 1932년에 지어졌던 건물은 1963년 화재로 소실되었다가, 이듬해 네덜란드 사업가(van de Leeuw)의 후원으로 새롭게 지어서 이런 이름이 붙었다. 이전 주택과 비교해서 설계가 많이 바뀌었다. 규모도 커지면서 전체적으로 다 바뀌었다. 기계적인 요소가 많이 추가 되었다. 벽처럼 거대한 창이 열리기도 하고, 호수 쪽에 수직으로 날개를 달아 채광을 조절할 수 있게 했다. 3층은 옥상정원으로 여기에 있으면, 실버레이크 전경을 즐길 수 있다. 이 주택은 캘폴리 포모나 대학교Cal Poly Pomona 건축학과에서 관리하고 있다.

참고 : 1929LOVE, 1953EAGL, 1961GARD

멜로즈 길에서 본 모습

대지의 북동쪽에서 본 모습

대지의 남동쪽에서 본 모습

개념 단면도

가구 전시장으로 바뀐 내부 모습

(현 Seventh House Gallery) **Danziger Studio**

Frank Gehry : **설계**

7001 Melrose Ave, Los Angeles, CA 90038 : **주소**

월트 디즈니 콘서트홀의 건축가 프랭크 게리가 그의 나이 36세에 지은 건축물이다. 아는 미술작가의 작업실인데, 게리의 지금 작품 경향과 많이 다르다. 이 집을 설계한 사람이 게리라고 하면, 대부분의 사람이 믿으려 하지 않을 정도다. 남쪽으로 멜로즈 길Melrose Ave.에 면하고 있는데, 자동차 소음 때문에 미술 작업이 방해가 되면 안된다고 하여 남쪽으로는 온통 담과 벽으로 두르고 창을 내지 않았다. 대신 담장 안으로 남서쪽에 중정을 만들고, 나무를 심었다. 마당을 중심으로 건물은 'ㄱ'자로 들어섰다. 북쪽과 동쪽에 고창을 만들어 낮에 일정한 조도의 햇빛이 들어오게 하려고 노력했다. 게리가 처음부터 화려한 곡선으로 설계하지는 않았고, 이 때까지만 해도 기본기를 연마하던 시기로 건물 형태는 별 특징 없이 단정하다.

1978GEHR, 1986FRAN, 1989EDGE : **참고**

주진입로에서 본 종교 센터

2층 복도에서 본 중정

배치도

1층에서 본 중정

남쪽 입구에서 본 모습 : 철제 보 사이의 그림자가 또 다른 공간으로 구분한다

USC University Religious Center

설계 : Killingsworth, Brady & Associates

주소 : 835 W 34th St, Los Angeles, CA 90089

1960년 즈음 USC의 건축대학장이었던 퍼레이라W. Pereira가 캠퍼스 마스터플랜을 짜고 있었다. 이 무렵 케이스 스터디 주택으로 유명세를 얻고 있던 킬링스워스에게 대학교 종교 센터를 의뢰했다. 원래 1880년 대학교를 설립했을 때에는 기독교와 관련이 있었다. 하지만 20세기 중반 즈음 대학교 내에서 인종이나 종교에 대한 차별을 없앴다. 이제 모든 종교 활동을 품는 공간이 필요하게 되었다. 장식을 배제한 국제주의 건축이 다양한 종교를 품을 수 있다고 생각했다. 킬링스워스의 건축에서 잘 드러나듯, **가는 철제 기둥과 보로 건물의 틀을 짜서 가볍게 보인다.** 철제 보 사이에 촘촘히 설치한 스크린도 놓치지 말아야 한다. 중간중간에 벽돌 벽을 세워서 인근의 벽돌 건물과 거리감을 없앴다. 가운데 중정을 중심으로 건물을 세운 중정형 건물이지만, 꽉 막히지는 않았다.

참고 : 1961GARD, 1964EICH, 1966GLEN

큰 건물과 낮은 건물을 잇는 연결부분

큰 건물 뒤에 낮은 건물이 자리한다.

최상층의 스카이라운지가 독립된 것이 보인다.

Transamerica Pyramid in San Francisco

Wikimedia : Daniel Schwen

보행로에서 바로 위를 올려다 본 모서리 상세

Transamerica Tower

William Pereira : 설계
1150 S Olive St, Los Angeles, CA 90015 : 주소

서울의 삼일빌딩(김중업 1970)이 떠오르는 단아한 고층사무실 빌딩이다. 최상층의 스카이 라운지를 본 건물과 별도로 떨어뜨려 위에 얹어 놓은 것이 인상적이다. 큰 건물 뒤로 낮은 건물 2개가 자리하고 있는데, 입면을 구성하는 방법이 같아서 같은 건물이라는 걸 짐작할 수 있다. 건물 꼭대기에서부터 내려오는 외벽 장식 때문에 건물의 단조로움이 많이 해소되었다. 이것은 3층에서 멈추는데, 보행자를 고려한 것으로 보인다. 어떻게 보면, 미스 반데로에Mies van der Rohe가 설계한 씨그램 빌딩Seagram Building(1958) 짝퉁처럼 느껴질 수도 있는데, 이 시기에 유행하던 건물 외벽 디자인 수법이라고 보는 게 맞을 것같다. 나중에 건축주는 같은 건축가 퍼레이라에게 또 한번 의뢰하여 샌프란시스코에 세계적으로 유명한 트랜스어메리카 피라밋(1972)을 짓는다.

1928CITY, 1989LIBR, 2017WILS : 참고

캠퍼스의 중앙에 원형 마당이 있다.

Wikimedia : No machine-readable author

2025년 현재 UC Irvine 캠퍼스 중앙부 지도 : 처음 2번째까지만 원형도로를 둘렀다. 그 다음부터는 주변 상황에 맞춰서 도로를 구획했다.

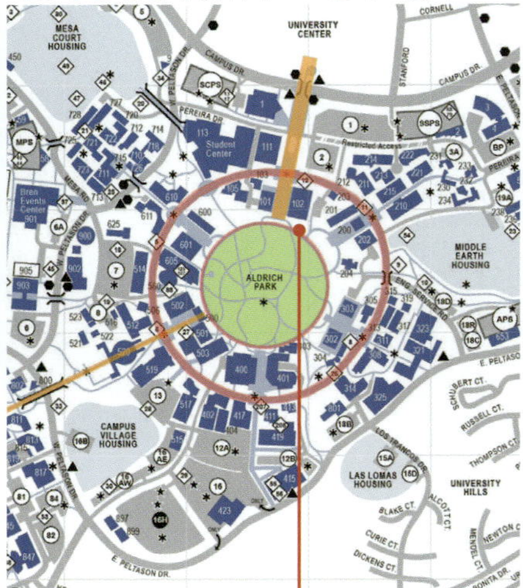

parking.uci.edu/maps/

마당을 중심으로 학교 건물을 방사형으로 배치했다.

랭슨 도서관

University of California, Irvine

설계 : William Pereira

주소 : University of California, Irvine, CA 92697

오렌지 카운티 얼바인 일대의 땅은 얼바인 회사Irvine Company가 1866년 이래 소유하고 있었다. 1950년대 캘리포니아는 인구가 급증하고 있던 오렌지 카운티에 또 하나의 캘리포니아 대학교를 지을 계획을 하고 있었다. 이 때 얼바인 회사가 1959년에 1,000에이커(4km²)의 대지를 캘리포니아 대학교에 기부하면서, UC Irvine의 역사가 시작된다. 얼바인 시의 도시계획을 책임지고 있던 퍼레이라가 대학교 캠퍼스 마스터플랜master plan도 맡게 되었다. 보통은 캠퍼스의 중심에 네모난 마당을 두고, 건물이 사방으로 확장하는 것이 일반적이다. 하지만 여기서는 **원형 마당**을 두고, 건물을 원형 길을 따라 배치한 것이 특징이다. 랭슨 도서관Langson Library도 퍼레이라가 설계했는데, 그의 당시 건축 설계 스타일을 보여준다. 원형 도로는 두번째까지만 만들었다.

참고 : 1962LACR, 1973INGL, 1976ARTC

지붕 아래에서 밖을 본 모습

베벌리힐스 시청 앞에 한옥의 지붕선이 연상되는 구조물이 시선을 끈다.

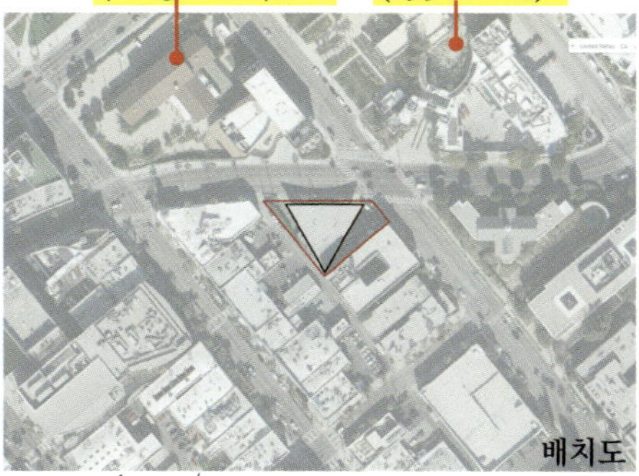

www.google.com/maps

Union 76 Gas Station

Gin Wong : **설계**

427 N Crescent Dr, Beverly Hills, CA 90210 : **주소**

생소할 수도 있는데, **'구기 건축Googie architecture'**라는 단어가 있다. 20세기 중반 과학의 발달에 따라 자동차, 비행기, 우주선으로 발전하게 되고, 이 시기에 유행하던 미래 지향적인 건축을 일컫는다. 날렵하고, 속도감같은 것이 반영된다. 이를 대표하는 건축물이다. 간단히 설명하면 베벌리힐스의 주유소 지붕 구조물이다. 이를 설계한 건축가 진웡Gin Wong은 USC 건축학과 졸업 후 퍼레이라 사무실에서 일하면서 수석 디자이너 역할을 하던 시기다. 처음에는 이 곳이 아닌 1961LAXT을 위한 설계안 중의 하나였는데, 다른 안으로 마무리되면서 다른 자리를 찾다가 여기 주유소에 정착하게 되었다. 3개의 콘크리트 기둥이 커다란 정삼각형 지붕을 떠받치고 있다. 지붕은 완만한 포물선을 그리고 있어서, 마치 한옥 기와지붕이 연상되기도 한다.

1960CHEM, 1961LAXT, 1963SHEA : **참고**

콘크리트 상자를 기둥 4개가 받치고 있다.

3층 복도에서 본 중정의 모습

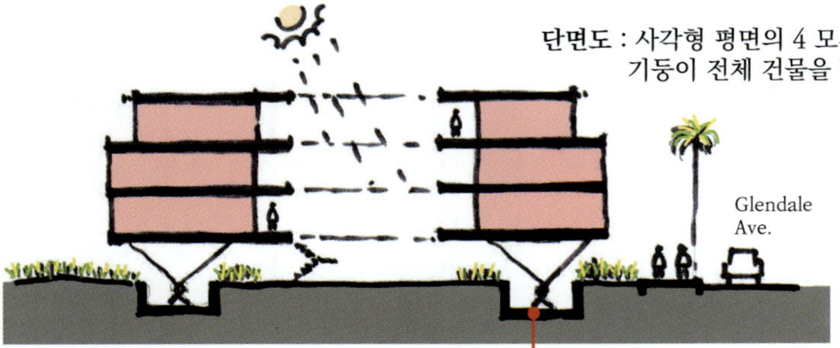

단면도 : 사각형 평면의 4 모서리에 있는 4 개의 기둥이 전체 건물을 받치고 있다.

1층 필로티 사이 공간에서 본 중정의 모습

3개층 콘크리트 상자를 받치고 있는 기둥

Glendale Municipal Services Building

설계 : A.C. Martin

주소 : 633 E Broadway, Glendale, CA 91206

LA에서 놓치지 말아야 할 건축물 중 하나다. 새로 증축하는 글렌데일 시청사의 1층을, 시민을 위한 공원으로 지정했다. **대지 가운데에 마당을 둔 3층 건물을 짓는데, 건물의 아래층을 4 개의 기둥(필로티pilotis)과 계단을 제외하고 나머지는 모두 비웠다.** 마당 가운데에는 분수가 자리하고, 마당 주변은 녹지공간으로 감쌌다. 화려하지는 않지만, 멋진 공간이다. 가운데 마당과 건물 외벽에 난 창을 통해 자연채광의 비율을 높일 수 있었다. 이 건물에서 절대 놓치지 말아야 할 것은 1층에 있는 4개의 기둥이다. 자세히 보면 건물을 받치는 기둥이 아래 기초 구조물과 연결되어 있지 않고, 독립되어 있다. Elevated building foundation(EBF)라고 하는데, 지진이 일어났을 경우, 피해를 최소화하기 위해 고안한 구조물이다.

참고 : 1961LAXT, 1965UN76, 2015PACO

건물 안에 들어 가려면,
다리를 건너야 한다.

도로에서 주택으로 들어 가려면,
계단을 오르고 나무를 돌아 가야 한다.

1층 지붕이 앞으로 뻗어 나와
차고의 지붕이 된다.

단면 투시도 :
여러 레벨로 나뉘어진 내부 공간

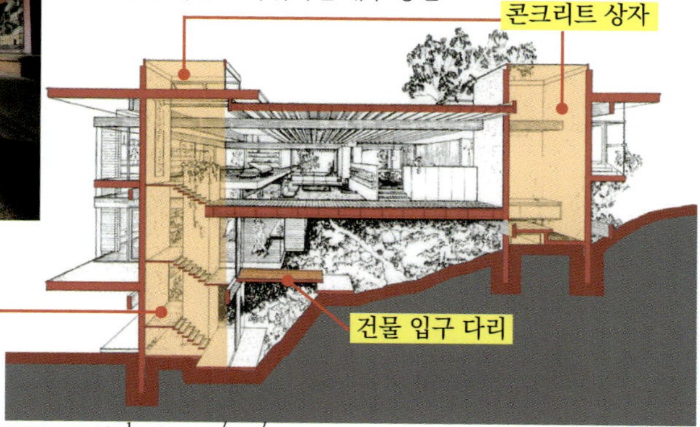

www.metalocus.es/en/

Kappe House

Raymond Kappe : **설계**
715 Brooktree Rd, Pacific Palisades, CA 90272 : **주소**

LA를 대표하는 주택 중의 하나로, 싸이악SCI-Arc을 설립한 레이 캐피의 자택이다. 태평양 바닷가 가까이에 있는 좋은 동네, 퍼시픽 팰리세이즈Pacific Palisades에 있다. 경사지에 자리하는데, 대지에서 지하수가 솟아나고 있어서, 집짓기에는 좋지 않은 대지였다. 캐피는 땅 속에 6개의 콘크리트 상자를 박아서 기초문제를 해결했다. 콘크리트 상자 사이에 길다란 나무 보를 걸어서 공간의 틀을 짠 후, 지형을 따라 자연스레 바닥판을 놓고 방을 만들었다. 경사지에 바닥판을 놓다보니, 공간이 다양한 레벨로 이루어져 있다. 어찌 보면 **폭포가 없는 낙수장**Falling Water**같다**고 할 수도 있다. 두 주택 모두 자연 속에 조화롭게 자리하고 있기 때문이다. 한국의 건축을 예로 든다면, 김수근이 설계한 구 공간 사옥 (현 아라리오 뮤지엄)과 비교할 만하다고 하겠다.

1924ENNI, 1929LOVE, 1963SHEA : 참고

초기와 현재의 쇼핑몰의 규모 변화

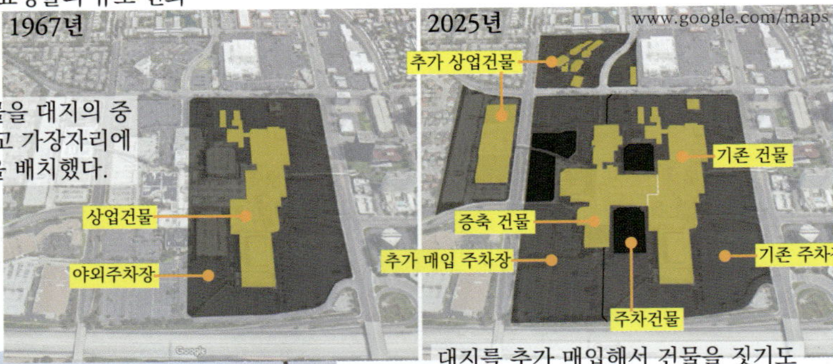

대지를 추가 매입해서 건물을 짓기도 하고, 인근대지의 상가도 매입해서 쇼핑몰을 넓혔다.

주차장에서 본 쇼핑몰 입구

쇼핑몰 내부

건물 가장자리에 큰 면적을 차지하는 앵커스토어 anchor store를 건물의 구석에 배치하고,

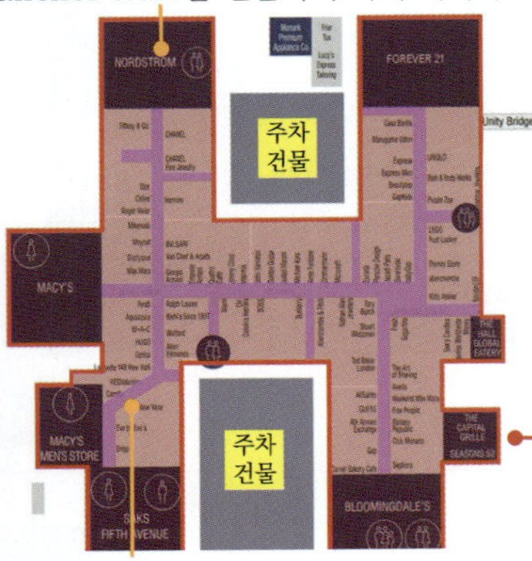

건물 안쪽에 쾌적한 보행로를 따라 작은 상점을 배치한다.

South Coast Plaza

설계 : Victor Gruen

주소 : 3333 Bristol St, Costa Mesa, CA 92626

2025년 현재 캘리포니아에서 가장 큰 쇼핑몰(254,436m²)이다. 빅터 그루언이 미네소타Minnesota에 사우스데일 몰Southdale Mall(1956)을 지으면서, 현대의 쇼핑몰이라는 개념이 탄생했다. 이 후 미국 전역에 엄청나게 많은 쇼핑몰을 짓는다. 그루언은 기네스북에 상업건물을 가장 많이 지은 사람으로 등재되기도 했다. 사우스 코스트 플라자는 LA 인근에 지어진 최초의 쇼핑몰이다. **커다란 블럭의 가장자리 쪽에는 주차장을 마련해서, 자가용 운전자 가족이 쉽게 접근할 수 있게 했다. 블럭의 중심에 자리한 건물 내부는 보행자 전용공간으로 사람들이 밖에 나가지 않고 다양한 상업공간을 구경할 수 있게 했다.** 내부는 외부의 날씨에 상관없이 사시사철 쾌적한 공간을 유지할 수 있었다. 시간이 지나면서, 서쪽으로 건물을 증축하기도 하고, 인접 대지까지 인수해서 확장했다.

참고 : 1936CROS, 2002GROV, 2017SOUR

월셔 길은 LA의 간선 도로로, 이 길에 면해서 건물을 뒤로 무른 경우는 거의 없다.

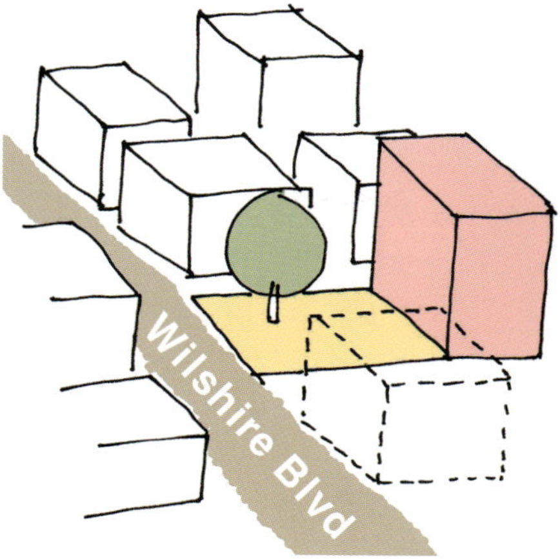

건물의 앞마당은 월드컵 때 엄청나게 많은 사람들이 모여 단체 응원 장소로 쓰이기도 했다.

www.radiokorea.com

보통 건물이 있을 자리에, 여기서는 마당을 배치했다.

건물의 기둥이 내려와서 바닥과 만나 자연스레 퍼진다.

Wilshire Park Plaza

Skidmore, Owings & Merrill : 설계

3700 Wilshire Blvd, Los Angeles, CA 90010 : 주소

장소로서 중요한 건축이 어떤 건지 보여 주는 건축물이다. 건물 자체보다는 길과 마당을 이해하는 것이 중요하다. 대지 앞을 지나가는 월셔 길Wilshire Blvd은 LA도심과 샌타모니카Santa Monica를 잇는 중요 간선도로로, 대부분의 건물은 월셔 길에 최대한 가까이에 붙어 서 있다. 그런데, 이 건물은 건물이 있어야 할 자리를 마당으로 비워두고, 건물을 뒤로 물러나게 앉혔다. 그리고나서 마당의 한 쪽에 커다란 나무를 심었다. 자연스레 이 동네의 공원 역할을 한다. 건축주의 의도였는지, 아니면 건축가의 제안이었는지는 알 수 없지만, 결과적으로 이 동네에서 없어서는 안 될 중요한 장소로서의 기능을 한다. 건축주가 한 때 이 마당에 건물을 지으려고 계획안을 제출했지만, 뜻있는 주민들이 저지해 실패했다. LA 한인들에게 한국인으로서의 자긍심을 느끼게 해 준 장소다.

1962LACR, 2004CALT, 2006BROA : 참고

'ㄷ'자형 콘크리트 기둥 10개가 성당을 지탱한다.

월셔길 건너 남서쪽에서 본 모습

월셔길 건너 남동쪽에서 본 모습

St. Basil Catholic Church

설계 : A.C. Martin

주소 : 3611 Wilshire Blvd, Los Angeles, CA 90005

콘크리트를 이용하여 현대식으로 지은 성당이다. 대지는 정사각형이고, 남쪽으로 월셔길을 만난다. 보통 서양의 성당은 건물을 동서로 길게 배치하고, 제단이 있는 앱스apse를 동쪽에 놓는다. 그런데 여기서는 건물을 동쪽에 놓고 주차장을 서쪽에 배치하면서, 건물이 남북으로 길게 앉게 되었다. 자연스레 입구는 월셔 길이 있는 남쪽에 두고, 북쪽에 앱스를 놓았다. 앱스의 북쪽, 가장 조용한 곳에 사제관parsonage을 마련했다. 예배 공간은 단순한 직사각형 평면인데, 주변에 불규칙한 'ㄷ'자 형의 콘크리트 기둥 10개를 세웠다. 이 'ㄷ'자 형 기둥 사이에 유리 창을 넣고, 이 유리는 스테인드 글라스로 장식을 해서 예배 공간에 신성함을 부여하려 했다. 한국의 경동 교회(1981)와 비교할 수 있는데, 경동교회가 건축적으로 더 뛰어나다고 생각한다.

참고 : 1962CONG, 1980CRYS, 2002CATH

도서관

시청의 주출입구는 1층이 아닌 2층에 있다.

공중 보도 때문에 가능하다.

르 코르뷔지에가 설계한 섬유업자 협회 건물
Wikimedia : Sanyambahga

Inglewood Civic Center

Charles Luckman : **설계**
1 W Manchester Blvd, Inglewood, CA 90301 : **주소**

잉글우드 시에는 2020년 현재 흑인이 40%가 거주하는데, 20세기 초에는 백인만 사는 도시였다. 1960년대부터 인종 차별이 차츰 사라지면서, 흑인의 인구가 늘기 시작했다. 이 무렵에 시청 단지를 대규모로 새로 짓는다. 콘크리트를 과감하게 드러내는 브루털리즘brutalism으로 표현했다. 9층 규모의 시청을 중심으로 경찰서, 소방서, 도서관과 주차 건물을 여유롭게 배치했다. 창이 있는 곳에는 콘크리트로 깊은 차양을 설치해서, 빛과 그림자의 대비가 잘 드러난다. 각각의 건물은 주 출입구를 2층에 두었는데, 대지를 관통하는 **공중 보도** 때문에 가능했다. 르 코르뷔지에가 인도 아메다바드에 지은 섬유업자 협회 건물Mill Owners' Association Building(1951)과 하버드 대학교 내에 있는 카펀터 센터Carpenter Center for the Visual Arts(1963)에서 영향을 받았을 것이다.

1928CITY, 1996BEVE, 2015PACO : **참고**

쌍둥이 건물이 우뚝 서 있다.

뉴욕에 있던 세계 무역회관 건물의 평면이 네모였는데, 이번에는 세모로 바꾸었다.

삼각형 평면의 모서리가 건물을 지탱하는 것이 드러나도록 설계했다.

건물의 1층 벽은 안으로 들어가 있다.

Century Plaza Tower

설계 : Minoru Yamasaki

주소 : 2029 Century Park E, Los Angeles, CA 90067

2001년 911사태 전까지 뉴욕을 대표하던 건물 중에 쌍둥이 세계 무역회관 건물World Trade Center(1973)이 있었다. 이 건물의 설계자였던 일본계 미국 건축가 미노루 야마사키가 LA에 설계한 고층 건물로 이 역시 쌍둥이 건물이다. 다른 점은 평면이 정사각형이었던 뉴욕 건물과 달리, 여기서는 정삼각형으로 설계했다. 고층 건물의 구조 설계 방식은 뉴욕에서 했던 경험을 응용해서 적용했다. 1층 외벽은 살짝 뒤로 물러나게 하여, 건물 외부에 자연스레 아케이드같은 분위기가 나게 만들었다. 그리고 3개의 삼각형 꼭지점이 건물 외부 기둥의 하중을 받도록 듬직하게 처리했다. 그 덕에 건물이 살짝 떠 있는듯 느껴지고, 깔끔해 보인다. 이웃에 있는 센츄리 플라자 호텔(1966)도 야마사키에 의해 설계되었는데, 분위기는 사뭇 다르다.

참고 : 1962LACR, 1965TRAN, 1967WILS

파란 고래라고 불리는 커다란 덩치의 건물

38년 동안 여러 채의 건물이 지어졌다.

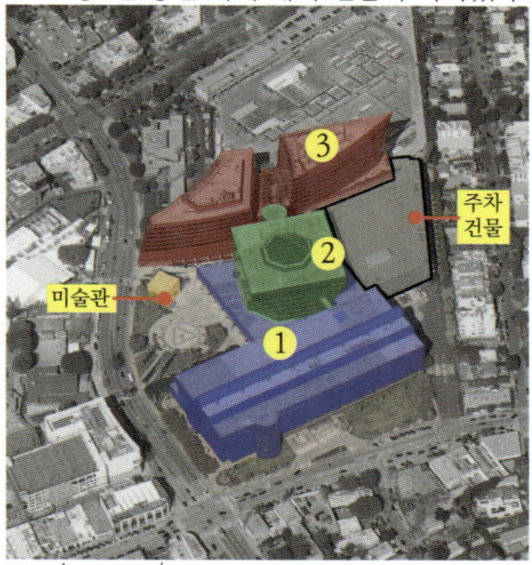

www.bing.com/maps

파란 건물의 내부로, 광화문 교보 사옥에도 비슷한 공간이 있다.

파란색과 초록색이 과감해 보이는 건물 조합

Pacific Design Center

Cesar Pelli : **설계**

8687 Melrose Ave, West Hollywood, CA 90069 : **주소**

말레이지아 쿠알라룸푸르에 우뚝 서 있는 쌍둥이 페트로나스 타워Petronas Towers의 설계자로 유명한 시저 펠리가 그루언Gruen의 파트너로 일할 때 설계한 건물이다. 1970년대 당시 이 주변에는 작은 건물들만 있었는데, 파란 색의 육중한 유리 건물이 들어서자, 사람들이 **'파란 고래the blue whale'**라는 별명을 붙였다. 연면적이 750,000 sf(70,000m2)로 동대문 디자인 플라자(86,000 m2)보다 조금 작은 규모라고 보면 된다. 1988년에는 북쪽에 녹색 건물을 추가했고, 2013년에는 빨간 색의 건물을 추가로 더 지어서 강렬한 색상의 건물 집합체가 되었다. 펠리는 이듬 해에 일본 도쿄의 미국대사관(1976)을 지었다. 이를 본 교보 회장이 반해서, 광화문 교보 사옥(1984)을 그대로 따라서 지은 일화가 전해진다.

1973INGL, 2011ELAC, 2017BRIC : **참고**

패사데나 시가 내려다 보이는 산 중턱에 자리잡았다.

학교 건물의 복도

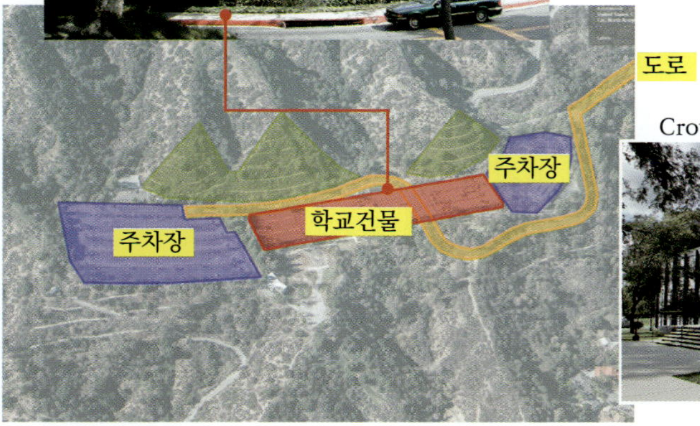

Crown Hall by Mies van der Rohe

Wikimedia : Arturo Duarte Jr.

Art Center College of Design - Hillside

설계 : Craig Ellwood

주소 : 1700 Lida St, Pasadena, CA 91103

이 학교를 둘러보면, 대개 미스 반 데 로에Mies van der Rohe가 설계했을 거라고 추측한다. 건축가 크레이그 엘우드는 **'캘리포니아 미스California Mies'**라고 불릴 정도로 미스의 스타일로 건축물을 설계했다. 대학에서 건축이 아닌 다른 공학을 전공했는데, 건축 시공 일을 하면서 미스의 건축에 매료되었다. 같은 스타일로 케이스 스터디 하우스 16(1953)을 설계하기도 했다. 아트센터 대학이 들어서야 할 대지는 산 중턱에 자리하고 있고, 중간에 골짜기가 지나간다. 그런데, 여기에 골짜기를 가로지르는 검은 색의 길다랗고 단순한 상자형 건물을 제시했다. 시카고의 IIT 크라운홀Crown Hall at Illinois Institute of Technology(1956)을 옮겨놓은 듯 하다. 오랜 시간이 지나서인지 건물 주변의 숲과 이 건물이 잘 어우러져 있다.

참고 : 1965UCIR, 1999DRHS, 2019BRID

활기찬 호텔의 로비 공간

콘크리트 기단 위에 5개의
유리 원통 건물을 올려 놓았다.

길 건너에 육교를 걸어 이웃과 연결된 것으로
보이지만, 실제로는 거의 사용하지 않는다.

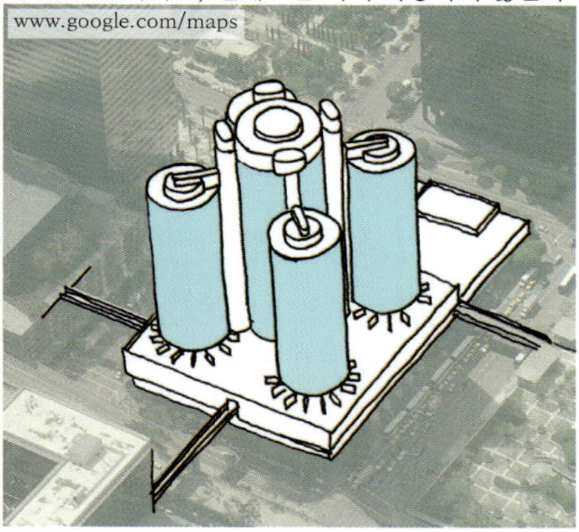

이웃과 소통하지 않는 건물

Bonaventure Hotel

John Portman : 설계

404 S Figueroa St, Los Angeles, CA 90071 : 주소

커다란 기단 위 중앙에 원형건물을 우뚝 세우고, 그 주변에 작은 4개의 원형 건물을 붙였다. 엘리베이터가 중앙 원형 건물 밖에서 오르내리는데, 1970년대 당시에는 분명 미래 세계가 연상되었을 것같다. 5개 원형 건물의 외벽은 온통 유리로 마감했다. 콘크리트 기둥 숲처럼 보이는 로비 공간도 인상적이고, 엘리베이터에서 밖을 보는 풍경도 멋지다. 애틀란타Atlanta에서 활동하는 건축가 포트만이 설계했다. 샌프란시스코의 하얏트 리젠시 Hyatt Regency San Francisco(1973)와 비슷한 시기에 설계했다. 활기찬 내부와 달리 건축물 외부는 콘크리트 장벽처럼 느껴진다. 2층 기단에서 뻗어나간 육교가 있지만 장식처럼 보이고, 실제로는 주변 건물과 거의 소통하지 않는다. 클린트 이스트우드가 주연한 영화 '사선에서in the line of fire'(1993)의 배경으로 이 건물이 등장했다.

1989LIBR, 2014EMER, 2014STAR : 참고

가파른 경사지에 지어져서 탁 트인 전망이 일품이다.

진입로에서 보면 평범한 1층 상자형 주택이다.

www.laconservancy.org/

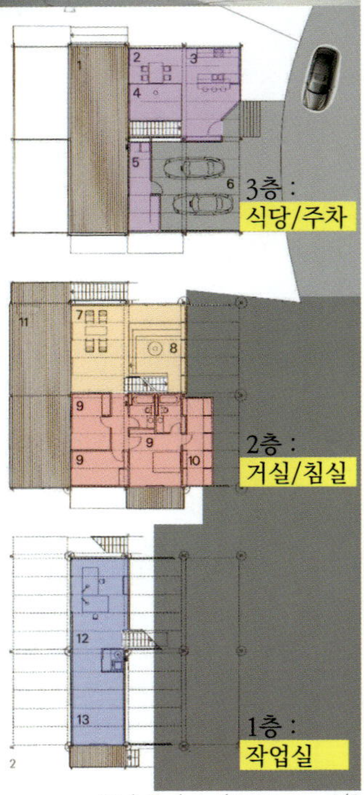

High Tech Architecture, p.140

Schulitz House

설계 : Helmut Schulitz
주소 : 9356 Lloydcrest Dr, Beverly Hills, CA 90210

독일 건축가 슐리츠가 베벌리힐스의 가파른 경사지에 자신의 가족이 살기 위해 지은 주택이다. 일반적으로는 땅을 지을 수 없는 지형이어서, 우선 여러 개의 콘크리트 말뚝을 땅 속 깊숙히 박았다. 이 위에 철골 기둥을 세우고, 공장에서 미리 만든 철제 자재로 조립해서 구조물을 지었다. 콘크리트 건물과 비교하면, 상당히 가벼운 구조물이다. 그리고 대부분의 자재가 제 역할을 하지 않으면, 교체가 가능한 방식이다. 당시 막 개발된 하이테크 기술을 실제에 적용하려고 시도한 사례다. 진입로에서 보면, 작은 1층 건물로 보인다. 건축법상 2층 이상으로 지을 수 없기 때문에, 아래로 지어야 했다. 전체적으로는 3층짜리 건물이다. 우선 가장 높은 곳에 주차장과 부엌과 식당이 있다. 아래로 내려가면 거실과 침실 공간이다. 맨 아래층에는 작업실을 두었다.

참고 : 1929LOVE, 2005HILL, 2024ANON

단정한 주택을 비스듬하게 자르고, 낯선 재료의 덩어리를 덧붙여서, 집을 지었다.

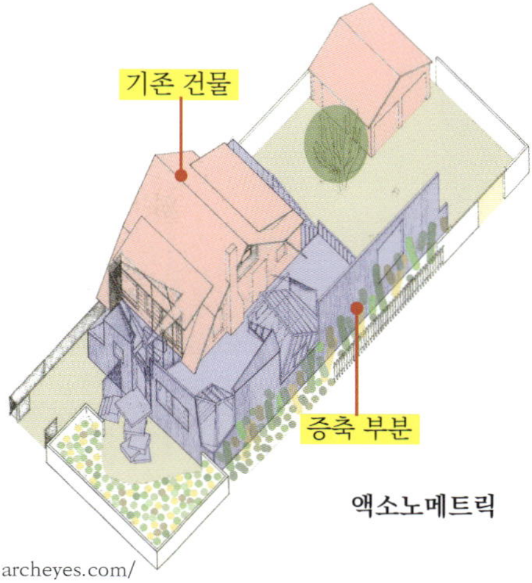

액소노메트릭

archeyes.com/

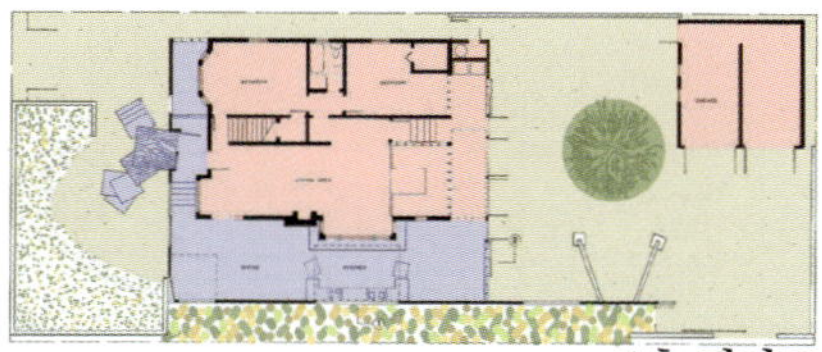

1층 평면도

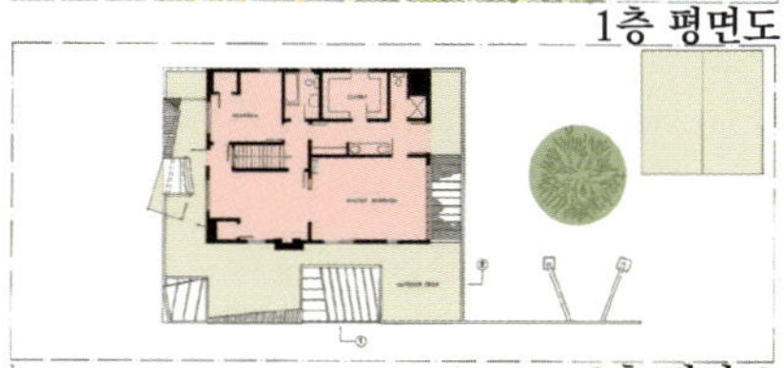

2층 평면도

Gehry Residence

Frank Gehry : **설계**

1002 22nd St, Santa Monica, CA 90403 : **주소**

중산층의 단정한 주택이 모여 있는 동네에, 게리의 가족이 50년 넘은 아담한 주택을 매입해 이사오면서 이야기가 시작한다. 집을 증축하기 위해 계획안을 시에 제출하고, 인근 주민들과의 공청회를 거쳐야 했다. 이 집의 도면과 모형을 보고, 주민들 대다수는 반대를 했다. 멀쩡한 집의 중간에 구멍을 내고, 여기에 나무 스터드stud를 추가했는데, 이를 덮지 않고, 그대로 드러내 보이게 했다. 그리고 주택의 재료로 쓰이지 않던 체인링크 펜스chain-link fence, 금속 골판재같은 재료를 마감재로 사용했다. 게리는 이웃 주민 하나하나 만나서 설득한 후에야, 이 집을 지을 수 있었다. **아직 해체주의deconstructivism 건축이라는 개념이 유행하기 전에, 해체주의 건축을 제대로 보여준 작품**이라고 하겠다. 게리는 나이 50이 되어서 세상에 자신의 이름을 알리기 시작한다.

1965DANZ, 1982PETA, 1996CARL : **참고**

온통 유리로 둘러싸인 교회

하늘을 최대한 품기 위해
가는 철제로 프레임을 짰다. Wikimedia : Nepenthes

내부는 교회라기보다는 콘서트장처럼 느껴진다.

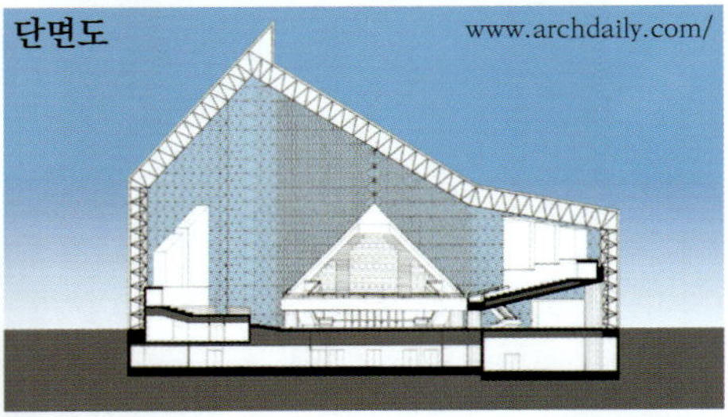
단면도 www.archdaily.com/

하얀 천으로 유리를
가린 현재의 모습

Crystal Cathedral (현 Christ Cathedral)

설계 : Philip Johnson

주소 : 13280 Chapman Ave, Garden Grove, CA 92840

슐러R. Schuller 목사가 이번에도 기존에 없던 새로운 교회를 실현시켰다. 보통 교회는 신도들에게 신앙심을 북돋우기 위해 어두운 곳을 지나 밝은 곳으로 유도하기 마련이다. 그런데, 여기서는 이 과정을 최소한으로 줄였다. 대신 최대 2,700명의 신도들이 한 예배당에 모이는 것에 촛점을 맞췄다. **예배당의 천장과 벽 대신에 파란 하늘을 품으려고 했다.** 성직자와 함께 있는 신도 모두 평등하게 천국에 있는 듯한 느낌을 계획한 것으로 보인다. 평면은 이름에서처럼 빛나는 수정 모양이다. 2010년 들어서 교회는 재정문제로 파산하고, 가톨릭 교구가 인수했다. 2019년 좐슨 페인Johnson+Fain이 유리 내부에 하얀 천을 추가해서 새로운 모습의 성당으로 바뀌었다. 더 이상 내부에서 파란 하늘을 느낄 수 없게 되었다.

참고 : 1961GARD, 1962CONG, 1997SKYR

기존의 투박한 도시 블럭을 재미나게 개조했다.

캠퍼스 중심에 피라밋 모양의 작은 언덕

건물 주변에 구조적 기능을 하지 않는 기둥을 여기저기 세우고,
재미난 외부 계단을 설치해서 건물의 표정을 바꾸었다.

Loyola Law School

Frank Gehry : **설계**
919 Albany St, Los Angeles, CA 90015 : **주소**

법학대학이라고 하면, 엄격한 비례나 균형을 강조할 것같은 선입견이 있다. 환경법 전문가 벤슨Robert Benson 교수가 당시 무명이던 게리에게 자신이 재직중이던 법대 마스터 플랜을 의뢰했다. 게리는 무의미한 **선입견이나 관습을 타파하면서 자신만의 캠퍼스를 구상**하기 시작한다. 우선 캠퍼스의 중심이라고 여겨지는 곳에 피라밋처럼 단을 쌓고, 가장 높은 곳에 나무를 심었다. 이 피라밋 주변에 단순화한 기둥을 세웠는데, 로마의 포럼Forum에서 영감을 얻어 이런 분위기로 만들어냈다. 주 강의동의 경우, 길다란 건물의 가운데를 비운 후, 유리 상자를 집어 넣었다. 그리고, 건물의 수직 동선인 계단을 모두 밖으로 빼서, 외부공간과의 다양한 해프닝을 유도했다. 또한 밝은 페인트도 학교의 분위기를 활기차게 만든다.

1978GEHR, 1984AERO, 1989EDGE : **참고**

대지 경계선의 보행로에서 쇼핑몰로 이어지는 에스컬레이터가 인상적이다. (최근 모습)

에스컬레이터 위에서 유리창 너머와 교감이 생긴다.

대지 경계의 형태를 따라 건물을 최대한으로 앉혔다

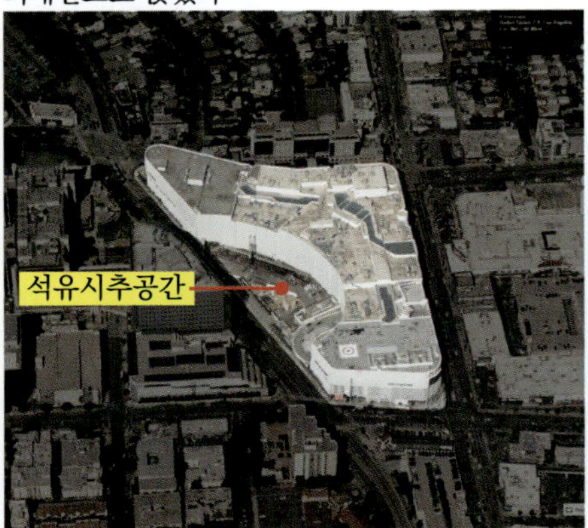

www.bing.com/maps

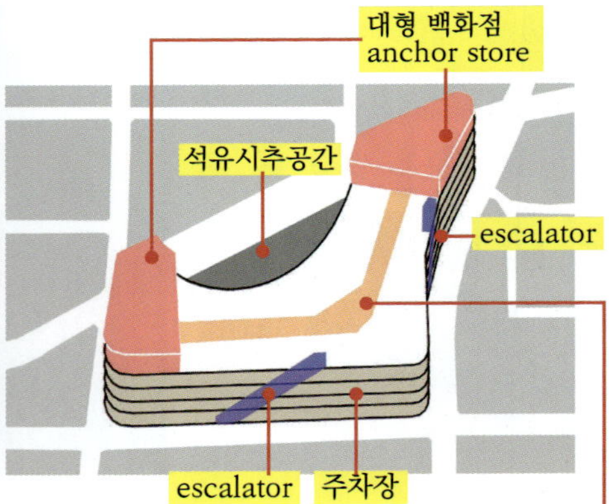

Beverly Center

설계 : Welton Becket

주소 : 8500 Beverly Blvd, Los Angeles, CA 90048

LA의 외곽 신도시에 있던 쇼핑몰이 진화해서 도시 내로 들어오는 첫 단계의 사례라고 볼 수 있다. 같은 블럭 안에 석유 시추하는 곳이 있어서, 이를 피해 최대한으로 건물을 앉혔다. 1층은 인근 보행자들이 쉽게 찾도록 식당 위주의 시설을 배치하고, 주차장은 지하 대신 지상 2~5층에 마련했다. 한국에서는 쉽게 이해가 되지 않지만, 여기 LA에서는 이런 건물을 심심치 않게 볼 수 있다. 본격적인 쇼핑몰은 주차장 위 6~8층에 들어선다. 일반적인 쇼핑몰에서와 마찬가지로 건물의 양쪽 끝에 대형 백화점이 든든히 자리를 잡고, 그 사이에 사람들이 오가는 내부 산책로를 만들고, 산책로 주변에 작은 상점이 들어선다. 도심 속의 실내 쇼핑 공원으로 볼 수도 있다. 2018년에 이탈리아 건축가 마시밀리아노 푹사스Massimiliano Fuksas가 전체적으로 싹 다 뜯어 고쳤다.

참고 : 1967SCPL, 2002GROV, 2019WEBS

열린 지붕에 야외 욕조를 얹어 놓았다. 기발한 생각이다.

www.rockrealtygroup.com

주택 입구의 좌우가 비슷한 구성이다. 왼쪽은 일반적이지만, 오른쪽은 채움과 비움을 반대로 만들었다.

Wikipedia

단면도

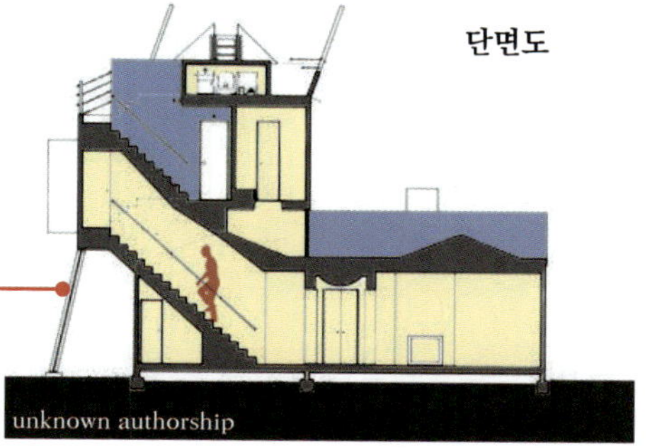

unknown authorship

Petal House

Eric Owen Moss : **설계**
2828 Midvale Ave, Los Angeles, CA 90064 : **주소**

에릭 오웬 모스는 해체주의 건축가다. 프랭크 게리와 비슷하다고 볼 수도 있지만, 그와는 분명히 다른 건축을 하고 있고, 각자만의 특징이 존재한다. Petal은 한국말로 '꽃잎'이다. 원래 지붕은 집안으로 비가 들어가지 않게 박공으로 만들어서 물을 밖으로 빼내도록 하기 마련이다. 그런데, **이 집에서는 꽃잎처럼 지붕을 열어 젖히고 여기에 야외 욕조를 두었다.** 이렇듯 해체주의 건축이라는 것이 기존의 건축 개념을 해체해서, 나름의 논리에 따라 새로운 건축물로 재탄생시키는 것이다. 집 앞의 진입로에서 들어올 때, 좌우 똑같은 모양의 박공 지붕이 우리를 맞이한다. 입구는 가운데에 있는데, 뭔가 좀 이상하다. 왼쪽은 일반 집이지만, 오른쪽은 우리의 눈을 의심하게 된다. 창문이 있을 자리는 막고, 벽이 있어야 할 곳은 기둥만 빼고 비워 두었다. 건축을 해학적으로 해석했다고 볼 수 있다.

1978GEHR, 1989NATI, 1996SAMI : 참고

도서관 정면 : 포스트모더니즘의 전형을 보여 준다.

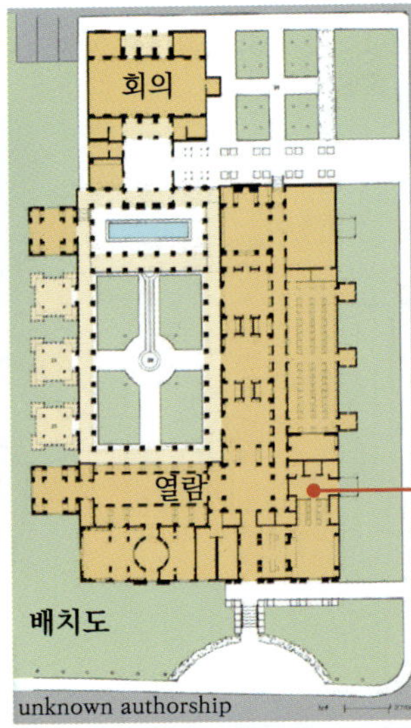

아기자기하게 꾸민 공간 구성

San Juan Capistrano Library

설계 : Michael Graves
주소 : 31495 El Camino Real, San Juan Capistrano, CA 92675

도서관이 자리하고 있는 샌후안 카피스트라노는 스페인이 점령했던 시기(1776)에 선교사가 세운 선교 마을이었다. 지금도 도서관 주변에 250년 전의 선교마을과 성당 유적이 남아 있다. 건축가 마이클 그레이브스는 이 스페인 유적에서 디자인 모티브를 따 왔다. 한적한 지방 작은 규모의 도서관으로, 두꺼운 흰 회벽 위에 빨간 기와 지붕 때문에 바로 스페인 미션 양식이란 걸 느낄 수 있다. 도서관 자체는 'ㄱ'자형 평면이고, 도서관과 다른 부속 시설이 마당을 중심으로 둘러 서 있다. 이 역시 스페인 건축에서 보이는 특징이다. 도서관 중앙 공간은 천장이 높지만, 주변은 낮고 아기자기한 공간으로 연결되어 있다. 개인적으로 상당히 끌리는 포스트모던 건축물 중 하나다. **그레이브스의 건축이 르코르뷔지에의 건축으로부터 탈피하는 변곡점같은 작품이다.**

참고 : 1986FRAN, 2005LITT, 2015MANH

박물관에 들어 가기 위해 경사로ramp를 올라가야 한다.

2층 평면도

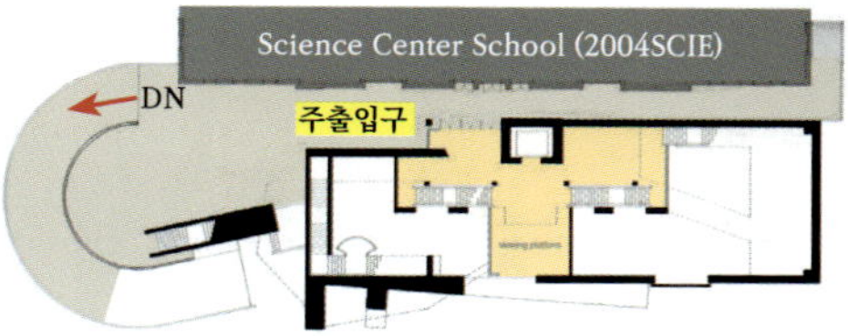

1층 평면도

unknown authorship

입구는 건물 사이에 숨어 있다.

단면도

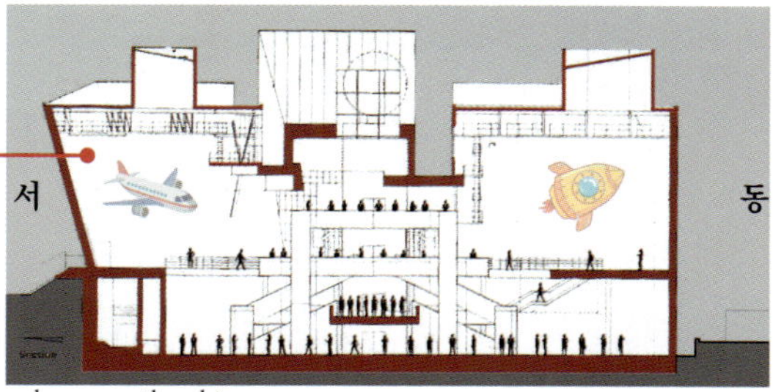

unknown authorship

California Aerospace Museum

Frank Gehry : 설계

700 State Dr, Los Angeles, CA 90037 : 주소

캘리포니아 과학 회관California Science Center 옆의 좁고 긴 대지에 들어선 아담한 박물관이다. 공간의 활용도를 높이기 위해, 오래 전에 병기고로 쓰이던 건물에 최대한 붙여서 건물을 세웠다. 병기고는 나중에 모포시스가 학교(2004SCIE)로 바꾼다. 그리고 진입로에 면한 외벽에 비행기를 걸어 놓아, 멀리서도 박물관의 위치를 확인할 수 있고, 가까이 와서는 내부의 전시물에 대한 힌트를 얻을 수 있게 했다. **박물관 입구는 건물을 반 바퀴 돌아 1개층 올라야 만난다.** 좁은 공간에 효율적으로 전시물을 배치하고, 이것들을 어떻게 관람할 지 고심을 했던 것으로 보인다. 동선은 최소화해서 건물의 가운데에서 대부분의 전시물을 구경할 수 있게 했다. 그리고 전시물은 동쪽과 서쪽에 수직으로 배치할 수 있게 공간을 구성했다.

1986MOCA, 1996MTVR, 2010HOLO : 참고

45도로 길게 뻗은 형태가 인상적이다.

내부 공간 모습

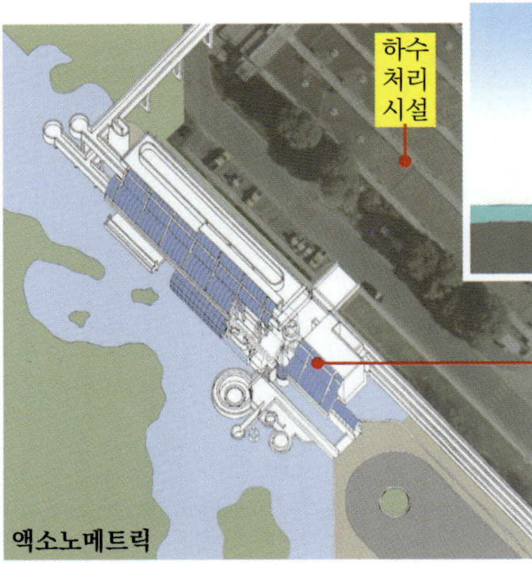

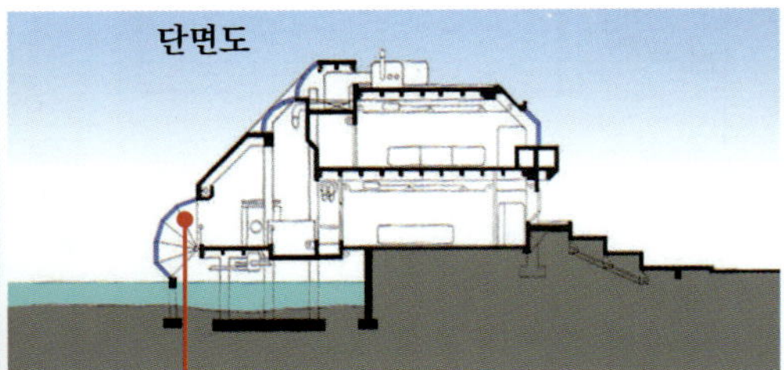

Space Magazine

Tillman Water Reclamation Plant

설계 : Anthony Lumsden

주소 : 6100 Woodley Ave, Van Nuys, CA 91406

로스앤젤레스 하수처리 시설의 관리 사무소 건물로, 앞에 자리잡은 일본 정원과 잘 어우러져 있다. 이 건물을 설계한 건축가 럼스던은 1980년 즈음 공상과학 영화에서 볼 법한 디자인을 선보인 건축가다. **그의 건축은 단면을 대개 45도 각도로 수평으로 길게 뽑아내서, 형태를 잡는다.** 디자인이 세련되어 미래를 표현하는 영화나 TV 시리즈에서 자주 배경으로 등장했다. 스타트랙에서도 이 건물과 금문교를 잘 편집해서 미래 세계의 모습을 표현한 적이 있다. 실제로는 주변에 일본 정원이 조성되어 있다. 이와 같은 방식으로 로스앤젤레스 국제공항(LAX) 인근에 하이페리온 하수처리 시설도 설계했는데, 이 시설은 관계자외 출입금지 구역이라 접근이 어렵다. 럼스던은 비슷한 수법으로 나중에 한국의 양양공항을 설계했다(2002).

참고 : 1975PACI, 1991SHAT, 2005LITT

상자 모양은 빛을 내부로 끌어들이는 장치 역할을 한다.

상자를 쌓아서 건물 형태를 구성했다.

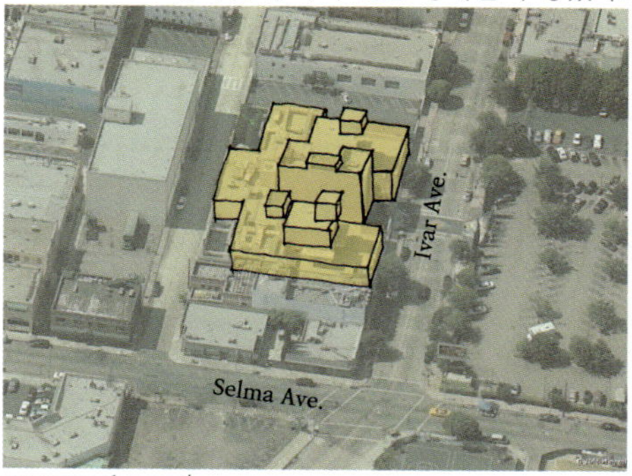

www.google.com/maps

도서관 이용자들은 방범과 방화 예방을 위해 더 높은 담장을 원했고, 건축가는 낮은 담장이 바람직하다고 해서 서로 간의 조율이 필요했다.

Frances Howard Goldwyn Library

Frank Gehry : 설계

1623 Ivar Ave, Los Angeles, CA 90028 : 주소

기존에 있던 헐리웃 도서관이 화재로 소실된 후, 골드윈 재단이 거금을 기부해서 새 도서관을 짓기로 했다. 건축가는 게리로 선정하고, 어두운 실내 대신 빛이 충만한 새로운 도서관을 지어달라고 의뢰했다. 도서관에서 요구한 시설은 2층이면 되지만, 게리는 건물 위에 빛을 끌어들이는 상자를 추가했다. 마치 여러 개의 상자를 쌓은 듯 보인다. 아직은 디즈니 콘서트홀에서 보이는 자유 곡선이 보이지 않는다. **북쪽과 일부 천장에 유리창을 설치해서 내부가 외부 공간처럼 빛이 가득한 곳이 되게 했다.** 한편 도서관을 이용하는 사람들은 또 다시 방화로 도서관을 잃을까 염려하여, 높은 담장을 둘러달라고 요구했다. 하지만, 게리는 도서관이 소수만을 위한 것이 아니라 주변 모든 사람들에게 개방되려면, 높은 담장은 안 된다고 설득해서 사진에 보이듯이 절충안으로 지어졌다.

1983SANJ, 1984AERO, 1989EDGE : 참고

도로 건너편에서 본 미술관

도로에 면한 미술관

디즈니 콘서트홀에서 본 미술관

황금비율을 응용한 평면 구성

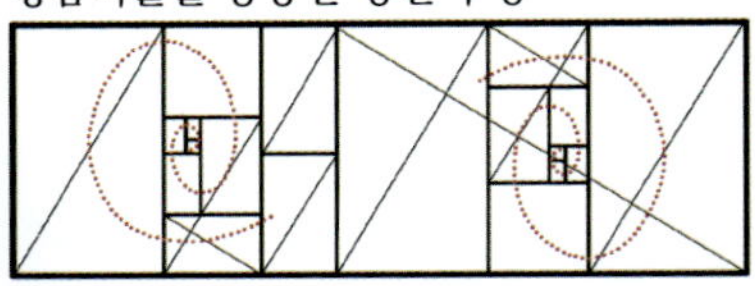

단면도

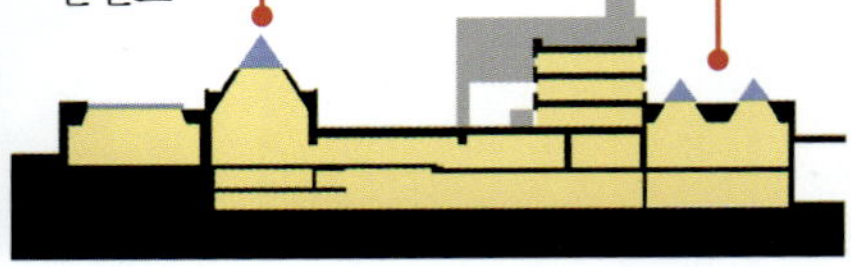

Museum of Contemporary Art (MOCA)

설계 : Arata Isozaki

주소 : 250 S Grand Ave, Los Angeles, CA 90012

한 때 고급 주택이 즐비했던 벙커힐Bunker Hill 동네가 20세기 중반에는 슬럼화되어서, 재개발을 추진하고 있었다. 1980년 경부터 고층 건물이 들어서기 시작했다. 고층건물의 끝자락을 현대 미술관 부지로 지정하고, 국제 현상설계를 실시한다. 일본 건축가 아라타 이소자키磯崎 新의 안이 당선되었다. 붉은 색 인도 사암이 건물 전체를 감싸고 있어서 눈에 띈다. 미술관은 지상 2층, 지하 1층 규모이고, 2층에 둥근 지붕으로 된 부분은 사무실과 관리실로 쓰이는 공간이다. 미술관은 아래층으로 내려가서 진입한다. 지하부분에 미술품을 싣고 옮기는 출입구가 있어서 미술관 운영의 편의를 도모했을 수도 있다. 미술관의 하이라이트는 **미술관 지붕에 있는 유리 피라밋을 통해 자연채광을 한다**는 것이다. 길 건너에 지어진 브로드 미술관(2015BROA)도 함께 보기를 권한다.

참고 : 1992WEIS, 1996MTVR, 1996SKIR

천창을 통해 들어온 햇빛은 공중에 매달린 조형물을 통해 다양한 모습을 연출한다.

90도 격자의 단순한 상자형 건물 내부를 개조했다.

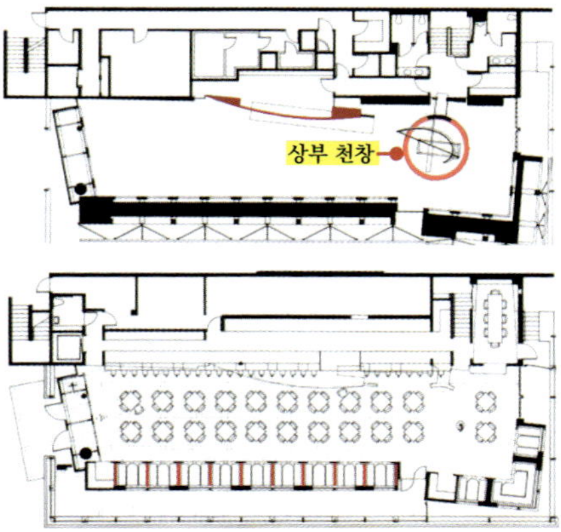

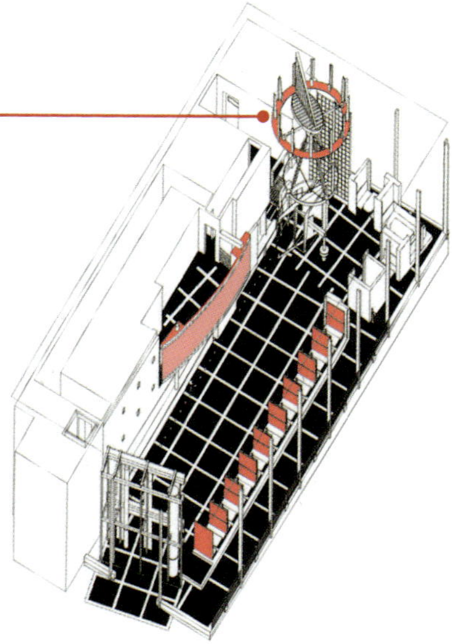

www.morphosis.com/

Kate Mantilini Restaurant - Closed

Morphosis : **설계**

9101 Wilshire Blvd, Beverly Hills, CA 90210 : **주소**

모포시스는 1970년대 초반 탐메인(1944생)이 설립했고, 제자 마이클 로톤디(1949생)가 75년부터 합류해서 1991년까지 함께 운영했다. 함께 작업했던 작품 중 하나. 원래 은행으로 쓰이던 1층 공간을 식당 사업가 매릴린 루이스Marilyn Lewis가 스테이크 레스토랑으로 바꾸려고 했다. 아직 무명이던 젊은 건축가에게 "편하면서 미래 지향적인 스테이크 집인데, 시계를 모티브로 디자인했으면 좋겠다"면서 설계를 의뢰했다. 햄버거 식당처럼 간편하게 식사할 수 있는 곳이다. 주변에서 흔히 구할 수 있는 저렴한 재료를 가지고, 세련된 공간과 장식을 만들어 냈다. **동쪽에 뚫린 둥근 천창에서 빛이 내려 오고, 중간에 눈에 띄는 조형물을 만들어 마치 해시계처럼 시시각각 변하는 빛과 그림자를 느낄 수 있게 했다.** 건물주의 임대료 인상에 부담을 느껴 2014년부터 문을 닫은 상태다.

1991SALI, 1996CARL, 2000SALA : **참고**

미술관 입구는 경사로를 따라가면 나타난다.

일본 사무라이 투구가 연상되는 외관

내부 전시 공간

내부 동선도 경사로를 따라 움직인다.

카펀터 센터 by Le Corbusier
Wikimedia : Bobak Ha'Eri

Japanese Art Pavilion at LACMA

설계 : Bruce Goff

주소 : 5905 Wilshire Blvd, Los Angeles, CA 90036

LACMA는 미국 서부에서 가장 큰 미술관이다. 1965년에 현재의 자리로 이사왔다. 미술관 캠퍼스 내에 있는 독립 국가관은 일본관이 유일하다. 오클라호마의 석유재벌 프라이스J. D. Price가 소장하고 있던 일본 미술품과 미술관 건립 비용의 초기 투자금을 지원했다. 건축가는 라이트의 제자 브루스 고프였는데, 완성을 보지 못하고 세상을 떠나 이것이 그의 유작이 되었다. 미술관의 첫인상에서 사무라이 투구와 갑옷이 연상되었다. **진입은 완만한 경사로를 따라 올라가는데, 하버드 대학교의 카펀터 센터Carpenter Center for Visual Arts가 떠올랐다.** 외벽을 감싸는 반투명 유리섬유 패널은 일본 전통종이를 재해석해서 설치한 것이다. 미술관은 반투명 패널을 통해 태양직사광을 한번 걸러서 자연채광을 한다. 이 덕에 은은한 분위기가 나고, 미술작품의 피해를 줄일 수 있었다.

참고 : 1954ANDE, 1984AERO, 1996MTVR

남측 입면: 중간에 마당이 있다.

북쪽에는 빈틈없이 주거 유닛을 채우고, 남쪽에는 채광을 위해 유닛 사이를 비웠다.

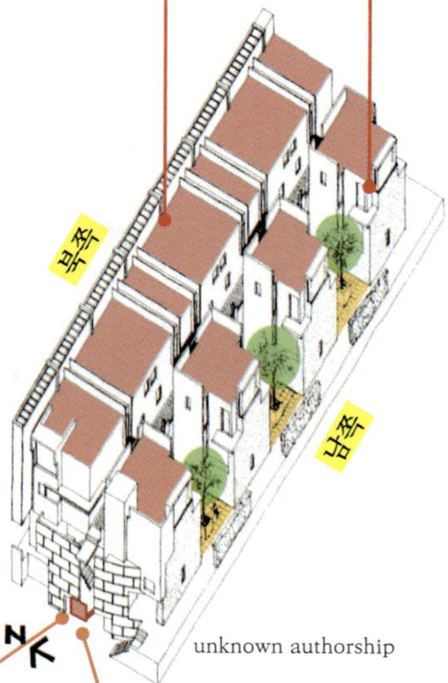

unknown authorship

몇년 후에 찍어서, 발코니 페인트 색이 바뀌었다.

정면 : 서쪽에 도로가 면한다.

434 Aprartments

Michele Saee : 설계

434 S Westmoreland Ave, Los Angeles, CA 90020 : 주소

코리아타운 인근에 잘 지은 집합주택이다. 건축가는 미켈리 사이라고, 이탈리아 출신이다. 피렌체의 아방가르드 건축설계사무소 슈퍼스튜디오Superstudio에서 실무를 익힌 후, LA로 넘어 와서 모포시스에서 경험을 더 쌓았다. 1985년에 독립해서 자신의 사무소를 운영하고 있다. 동서로 긴 대지에 20세대의 유닛을 채웠다. 우선 북쪽에 동서로 길게 1층짜리 유닛을 꽉 채워서 배열하고, 남쪽에는 4개의 복층유닛을 한칸씩 건너뛰어 배치했다. 자연스레 **4개의 유닛 건물 사이에 3개의 마당이 자리잡아서, 이 덕에 남쪽으로부터 햇빛이 복도에 들어오게 되었다.** 아파트의 입구가 있는 서쪽의 입면도 재미나다. 보행자 입구의 캐노피는 발코니로 이용되고, 발코니 위로 보이는 틈 사이로 아파트의 복도 공간이 살짝 보인다. 동선을 유도하는 것으로 해석한다.

1939PEAR, 2002COLO, 2010FORM : 참고

월셔 길 건너에서 본 전경

반원형의 아트리움 로비

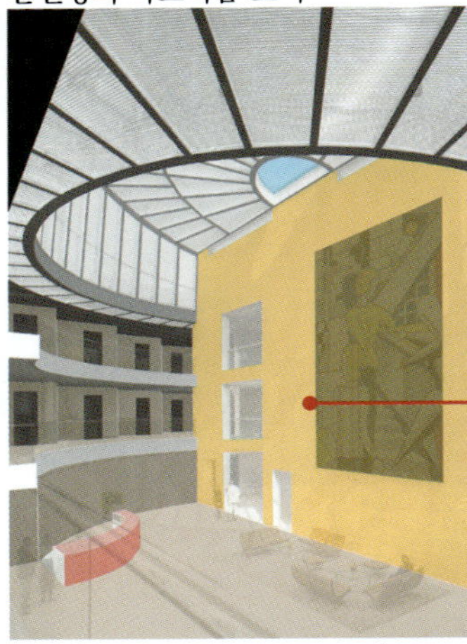

unknown authorship

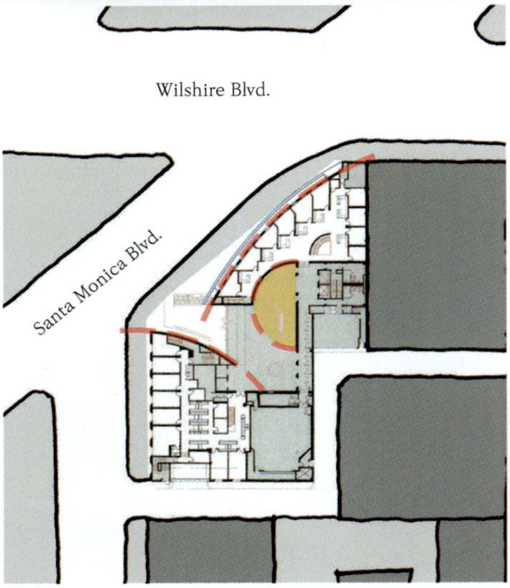

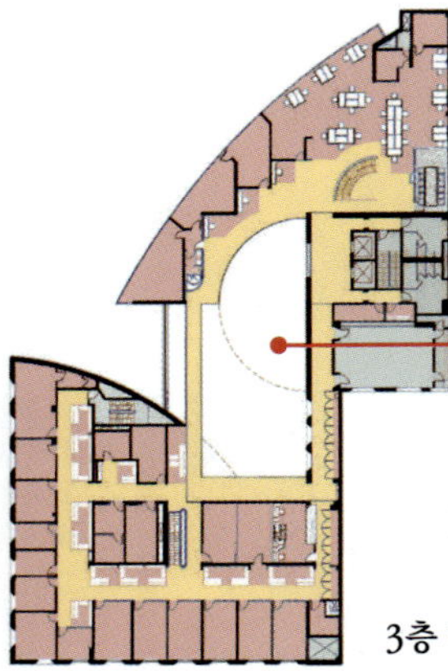

3층 평면도

Creative Artists Agency (현 alo yoga 본사)

설계 : Pei, Cobb, Freed & Part.

주소 : 9830 Wilshire Blvd, Beverly Hills, CA 90212

거대 연예 기획사에서 퇴출당한 5명의 매니저들이 의기투합해서 1975년에 새로 만든 회사가 CAA로, 15년만에 업계에서 자리잡아 새로 사옥을 짓는다. 설계는 프리츠커상을 이미 수상한 중국계 미국인 건축가 I.M 페이가 맡았다. 건축가들이 선호하는 트래버틴이라는 석재와 남색 빛의 유리창을 주 마감재료로 사용했다. 루브르 박물관에 유리 피라밋(1989)을 지은 것으로 유명한 그는 삼각형을 아주 잘 쓰는 건축가였다. 이번에는 반원을 모티브로 이용했다. **가운데에 자리잡은 반원형의 아트리움이 상당히 인상적이다.** 개별 공간으로 가기전에 로비공간으로 햇빛을 가득 품은 상쾌한 공간이다. 회사 규모가 더 커져서 센츄리시티로 회사가 옮겨가고, 현재는 스포츠의류회사 alo의 본사 건물로 쓰고 있다. 세계에서 잘 나가는 3대 연예 기획사 모두 베벌리힐스 인근에 자리잡고 있다.

참고 : 1989LIBR, 1991CHIA, 2004RAND

상업

1989EDGE

에지마 몰의 중정에서 본 모습

길 건너에서 본 에지마 몰의 전경

메인 길에서 자연스레 마당으로 보행자를 끌어들인다.

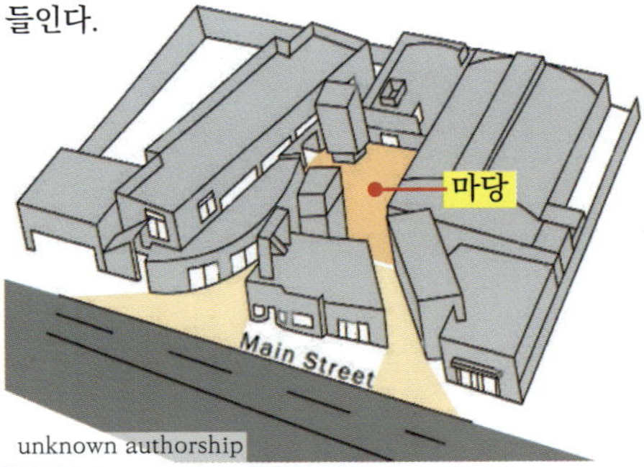

Edgemar Mall

Frank Gehry : **설계**

2437 Main St, Santa Monica, CA 90405 : **주소**

프랭크 게리의 건물 중에서 개인적으로 가장 정이 가는 건축물이다. 20세기 중반부터 이 자리에 에지마 농장Edgemar Farm이라는 닭 농장이 있었는데, 원래 1908년에 창고로 지어진 건물이었다. 애비 셰어Abby Sher라는 개발업자가 낡은 창고 건물을 박물관으로 개조하면 좋을 것같다는 생각으로 일을 추진했다. 가운데에 이탈리아 토스카나Toscana 언덕 위 마을에 있는 피아자piazza(마당)를 놓고, 주변에 상점을 배치하면 활기찬 공간이 될 것 같은 기대감이 있었다. 이를 위해 프랭크 게리에게 설계를 의뢰했다. 그의 자택에서 썼던 값싼 자재를 이용해서 재미난 공간을 창출해냈다. **가운데 마당이, 앞에 있는 메인 길에서 바로 보이지 않고 살짝 가려져 있다.** 시간 보내기 좋은 장소다. 게리는 보이지 않는 마당도 멋드러지게 설계하는 건축가다.

2002LAEY, 2010SANT, 2013ANNE : **참고**

브랜드 길 너머에서 본 정면

예배당 내부 입구에서 제단을 본 모습

주출입구

예배당 내부 제단에서 입구를 본 모습

브랜드 길에서 계단을 올라오면 마당이 있다.

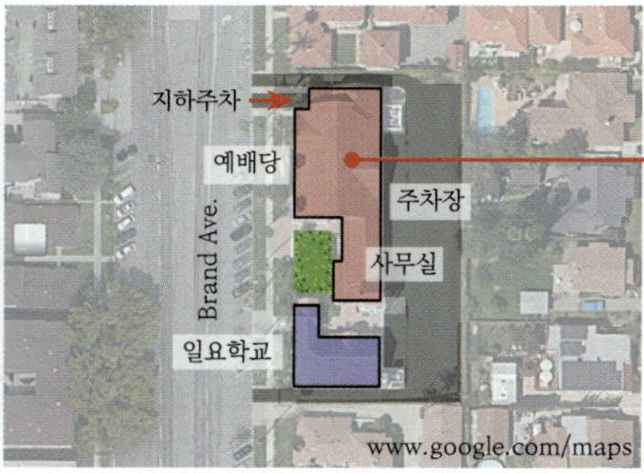

First Church of Christ Scientist, Glendale

설계 : Charles Moore

주소 : 1320 N Brand Blvd, Glendale, CA 91202

포스트모던 건축의 대가, 찰스 무어가 설계한 교회 건물이다. 그는 1975년부터 1985년까지 UCLA 건축학과에서 교편을 잡으면서, 학교의 위상을 많이 끌어 올렸다. 이 때 설계한 교회 건물이다. 글렌데일의 조용한 주택가에 있는데, 주변 건물과 비슷한 박공지붕을 얹었다. 남북으로 좁고 긴 대지에 있다. 길에 면한 서쪽에 예배당을 비롯한 건물을, 동쪽에 주차장을 배치했다. 건물은 길에서 한 단 올라서 자리한다. 작은 마당을 중심으로 북쪽에 예배당, 동쪽에 사무실, 남쪽에 일요학교 건물을 배치했다. 교회는 앱스가 북쪽을 향해 있고, 전체적으로 공간이 밝다. 신을 향한 신성한 공간보다는 집회의 기능을 강조한 것으로 보인다. 그의 제자 루블J. Ruble과 유델B. Yudell이 LA에서 계속 사무소(MRY)를 이어가고 있다.

참고 : 1996BEVE, 2002FIRS, 2006SANT

타워 서쪽의 계단을 통해 윗동네와 소통한다.

주변에서 가장 높은 건물이다.

한국영화 D War의 포스터

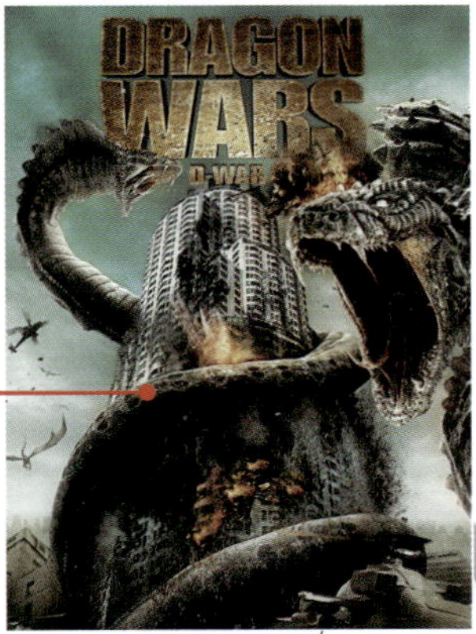

www.rottentomatoes.com/

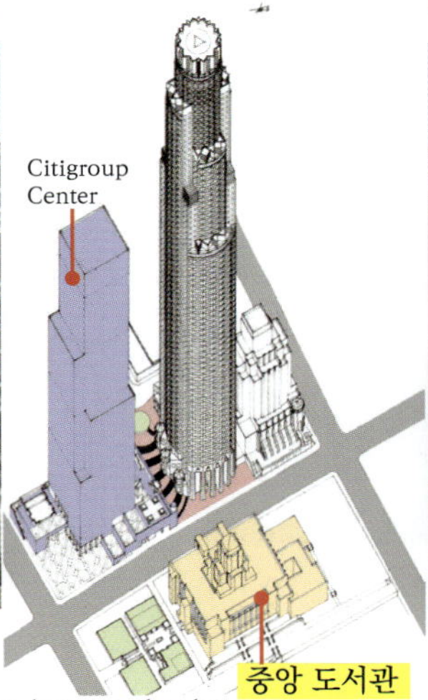

unknown authorship

US Bank Tower

Pei, Cobb, Freed & Part. : **설계**
633 W 5th St, Los Angeles, CA 90071 : **주소**

2017년에 윌셔 그랜드 센터(2017WILS)가 지어지기 전까지 LA에서 가장 높은 건물(73층 310m)이었다. 2025년 현재 건물 자체에 헬리콥터가 내릴 수 있는 건물 중에서 본다면, 세계에서 3번째로 높은 건물이고, 미국에서는 가장 높은 건물이다. LA 중앙 도서관 바로 뒤에 있어서, Library Tower라고도 불린다. 설계는 I.M. Pei와 파트너인 헨리 캅 Henry Cobb이 맡았다. 원래는 당시 법규상 이렇게 높게 지을 수 없었다. 시 정부는 아래에 있는 중앙 도서관 증축 비용을 마련하기 위해 **공중권air rights**을 팔아서 이 일이 가능하게 했다. 지진에 대비하기 위해 원형과 직사각형을 겹쳐서 보다 효율적인 구조 계획을 짰다. 2007년에 개봉한 한국 영화 D War의 배경으로 이 건물이 등장했다. 이무기가 이 건물을 감싸는 포스터가 인상적인데, 그 정도로 튼튼하지는 않다.

1965TRAN, 2004CALT, 2017WILS : **참고**

지붕 위에 작은 지붕을 올리고,
이를 통해 복도에 햇빛을 끌어 들인다.

복도 공간에 빛이 충만하고,
인상적이다.

내쇼널 길에 면한 앞마당

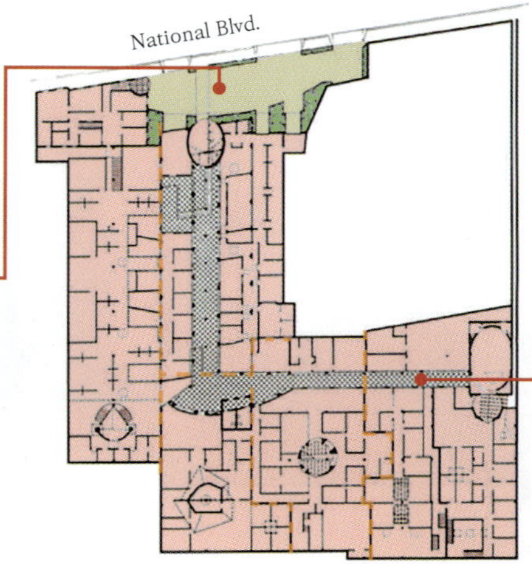

Eric Owen Moss, Rizzoli

8522 National

설계 : Eric Owen Moss

주소 : 8522 National Blvd, Culver City, CA 90232

대지의 주변은 예전에 제조업이나 창고로 쓰이는 건물들이 대부분인 동네였다. 80년대 중반 이후 차츰 이런 시설은 다른 곳으로 이사를 가고, 영화나 디자인 쪽 사람들이 모여들었다. 50~70년 전에 개별적으로 지어진 창고 건물 5개를 묶어서 한꺼번에 개발했다. 다들 창고여서 공간이 널찍했고, 북쪽 아니면 동쪽에 고창이 달려 있어서 내부 공간이 밝았다. 이런 기존의 특성을 살려서 발전시키려고 했다. 전체적으로 뼈대 구조물만 빼고, 나머지는 다들 내구성이 좋은 자재로 바꾸고, 새로 채워 넣었다. 우선 건물 앞에 잔디밭을 마련했다. 타원형의 로비를 지나면 'ㄴ'자형의 복도가 기존의 건물들을 하나로 묶어준다. 그리고 **모스가 곳곳에 그만의 특이한 형태의 공간을 만들어 장소성을 부여했다.** 이 동네를 돌아다니다 보면, 그가 설계한 건물을 10채 정도 확인할 수 있다.

참고 : 1989EDGE, 1992COLO, 2000SCIA

대지 단면도

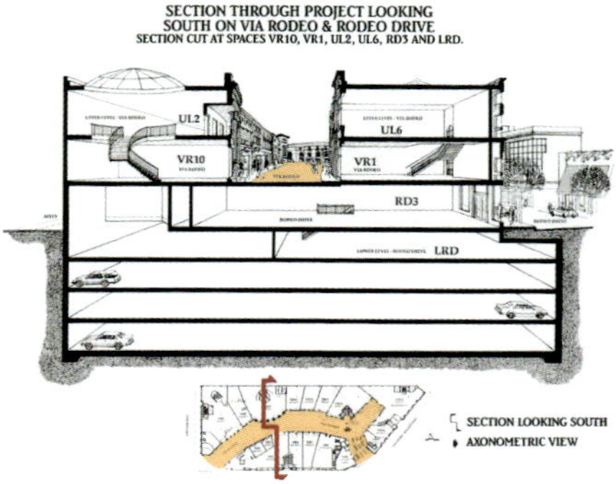

www.kmdarchitects.com/

형태보다 장소로서의 건축을 보여주는 좋은 예

초승달 모양의 길

월셔 길에 있는 계단

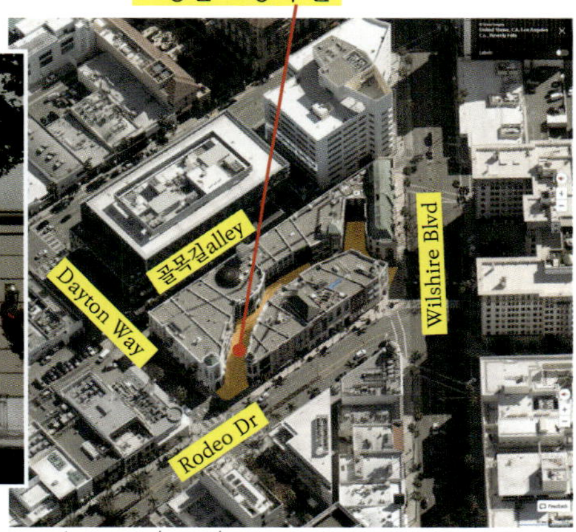

www.bing.com/maps/

Two Rodeo Drive

Kaplan, McLaughlin, & Diaz : **설계**
9480 Dayton Way, Beverly Hills, CA 90210 : **주소**

베벌리힐스의 로데오길Rodeo Drive이라고 하면, 전세계에서 고급 쇼핑 거리로 유명하다. 이 길에 있는 아담한 쇼핑몰이다. LA의 척추라고 할 수 있는 월셔 길Wilshire Blvd과 만나는 모서리에 자리한다. 대지 자체가 상업적인 측면에서 정말 중요한 자리에 놓여 있다. 건축가인 KMD는 **보행자가 상점과 만날 확률을 높이기 위해 초승달 모양의 길을 대지에 그었다.** 로데오길에서는 자연스럽게 이 길로 보행자를 끌어올린다. 마치 런던이나, 밀라노의 상점 거리를 걷는 분위기로 입면을 꾸몄다. 월셔 길에서는 계단을 따라 올라야 하는데, 영화 '로마의 휴일' 현장에 있는 듯한 분위기를 조성하기도 했다. 보행자가 위로 올라가는 이유는 그 밑에 주차장을 배치했기 때문이다. 주차장 입구는 상대적으로 보행자 수가 적은 데이튼 길Dayton Way에 있다.

1989EDGE, 1992COLO, 1993CTWK : **참고**

베니스의 중심 도로에 거대한 쌍안경 모양이 오가는 사람들의 시선을 끈다.

www.google.com/maps

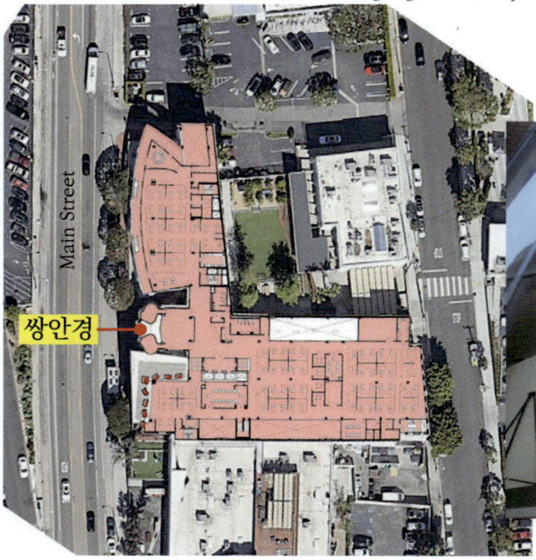

쌍안경처럼 생긴 것은 단순한 조형물이 아니라, 내부는 회의실로 꾸몄다. 유리 창 너머 천장에 게리가 디자인한 조형물이 보인다.

Chiat/Day Building (현 Google LAX Bin)

설계 : Frank Gehry

주소 : 340 Main St, Venice, CA 90291

프랭크 게리가 또 하나의 커다란 센세이션을 일으키는 건물을 지었다. 포스트모던 건축을 대표하는 건축물 중 하나로, 유명한 광고 회사의 사옥이었다. 광고회사 존재를 주변에 효과적으로 표현하기 위해 건축물 앞에 쌍안경을 얹어 놓았다. 단순히 시선을 사로잡기 위한 조형물만은 아니다. 작은 회의실로 쓰이는 공간인데, 쌍안경이 캐노피 역할도 겸한다. **게리는 단순히 형태만 화려하게 만드는 디자이너가 아니고, 필요한 공간을 예쁜 형태와 결합시키는 대단한 재주가 있는 건축가이다.** 검은색 쌍안경의 왼쪽에는 흰색으로 건물을 꾸몄고, 오른쪽에는 갈색의 건물을 배치했다. 갈색 건물은 마치 사선으로 세운 여러개의 기둥이 두툼한 지붕을 받치고 있는 모습이다. 2011년부터는 구글이 임대를 해서 쓰고 있다.

참고 : 1954RAND, 1984AERO, 1989CREA

주차장에서
본 모습

재미난 형태의 건물이 코리아타운에 들어섰다.

2층 높은 천장
에는 천창까지
만들어 공간이
상쾌하다.

웨스턴 길 건너에서 본 정면

Kentucky Fried Chicken

Grinstein & Daniels : 설계
340 N Western Ave, Los Angeles, CA 90004 : 주소

1952년 프랜차이즈를 시작한 KFC는 로고만 눈에 띄지, 대개의 식당 건물에서는 특별한 것이 없었다. 건축주 잭 윌크Jack Wilke는 참신한 건축물을 짓고 싶었다. 프랭크 게리에게 실무를 익히고 독립한 그린스틴과 대니얼스에게 의뢰했다. 그래서인지 게리의 냄새가 난다. 커다란 치킨 바구니를 주 건물로 삼고, 여기에 게리가 잘 쓰는 슬레이트 벽을 덧붙였다. 그리고 위에 치킨과 곁들여 먹는 사이드 음식같은 것을 얹어서 마무리지었다. 1층은 주방과 음식을 구입하는 공간으로 천장이 낮아 갑갑한 느낌이 들지만, 반면에 음식을 먹는 2층은 천장이 높고 햇빛이 가득해서 상쾌하다. 서쪽 벽에는 세로로 긴 창을 내고, 벽 앞에 차양을 달았다. **큰 길에 면해 커다란 창을 내어서, 2층을 오르내리는 사람과 보행자 사이에 교감을 유도한다.**

1989EDGE, 1997INOB, 2009UNGA : 참고

평범한 유리 건물을 세련되게 탈바꿈시켰다.

길 건너에도 비슷한 스타일로 건물을 설계했다.

공사 전 모습

unknown authorship

남서쪽에서 본 모습

서쪽 입면에 액센트를 두었다.

Salick Health Care Headquarters

설계 : Morphosis

주소 : 8201 Beverly Blvd, Los Angeles, CA 90048

건축주인 샐릭 박사Dr. Bernard Salick는 신장 전문의이면서, 효율적인 암치료를 위한 의료 관리 사업을 출범시켰다. 그 사업이 전국적인 체인망을 형성하자, 1960년대 지어진 평범한 상자형 건물을 구입해서 멋지게 레노베이션하기로 했다. 모포시스에게 의뢰했다. 이미 시더스 사이나이Cedars Sinai 병원 암센터를 하면서 둘 사이에 신뢰를 쌓았기에 가능했다. 외벽은 힘을 받지 않는 커튼월이어서, 일부는 안으로 집어넣기도 하고, 일부는 밖으로 내밀기도 하면서, 자유롭게 입면을 바꾸었다. 남쪽면에는 유리 대신 석재로 입면을 대체했다. **세련된 모포시스의 디자인 감각이 무뚝뚝한 건물에 활력을 불어 넣었다.** 환골탈태가 무엇인지 제대로 보여준다. 2년 후에 길 건너 같은 회사 건물도 같은 방식으로 뜯어 고쳤다.

참고 : 1986KATE, 2004CALT, 2015PACO

매끈한 금속 지붕

새의 부리처럼 보이는 곳이
체육관의 주출입구이다.

체육관 내부 공간

인근 주민들은 이 건물을 '고래'라고도 부른다.

건물의 입면이 프리우스 자동차를
떠올리게 하기도 한다.

Shatto Recreation Center

Steven Ehrlich : 설계

3191 W 4th St, Los Angeles, CA 90020 : 주소

동네 공원에 있는 다목적 체육관이다. 체육관으로도 쓰이고, 공연장으로 변형도 가능하고, 칸막이를 설치하면 여러 개의 미팅룸으로 나눌 수도 있다. 평면은 단순한 직사각형인데, 옆에서 보면 프리우스 자동차를 길게 늘인 것처럼 보이기도 한다. 동네 주민들은 커다란 고래처럼 보인다고 해서, '고래whale'라고 부르기도 한다. 건축가는 스티븐 얼릭이다. 뉴욕에서 자라서 건축과를 졸업 후, 바로 평화봉사단원Peace Corps으로 아프리카에서 봉사도 하고, 건축 일을 하면서 10년을 보냈다. 여기서의 경험이 이 건물에도 영향을 끼친 것으로 보인다. **남쪽과 북쪽 벽은 벽돌로 쌓았는데, 패턴은 아프리카 전통 문양에서 영감을 얻었다.** 이 두 벽을 가로지르는 커다란 보는 글루램빔glulam beam을 이용하고, 지붕은 매끈한 금속 지붕으로 마감했다.

2003PALM, 2017UCLA, 2019CULV : 참고

건물 자체보다는 주변의 외부공간을
눈여겨 봐야 하는 건축물이다

배치도

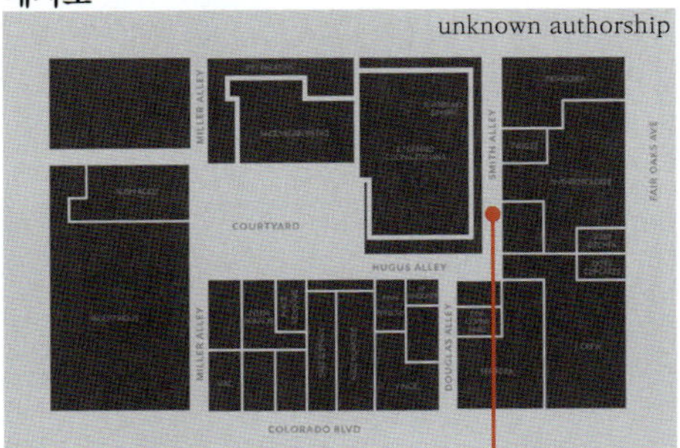

블럭 내부 골목길

건물로 둘러싸인 마당은 다양한
이벤트 장소 역할도 한다.

One Colorado

설계 : Kaplan, McLaughlin, & Diaz
주소 : 41 Hugus Alley, Pasadena, CA 91103

대개 시선을 끄는 특이한 형태를 한 건축물이 인기가 많다. 그런데, 나는 **'좋은 건축은 형태보다 공간이 우선한다'**라는 생각을 갖고 있다. LA의 첫번째 위성도시라고 불리는 패사데나는 100여 년 전에 이미 도시로서 자리를 잡았다. Old Pasadena라고 불리는 이 동네는 20세기 초 예스런 도시의 모습을 아직도 간직하고 있다. 원 콜로라도는 한 블럭에 들어선 5개의 건물로 볼 수도 있지만, 건물보다는 블럭 전체를 보는 게 맞다고 생각한다. 형태적으로는 튀는 건물이 없다. 보통 도시내 블럭에 여러 채의 건물이 있으면, 큰 길 쪽의 건물에만 사람들이 몰리기 쉽다. 그런데 여기에서는 내부 마당에도 사람들이 골고루 오간다. 형태보다는 사람들이 오가는 보행자 동선 계획이 중요하다는 것을 보여 준다. 동양화에서 여백의 중요성과 같다고 할 수 있겠다.

참고 : 1989EDGE, 1990RODE, 2002GROV

진입로 쪽에서 미술관을 보면 2층으로 보인다.

남서쪽에서 보면 이즈라엘 특유의 건축 디테일을 볼 수 있다.

미술관 내부 모습 : 창이 많은 미술관

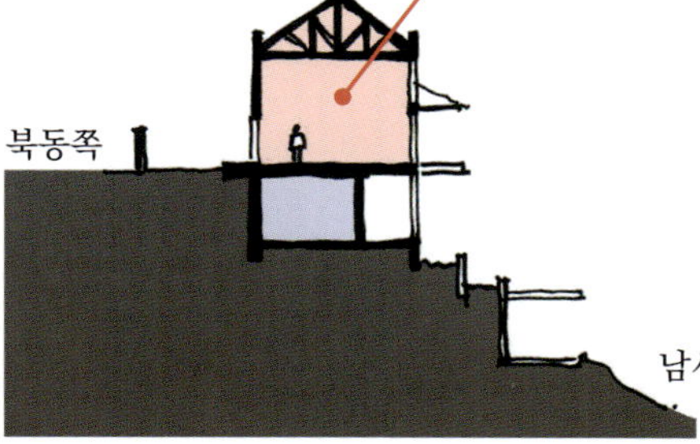

Frederick Weisman Art Foundation

Franklin Israel : **설계**

275 N Carolwood Dr, Los Angeles, CA 90077 : **주소**

건축주 프레드릭 와이즈먼은 엄청난 양의 미술작품을 소장하고 있었다. **해체주의 건축을 대표하는 이즈라엘에게 외뢰해서 기존 주택 옆에 개인 미술관을 지었다.** 대지는 베벌리힐스의 북쪽 고급 주택가에 있다. 대지의 북동쪽에 진입로가 있고, 북동쪽에서 남서쪽으로 경사가 약 30도로 급하게 내려간다. 갤러리 공간으로 28ft (8.4m)의 높은 내부공간을 마련하고 그 위에 목재 트러스를 얹어서 건축 구조를 해결했다. 진입로에서 보면, 2층처럼 보이지만, 남서쪽에서 보면 3층이다. 간단한 상자형인데, 건물의 4 모서리의 벽을 허물고 창틀 없이 유리로만 창을 달았다. 프랭크 로이드 라이트의 건축 디테일이 연상된다. 미술관으로 지었지만, 벽의 상당 부분에 창을 달아 전시 공간을 많이 잃었다. 결국 창은 합판으로 막고, 천장에 인공조명을 설치해서 운영중이다.

1965DANZ, 1986KATE, 1991SALI : **참고**

가파른 경사지에 집을 지었다.

구조 체계

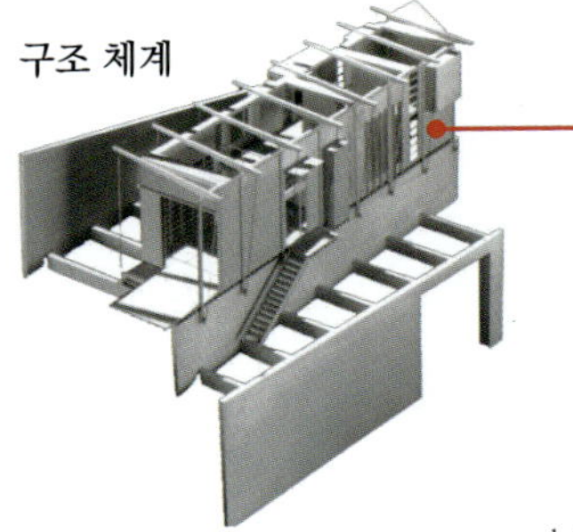

www.agps.ch/

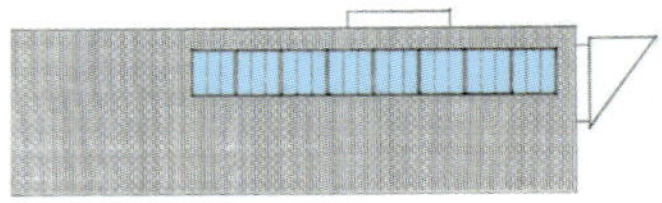

도로에서 본 주택의 모습

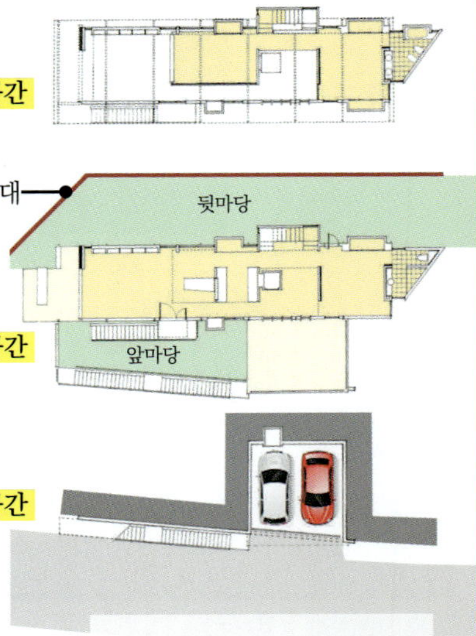

Angelil Graham House

설계 : Angelil & Graham

주소 : 6009 Rodgerton Dr, Hollywood, CA 90068

스위스 ETH에서 박사까지 마친 마크 안젤릴Marc Angelil과 하버드대에서 건축을 공부한 새라 그래험Sarah Graham의 주택 겸 사무실이다. 헐리웃 간판의 아랫동네에 있다. 대지가 가파른 경사지에 있어 집짓기 어려운 땅이다. 길에 면한 1/3 가량 되는 땅에만 집을 짓고, 그 위는 자연 그대로 놔두기로 했다. 그 경계에 콘크리트 축대를 쌓았다. 길에 면한 레벨에 주차장을 마련하고, 그 위에 사람을 위한 공간을 마련했다. 사람이 머무는 공간은 2개층인데, 아래층은 사무실로, 위층은 주거 공간으로 사용한다. 건물 앞뒤로 마당을 두어 환기나 채광이 용이하다. 그리고 콘크리트를 제외한 자재는 경량재료를 사용하여 하중을 최소화했다. 이 덕에 지붕이 가벼워서, 혹시 있을 돌풍에 날아가지 않도록 지붕과 벽을 철선으로 묶어 두었다.

참고 : 1965DANZ, 1976SCHU, 2001BURN

로비 공간

알록달록한 색상과 아기자기한 패턴이 페스티벌 분위기를 만든다.

다양한 용도로 변용이 가능한 주 공연장

Courtesy of the cerritos center for the performing arts

Cerritos Center for the Performing Arts

Barton Myers : 설계

18000 Park Plaza Dr, Cerritos, CA 90703 : 주소

학군이 좋아 한국인이 많이 사는 도시, 서리토스가 마스터플랜을 통해 시청을 비롯한 관공서를 새로 지으면서, 다목적 공연장도 짓는다. 영국 런던에서 극장 전문가를 초청하여, 얼마 전에 완공한 런던의 던게이트 극장Derngate Theatre을 벤치마킹하기로 했다. 건축가로는 UCLA 건축학과 교수 바튼 마이어스를 지명했다. **내부는 19세기 영국의 극장 분위기를 재현하기로 했다. 몇 가지 다른 종류 행사 때에는, 기계 장치를 이용하여 극장 배치를 바꿀 수 있도록 꾸몄다.** 당시 미국내에는 이런 극장이 아직 없었다. 전체적인 외관 분위기는 빨갛고 노란 타일로 벽을 치장해서 분위기가 밝다. 안으로 들어와 로비에 서면, 높은 천장이 콘크리트 기둥과 슬래브 프레임으로 둘러싸여 있다. 주 공연장 내부는 전통 연극 공연장도 되고, 무도회장으로 변형될 수도 있다.

1980CRYS, 1996SKIR, 2003WALT : 참고

화려한 간판들이 보행자들을 즐겁게 한다.

Wikimedia : Alarhu

놀이공원과 영화관 사이 공간을
즐거운 산책로로 만들었다.

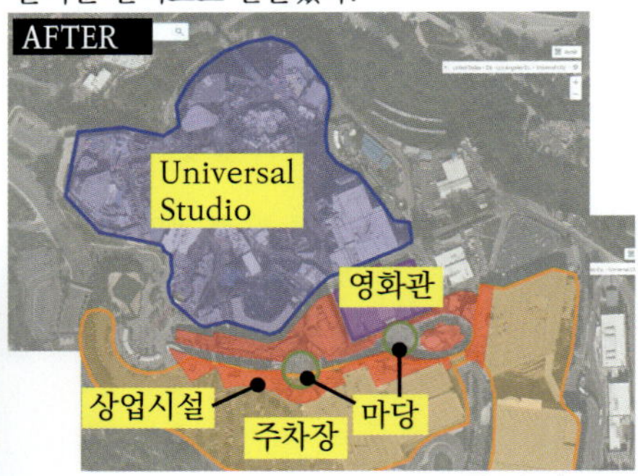

www.google.com/maps

관광객 뿐만 아니라 인근 주민들도 즐기는 장소로
자리잡았다.

Universal City Walk

설계 : Jon Jerde

주소 : 100 Universal City Plaza, Universal City, CA 91608

영화세트장을 특징으로 해서 발전시킨 놀이공원인 유니버설 스튜디오와 여기서 약 200m 떨어진 영화관 사이 공간을 사람들이 단순히 걷기만 해야 하는 게 아쉬웠다. 사람들이 5분 동안 걷는 동안의 길 주변을 신나게 뭔가 재미있는 것들로 채우길 원했다. 존 저디가 건축가로 뽑혔다. 그는 샌디에고에 새로운 개념의 쇼핑몰 호튼 플라자Horton Plaza(1985)를 지어 한층 그의 주가가 오르고 있었다. 저디는 기존의 주차장 중 일부를 골라서 상업시설로 채우고, 사람들이 걸어다닐 산책로를 만들었다. 건물의 입면은 LA 인근에서 유명한 것들을 짜깁기했다. **길 중간에 사람들의 동선이 모이는 장소node로 2 개의 마당을 배치했다.** 이것이 성공적이어서, 2000년에는 확장공사를 진행했다. 관광객 뿐만 아니라 지역 주민도 자주 찾는 동네 명소가 되었다.

참고 : 1992COLO, 2002GROV, 2010SANT

바라간의 작품이 연상되는 파스텔 톤의 조형물

남쪽 하늘에서 내려다 본 모습

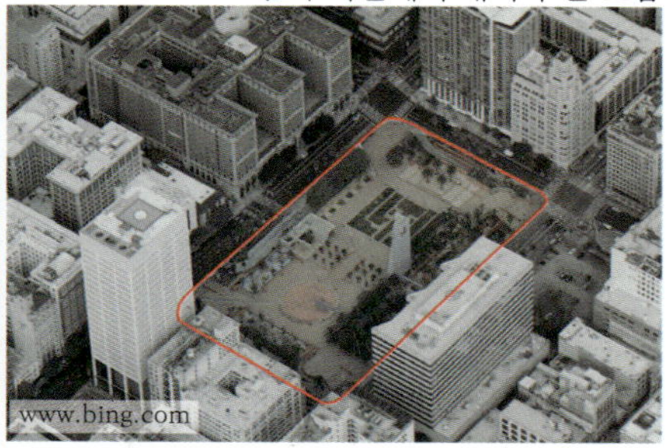

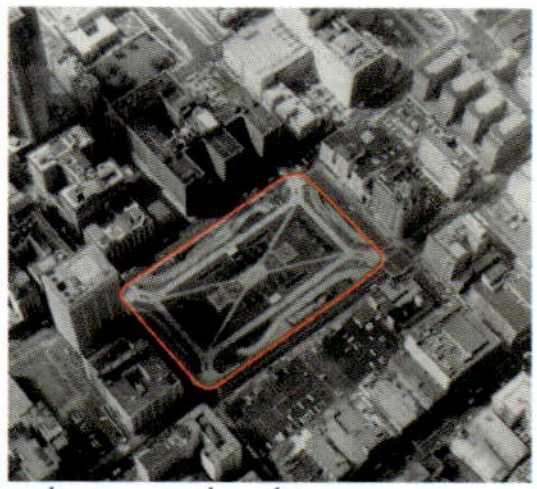

1950년대
지하 주차장이
설치된 후의 모습

unknown authorship

이벤트 장소로 쓰이는 야외 극장

배치도

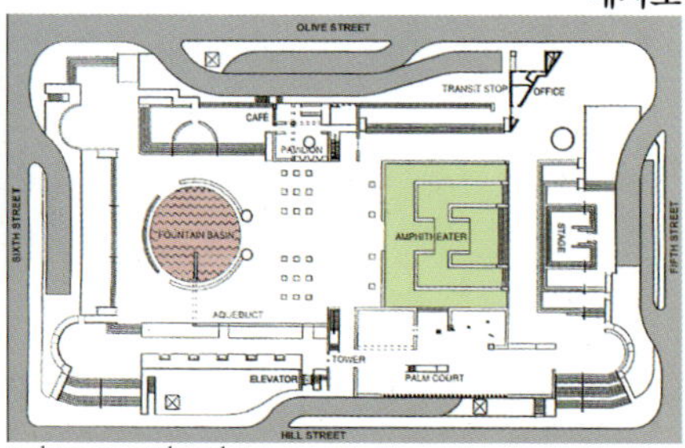

unknown authorship

Persing Square

Ricardo Legoretta : **설계**

532 S Olive St, Los Angeles, CA 90013 : **주소**

1866년 이후 로스앤젤레스 도심의 한 블럭을, 건물을 짓지 못 하게 지정하고 비워 두었다. 다양한 이름으로 불리다가, 1918년에 세계1차대전 때 미군 총사령관이었던 퍼싱 장군의 이름을 따서 오늘날까지 이르고 있다. 야채 밭으로 쓰이기도 하는 등 공원의 형태는 계속 바뀌었고, 20세기 후반에는 흉물로 전락하고 말았다. 이 때 멕시코 건축가 레고레타를 초빙해서, 파스텔 톤의 조형물을 만들어 분위기를 바꾸었다. **레고레타는 멕시코의 위대한 건축가 루이스 바라간Luis Barragan의 제자**로, 이 광장도 바라간의 작품이 떠오르게 한다. 10층 높이의 푸른 색 종탑과 벽에서 떨어지는 물이 가장 눈에 띈다. 공원의 북쪽에는 야외 극장을 만들어 이벤트 행사장으로 많이 활용하고 있다. 지하 주차장은 1950년대 설치되어서 레고레타의 설계와는 아무 상관이 없다.

2013TONG, 2022SIXT : 참고

게리가 그 특유의 건축수법을 이용해서 아이스 하키 연습장 건물을 지었다.

Ingalls Rink at Yale Univ.(1958)

둥근 곡선으로 이루어진 외관과 내부 모습

glulam beam

Disney Ice

설계 : Frank Gehry

주소 : 300 W Lincoln Ave, Anaheim, CA 92805

오렌지 카운티에 있는 미국 프로 아이스하키 팀 애너하임 덕스 (당시에는 마이티덕스 오브 애너하임Mighty Ducks of Anaheim)가 선수 연습용으로 지은 아이스하키장이다. 건축가는 캐나다 출신의 아이스하키 열혈 팬 프랭크 게리가 지명받았다. 연습용 건물이므로, 굳이 눈에 띄거나 비싼 자재로 지을 필요가 없다. 저렴하면서 효율적으로 지으면 되었다. 가운데에 사무실 겸 간단한 관중석을 놓고, 좌우에 아이스하키 연습장 1면씩을 배치했다. **둥글둥글한 자유 곡선을 위해 커다란 글루램 빔을 가로질러서 설치하고, 합판으로 덮은 후, 위에 금속 지붕으로 간단하게 마무리했다.** 어떻게 보면 땅콩처럼 보이기도 하는데, 에로 사리넨Eero Saarinen이 예일대학교에 지은 잉걸스 아이스하키 경기장 Ingalls Rink at Yale Univ.(1958)과 비교할 만하다.

참고 : 1953EAGL, 1991SHAT, 2017UCLA

기존의 예스런 시청 건물

추가된 타원형 회랑

회랑 내부

남쪽 하늘에서 내려다 본 모습

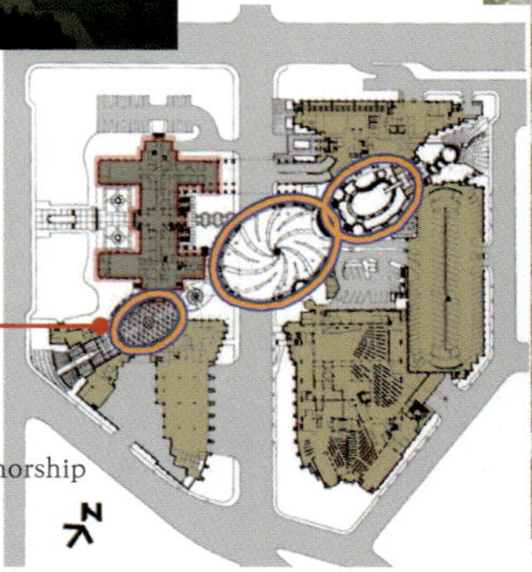

unknown authorship

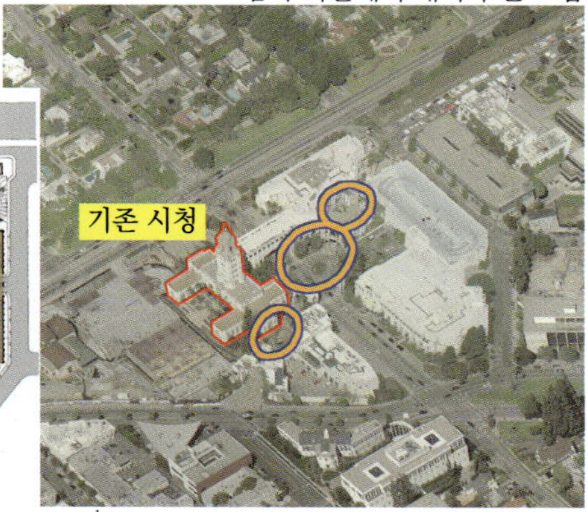

www.bing.com

Beverly Hills City Hall

Charles Moore : 설계

455 N Rexford Dr, Beverly Hills, CA 90210 : 주소

원래 베벌리힐스 시청은 고풍스런 형태로 1932년에 지어졌다. 50년 정도 시간이 지나고 도시 규모가 커지면서, 여러 채의 건물이 더 필요하게 되었다. 1981년 지명 현상설계를 통해 쟁쟁한 5개 팀을 초청했고, 이 중에서 찰스 무어의 안이 당선되었다. 그는 기존의 시청사 분위기와 비슷한 스타일을 따라 가면서, 전체 건물을 어떻게 하나로 아우를 지에 중점을 두었다. 우선 **예스런 분위기의 타원형 회랑 3개를 세워 전체를 연결하는 중심 보행공간으로 만들었다.** 건축적으로 탁월했다. 그가 1978년에 뉴올리언스New Orleans에 이탈리아 광장Piazza d'Italia을 지었는데, 이의 변형이라고 볼 수 있다. 포스트모던 건축의 대가답게 고전 건축을 해석하는 데 있어서 탁월한 건축가다. 새 건물들은 3개의 타원 열주 주변에 자연스럽게 연결되었다.

1928CITY, 1966GLEN, 2015PACO : 참고

버려진 건물에 세련된 디자인 손길이 닿자,
멋진 작품으로 바뀌었다.

기존의 평범한 건물에서 과감한 금속 구조체가 뻗어나오고, 여기에 금속판재로 옷을 입혔다.

unknown authorship

Carlson-Reges Residence

설계 : Michael Rotondi (Roto Architects)

주소 : 698 Moulton Ave, Los Angeles, CA 90031

예전에 공장 지대였고, 바로 옆에는 철길이 지나가는… 주택지로서는 상상이 되지 않는 곳에 예술품 수집가 부부가 집을 짓기로 했다. 바로 옆에는 1982년부터 버려진 건물들을 인수해서, 예술가들이 작업할 수 있게 공간을 마련해 왔던 터였다. 이번에는 자신들이 살 집이다. . 부부는 전에부터 버려진 산업 자재를 가지고 여러가지를 만들어 봤지만, 건축은 이번이 처음이다. 로톤디는 모포시스 시절부터 이런 값싼 재료를 가지고 예술작품 같은 소품부터 건축까지 만들어 왔기에 낯설지 않았다. 1층은 갤러리 공간이고, 2층부터는 부부의 공간이다. 예전에 개솔린 탱크로 쓰이던 것은 반을 갈라서 수영장으로 탈바꿈시켰다. 세련된 로톤디의 디자인 감각을 통해 멋진 공간으로 재탄생했다.

참고 : 1978GEHR, 1986KATE, 2011ALTA

로툰다의 천창

리차드 마이어의 건축의 특징을 압축해서 보여주는 대표 건물이라 할 수 있다.

건물 밖에서 건물 입구를 보다.

로툰다와 경사로의 스케치

전시

1996MTVR

(현 Mr Brainwash Art Musuem) Museum of TV & Radio

Richard Meier : 설계

465 N Beverly Dr, Beverly Hills, CA 90210 : 주소

뉴욕 맨해튼에 페일리W. Paley가 설립한 미디어 박물관(1975)이 있다. 1990년대 들어서 LA에도 또 하나의 박물관을 짓기로 한다. 설계는 게티센터를 짓고 있던 리차드 마이어에게 의뢰했다. 대지는 베벌리힐스의 로데오 길에서 한 블럭 떨어진 번화가에 있다. **게티센터를 도시 속에 압축해서 지은 건축물**이라고 봐도 될 것 같다. 전체적으로 도시 격자에 맞게 직육면체 형태에서 시작한다. 진입로에 면해서 원형 로툰다rotunda를 끼워 넣었는데, 입구와 로비 공간을 표시한다. 로툰다 공간에는 천창에서 햇빛이 내려 와서, 중요한 공간임을 느낄 수 있다. 여기 2층에서 툭 튀어나온 발코니를 통해 르코르뷔지에의 흔적도 느낄 수 있다. 길에 면해 경사로를 배치해서 위 아래를 오가는 사람들과 인근 보행자들 사이에 교감을 유도했다. 현재는 Mr Brainwash Art Museum으로 바뀌었다.

1986MOCA, 1999JAPA, 2009MADA : 참고

조각가가 빚은 건축물같다.

건물로 오르는 계단

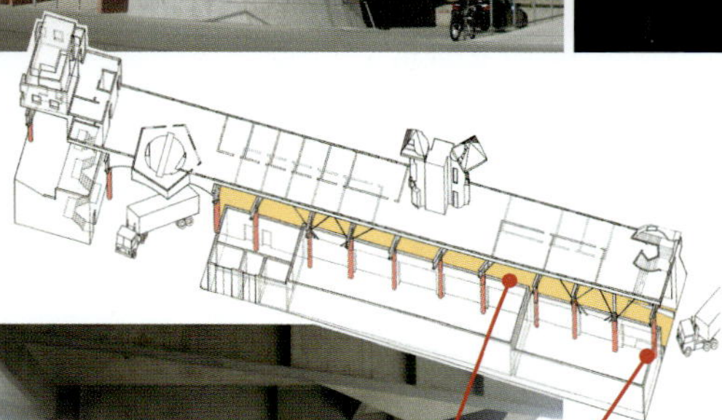

기존의 도로를 살리면서, 건물은 그 위에 올렸다.

수직 동선 스터디

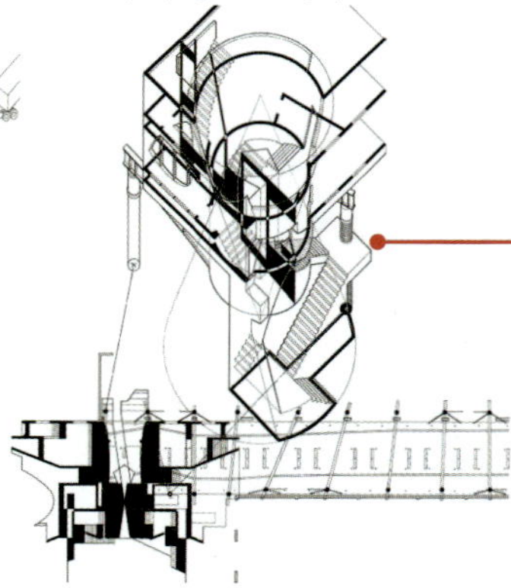

ericowenmoss.com/

Samitaur

설계 : Eric Owen Moss

주소 : 5780 W Jefferson Blvd, Los Angeles, CA 90016

사유지에 속한 도로의 공중권air rights을 구입해서, 기존의 도로를 유지하고 그 위에 건축물을 지은 경우다. 인근 컬버시티에서 이미 여러 건물을 개보수한 경험이 있는 에릭 오웬 모스가 맡았다. 기존 건물 사이의 도로를 유지해야 하기 때문에, 일부 기둥은 기존 건물 안에 추가로 세워야 했다. 높이 제한도 있어서, 건축물의 크기는 이미 정해졌다. 길이: 110ft (33m), 폭: 30ft (9m), 높이: 45ft (13.5m) … 건물은 2층 규모다. 좌우에 약 30개의 콘크리트 기둥을 열지어 세우고, 철골로 가로지르는 보를 걸어 2층 구조물을 받치고 있다. 대부분의 기둥과 보가 다 다르게 얽히게 만들었고, **건물의 양쪽에 있는 계단 구조물은 마치 예술 조형물처럼 만들어 건물 안과 밖에서 재미난 공간 체험을 할 수 있게 꾸몄다.**

참고 : 1989NATI, 1999UMBR, 2014PTER

Ahmanson Hall 내부 모습

동산을 등지고, 건물을 지형에 따라 둥그렇게 배치했다.

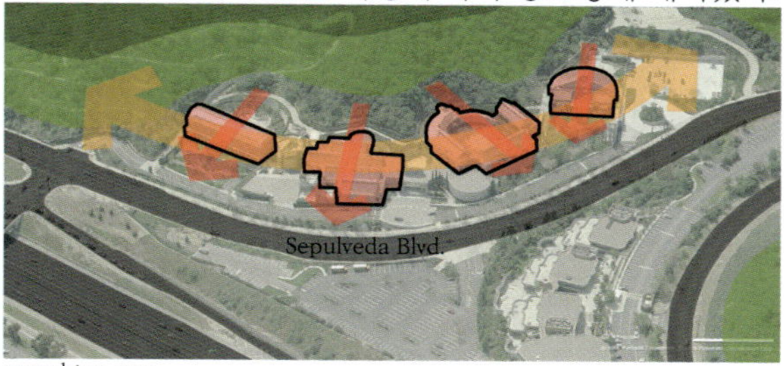

www.bing.com

배치도

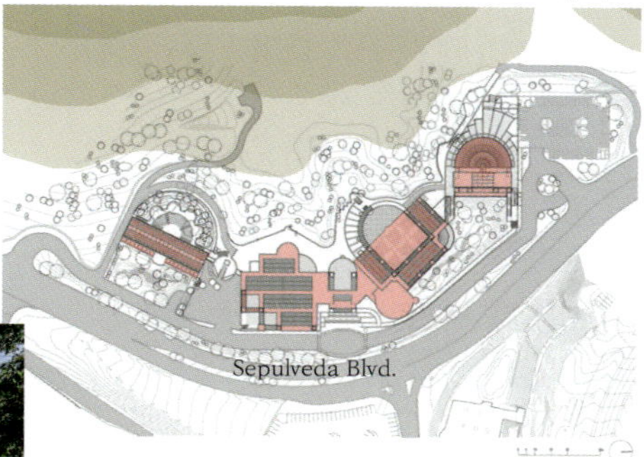

캐나다 몬트리올의 Habitat 67

Wikimedia : Thomas Ledl

단면도

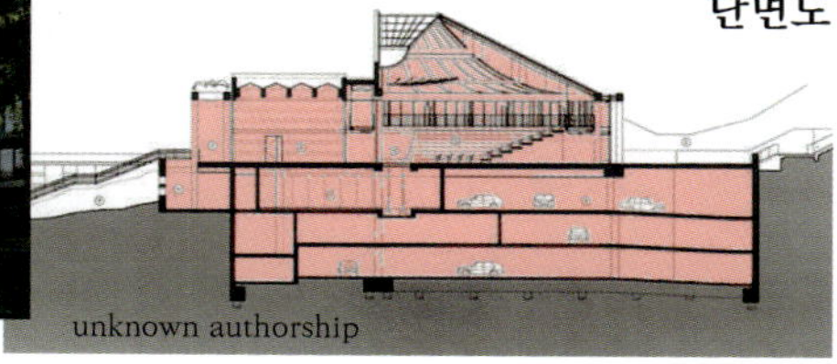

unknown authorship

Skirball Cultural Center

Moshe Safdie : 설계

2701 N Sepulveda Blvd, Los Angeles, CA 90049 : 주소

1967년 몬트리올 세계박람회 때, 레고를 쌓아 올린 듯한 모양으로 지어져, 전세계적으로 유명해진 아파트 건물, 해비타트Habitat 67이 있다. 20대 후반의 모셰 사프디가 그의 건축 석사 논문을 발전시켜 지은 것으로, 이 건축물 덕분에 그는 전세계에서 주목받는 건축가가 되었다. 그리고 30년이 지난 후, 유대계 캐나다인인 사프디는 스커볼 문화회관 건립 위원회의 초청을 받아 LA에 그의 건축물을 남기게 된다. 해비타트 67에 비하면 지극히 평범하지만, 콘크리트로 나름 단정하게 잘 지었다. 대지 뒤로 동산이 있어서 동산을 등지고, 4개의 건물을 지형에 따라 둥그렇게 배치했다. 각각 기부자의 이름을 따서 건물 이름이 붙여졌다. 유대인들의 단합과 유대인들의 문화와 역사를 다른 민족에게 알리는 기능을 한다.

1984AERO, 1997GETT, 2010HOLO : 참고

전망좋은 산마루에 자리한 미술관

미술관이면서 공원 역할도 한다.

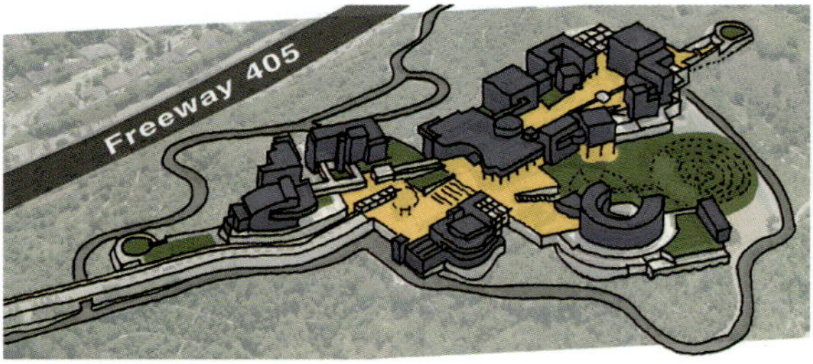

미술관으로 향하는 모노레일

올린이 설계한 조경 부분

Getty Center

설계 : Richard Meier

주소 : 1200 Getty Center Dr, Los Angeles, CA 90049

20세기 중반 세계 최고 부호였던 장 폴 게티Jean Paul Getty의 이름을 따서 지은 미술관이다. 게티 재단은 LA 곳곳에 흩어져 있던 재단 관련 기관들을 한 곳에 모으면서, 여기에 재단이 소장하고 있는 중세 이후의 미술품을 전시하기 위한 미술관을 추가로 짓기로 한다. 애틀란타Atlanta에 하이 뮤지움High Museum of Art(1983)을 지었던 리차드 마이어를 건축가로 선정한다. 대지는 아크로폴리스처럼 LA 시내가 내려다 보이는 전망좋은 산마루다. 관람객은 산 아래에 주차하고, 모노레일을 타고 미술관에 오른다. 산마루에 12채의 건물을 지었다. 주변 주택들과 비교해서 크지만, 잘게 쪼개서 지었다. 다들 **르코르뷔지에를 계승한 마이어 스타일의 건물들**이다. 가운데 조경은 로리 올린Laurie Olin이 맡았다. 날잡아 하루 종일 둘러봐도 좋은 곳이다.

참고 : 1996MTVR, 2003WALT, 2022OCMA

건물이 가볍고 상쾌해 보인다.

식당 전면 : 인앤아웃 로고가 모티브다.

어디서나 눈에 띄는 꺾인 화살표

Drive-through
자동차 대기행렬

In-N-Out Burger Restaurant

Stephen Kanner : **설계**
922 Gayley Ave, Los Angeles, CA 90024 : **주소**

UCLA 앞에 캘리포니아에서 가장 유명한 햄버거 식당 체인 중 하나인 인앤아웃 식당을 짓기로 했다. 주변이 대개 2층 이하의 낮은 건물들이 주를 이루고, 학생들이 많아 보행자가 많다. 인앤아웃은 드라이브 스루drive-through 방식이 주를 이뤄서, 자동차 동선이 고객 또는 식당 직원의 동선만큼 중요했다. 건축가는 스티븐 캐너로 3대 째 건축설계 일을 해 왔다. 캐너는 주도로인 게일리길Gayley Ave. 쪽에 보행자 출입구를 만들고, 뒤의 샛길로 드라이브스루를 통해 차 안에서 햄버거를 주문하고 받을 수 있게 했다. 이 식당이 다른 곳과 다른 것은 건물 자체를 설계할 때 **식당 로고를 모티브로 반영했다**는 점이다. 식당 주변이나 내부에 있으면서, 꺾인 화살표를 여기저기서 확인할 수 있는데, 억지스럽지 않고 세련되어 보인다.

1954RAND, 1991KENT, 2009UNGA : **참고**

종교

1997SKYR

사무라이 투구를 연상시키는 지붕

용마루에 있는 천창을 통해 내부로 채광한다.

내부에 지붕을 받치는 구조물 사이로 햇빛이 내려온다.

Sky Rose Chapel

설계 : Fay Jones

주소 : 3888 Workman Mill Rd, Whittier, CA 90601

여의도 공원의 10배에 해당하는 커다란 공동 묘지에 있는 교회다. 전망 좋은 높은 언덕 마루에 자리하고 있어서 멀리 로스앤젤레스 도심이 보인다. 여기에 기념비적인 건축물을 짓기 위해 프랭크 로이드 라이트F. L. Wright의 제자 페이 존스를 초빙했다. 그는 1980년에 아칸사스Arkansas의 숲 속에 작은 교회, 쏜크라운 채플Thorncrown Chapel을 지어 건축계의 관심을 끈 적이 있다. 두 건물의 기본적인 건축 수법은 비슷하다. **내부의 양측 벽에서 뻗어나온 가느다란 목재를 교차시킨 구조물 단위가 있는데, 이를 10여 개 정렬시켜서 건축 구조를 해결했다.** 햇빛이 70ft(21m) 높이의 구조물 사이를 통과하면서 연출하는 장면이 신성함을 자아낸다. 밖에서 바닥까지 내려온 지붕 모습이 사무라이 투구를 연상시킨다.

참고 : 1962CONG, 1969BASI, 2002FIRS

반층 올라간 로비 공간

디즈니 콘서트홀에서 본 모습 : 왼쪽에 보이는 벽돌 고층건물이 나중에 추가된 기숙사동

보행자 출입구를 들어와 바라본 로비 공간

Zipper Hall

Colburn School

Hardy, Holzman, & Pfeiffer : 설계
200 S Grand Ave, Los Angeles CA 90012 : 주소

원래 20세기 중반 USC 음악대학에 진학을 위한 사립 예비학교로 설립되었다. 이후 USC와 연계된 부속시설처럼 유지되다가, 학교를 발전시킬 방안을 모색하였다. 1985년 콜번R. Colburn의 기부금을 받아 독립하기로 결정하고, MOCA 옆에 알찬 새 캠퍼스를 짓기로 했다. 브로드길을 LA의 샹젤리제로 발전시키기 위해 예술 관련된 건물을 유치중이었기에, 좋은 기회를 잡을 수 있었다. 건축가는 뉴욕과 LA에서 설계사무소를 운영하던 Hardy, Holzman, & Pfeiffer Assoc.(HHPA)가 맡았다. 2개층 건물로 음악, 무용, 연극 학위 프로그램을 제공하고, 음악당 지퍼홀Zipper Hall은 전문가들도 자주 찾는 콘서트홀이다. 2층 공간은 천창으로 햇빛을 받아들여서 상쾌하다. 2008년에는 동쪽에 2개의 기숙사동을 지었고, 2027년 완공을 목표로 새 콘서트홀(Gehry 설계)이 공사중이다.

2008BROA, 2011ELAC, 2013ANNE : 참고

정면에 보이는 곳이 교무실 공간이고,
왼쪽에 잘린 부분이 체육관이다.

학교 내부에서 주차장을 본 모습 :
오른쪽에 보이는 건물이 체육관

중간 레벨의 중심 도로

밖으로 뻗어나가는 듯한 교실 건물

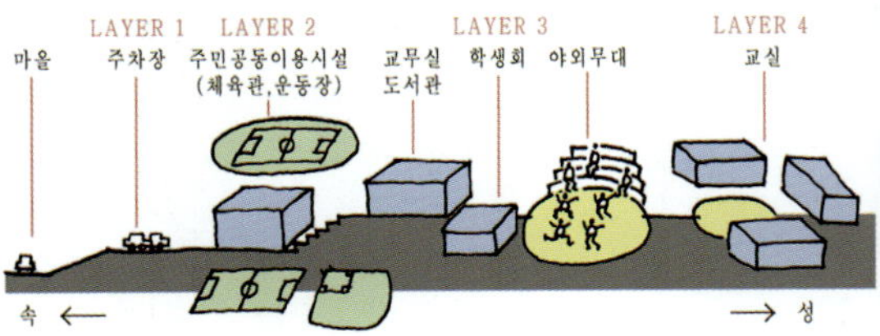

Diamond Ranch High School

설계 : Morphosis

주소 : 100 Diamond Ranch Rd, Pomona, CA 91766

누군가 익명으로 9만평이나 되는 땅을 공립 학교로 지어달라고 기부했고, 현상설계를 실시했다. 모포시스의 안이 당선되었는데, 예상 공사비보다 많은 비용이 필요하다는 문제가 발생했다. 교육청은 모자란 비용을 마련하기 위해 다시 기금을 모금해야 했고, 몇 년이 지난 후에야 공사를 시작할 수 있었다. 동쪽에 학교 입구를 만들고, 주차장과 주민들과 공유하는 체육관을 지었다. 자연스레 학교 안으로 끌려 간다. 대지가 남에서 북으로 경사져 내려오고, 동서로는 같은 레벨로 볼 수 있다. 대지를 상 중 하로 나눠서 학교 건물은 중간 레벨에 지었다. **기존의 지형을 숙지한 후, 학교 건물은 지형과 어울리게 자유 형태로 설계했다.** 어느 교실은 땅 속에 묻혀 있는 듯 보이고, 어느 교실은 기존의 땅에서 밖으로 뻗어 나가는 듯 보인다.

참고 : 2004SCIE, 2006CAMI, 2013ANIM

남쪽 건물에서 중정을 내려다 본 모습

남서쪽 교차로에서 학교 입구를 바라본 모습

학교 주출입구

학교 대지 경계에 금속을 여러번 접어서 재미난 형태를 만들어냈다

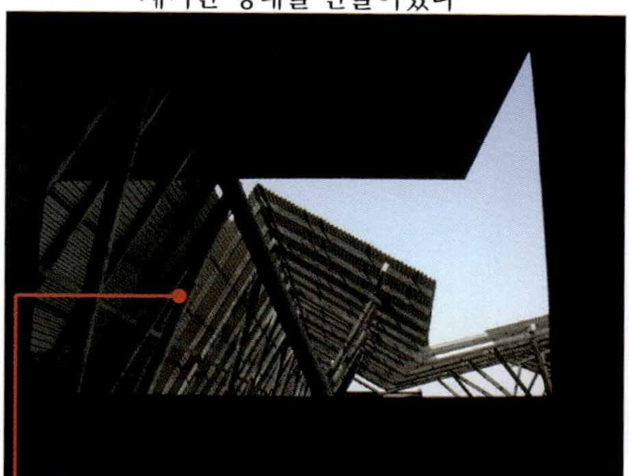

북쪽 복도에서 보는 중정

(현 Oropeza Elem. School) **International Elementary School**

Morphosis : 설계

700 Locust Ave, Long Beach, CA 90813 : 주소

LA에서 기존의 일반 공립 학교는 넓직한 땅에 단순한 상자형 건물을 길게 여러 채 배치하는 것이 일반적이다. 인구밀도가 높아지고, 부동산 가격이 상승하면서, 작은 땅에 기존의 교육 프로그램을 수용해야 하는 학교가 필요하게 되었다. 교육청에서 현상설계를 실시했고, 모포시스의 안이 당선되었다. 어려운 문제 해결을 위해, 모포시스 팀은 획기적인 방식으로 접근했다. **교실과 운동장을 따로 떨어뜨리지 않고, 교실 위에 운동장을 얹는 방법을 시도해 봤다.** 대지의 남쪽에는 3개층의 교실 건물을 세우고, 나머지 교실과 도서관, 교무실, 강당, 도서관 등등의 필요 공간을 그룹별로 정리해서 1층에 배치해 보았다. 모든 공간이 중정 주변에 알맞게 들어 갔고, 모포시스 특유의 세련된 디테일로 새로운 프로토타입의 학교를 창조해 냈다. 현재는 Oropeza Elementary School로 바뀌었다.

2010STTH, 2011ELAC, 2014PILI : 참고

MOCA에서 씌였던 붉은색 인도 사암이 벽을 감싸고 있다.

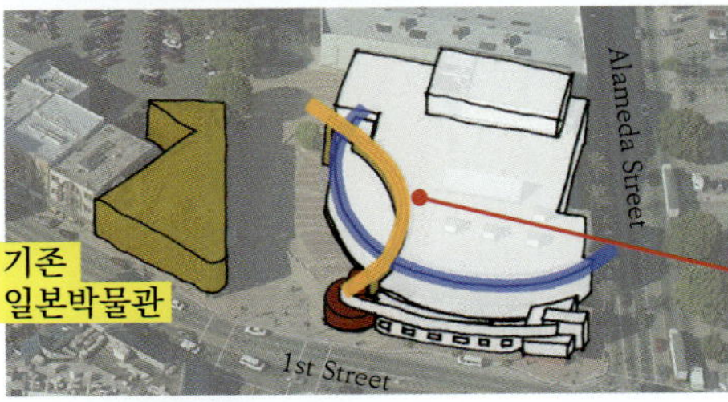

www.bing.com

배치도를 보면, 교차하는 2 개의 원이 바로 보인다.

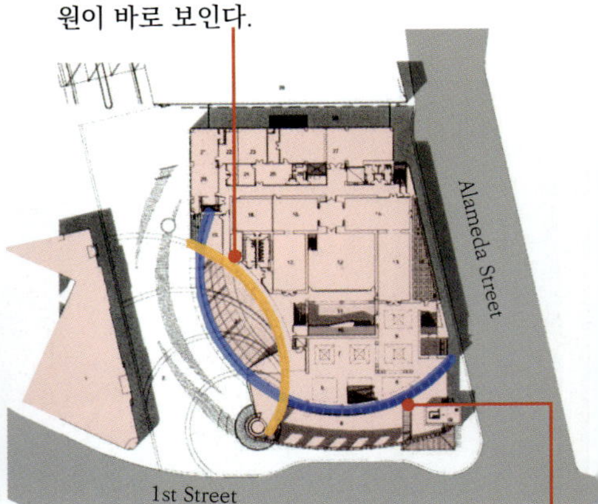

unknown authorship

Japanese American National Museum

설계 : HOK

주소 : 100 N Central Ave, Los Angeles, CA 90012

LA 도심의 동쪽인 리틀도쿄Little Tokyo(일본타운)에 있다. 박물관 길 건너 일본 사찰 입구처럼 보이는 건물은 원래 이집트 풍의 극장(1925)이었다. 극장이 쇠퇴하자 일본 사람들이 인수하여 일본 불교 사찰로 변경해서 쓰고 있었는데, 세계 2차대전 동안에는 로스앤젤레스 인근의 일본인들이 이 건물에 갇혀 지내게 되었다. 1970년대에 들어서, 다시 개조하여 일본 박물관으로 사용하고 있었다. 박물관이 좀 더 조직화하고 자금을 확보하면서, 현재의 자리로 확장 이전하게 되었다. 설계는 HOK(Hellmuth, Obata and Kassabaum)의 창립자 중 한 명인 교 오바타가 맡았다. 일본계다. **배치도에서 2개의 교차된 원이 인상적이다.** 서로 다른 2 개의 세계를 융화시키려는 시도로 보인다. 전체적으로 금속, 유리, 석재가 깔끔하게 잘 마무리되어 있다.

참고 : 1986MOCA, 1996MTVR, 2009DCLA

로비 모습

역동적인 경기장 외관

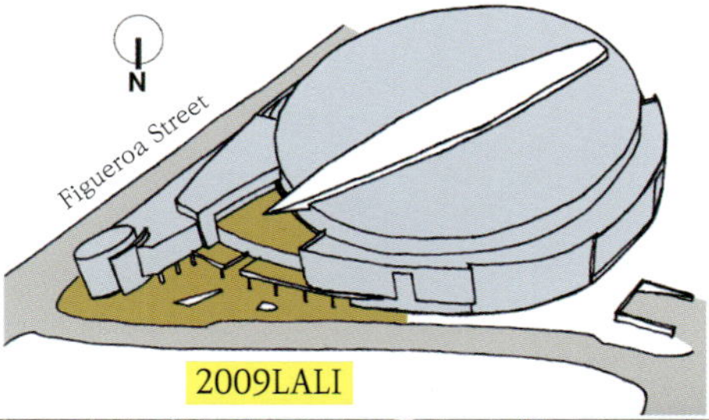

2009LALI

농구 경기 시, 약 19,000명을 수용한다.

Wikimedia : Joan Campderrós-i-Canas

(현 Crypto.com Arena) **Staples Center**

NBBJ : 설계

1111 S Figueroa St, Los Angeles, CA 90015 : 주소

세계에서 유명한 스포츠 경기장 중의 하나다. LA Lakers를 비롯해서 3개의 프로 스포츠 팀의 홈 구장으로 쓰이고 있다. 이 전에는 잉글우드의 Forum을 이용했었는데, 서울로 치면 광명 쯤 되는 곳에 있다. 꾸준히 LA 도심 가까이에 홈구장을 지으려고 노력하다가 1999년에서야 이루어졌다. 설계는 NBBJ가 맡았고, 분당에 있는 네이버 사옥을 디자인한 회사다. **세련된 배치와 역동적이면서 깔끔한 디자인**으로 유명한 회사다. 이 건물이 지어지기 전에는 이 동네가 걸어다니기 안 좋았는데, 이 건물이 동네에 활력을 불어 넣었다. 바로 남쪽에 있는 컨벤션 센터는 이웃과 유리되어, 보행자에게 거대한 성처럼 느껴져 비교된다. 바로 북쪽에 2009년에 지어진 LA Live(2009LALI)는 스테이플스 센터와 연계되어 시너지 효과를 일으키고 있다. 현재는 Crypto.com Arena로 이름이 바뀌었다.

1963CINE, 1995DICE, 2024INTU : 참고

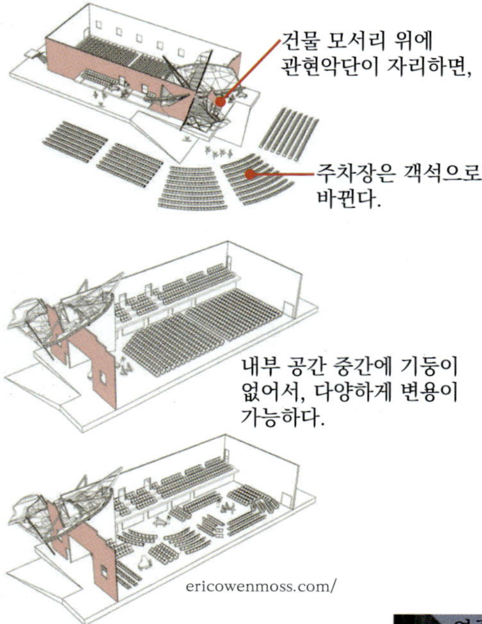

내부에서는 천창과 고창을 통해 자연광을 끌어들이고 있다.

건물 모서리에 연주공간을 만들었다.

연주공간 위의 둥글둥글한 유리 지붕

Umbrella

설계 : Eric Owen Moss

주소 : 3542 Hayden Ave, Culver City, CA 90232

로스앤젤레스 오케스트라 연습실이 이 건물로 옮겨온다. 이 동네 다른 건물들이 그러하듯, 원래 창고나 공장으로 쓰던 건물이었다. 건물 중간에 기둥없이 최대한 넓게 공간이 만들어져 있어서, 30명의 관현악단 연습실로 어렵지 않게 쓸 수 있었다. 이 사람들이 재미난 것을 설계해달라고 의뢰해 왔다. 그리고 건물 모서리 부분에 관현악단이 연주할 수 있는 공간을 만들어달라고 요구했다. 건물 주변 야외 주차장은 이 때에는 임시 객석으로 바꾸기로 했다. 건축가 모스는 건물 모서리를 뜯어내고, 그만의 건축 언어로 연주 공간을 채워 넣었다. **계단식으로 연주자들이 앉을 수 있는 자리를 만들고, 이 위에 둥글둥글한 유리 지붕을 얹었다.** 이것이 양산처럼 보여서 이런 이름을 붙였다. 유리 지붕이 음향 반사판 역할을 하는데, 실제로 좋은 공연장으로 쓰일지는 의심스럽다.

참고 : 1982PETA, 1996SAMI, 2014PTER

테라스 공간

달 나라의 우주 기지처럼 보이는 외부 모습

www.michaeljantzen.com/

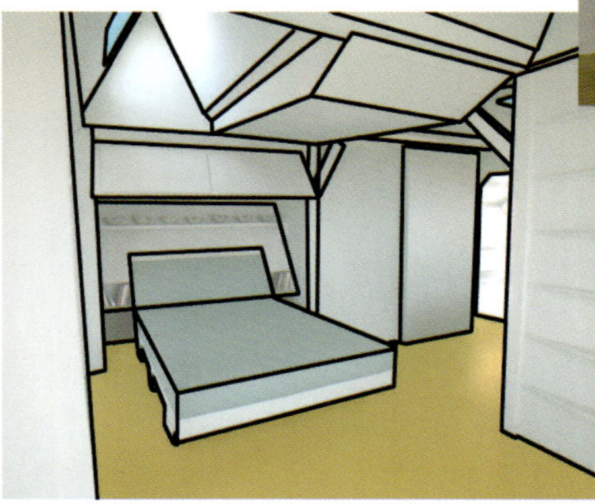

침실 공간

M-House

Michael Jantzen : 설계
Gorman, CA : 주소

마치 달나라 우주기지처럼 보이는 이동 가능형 건축물이다. 건축가 마이클 잰츤은 개인 별장용으로 지었다. 일반 건축물보다는 생활 설치 미술물을 만드는 데 관심이 있어 보인다. 고먼이라고, LA 카운티County (시city 〈 카운티 〈 주state) 북쪽에 있는 한적한 곳에 있었다. 강철로 격자형 뼈대를 만들고, 얇은 콘크리트 복합재료로 뼈대를 감싸서 벽을 마감했다. 전체적으로 7개의 상자를 조합해서 재미난 형태를 끌어냈다. 각각의 면은 경첩을 달아서 접었다 펼 수 있도록 되어 있다. 때로는 차양으로 쓸 수도 있고, 칸막이가 되기도 한다. 사막에서도 거주가 가능하기 위해, 태양광 또는 풍력 발전기를 통해 전기를 생산할 수 있게 장치를 추가했다. 내부는 우주선 안에 있는 듯 꾸몄다. 이 이동형 별장은 한국의 예술품 수집가가 경매를 통해 구입했다고 전해진다.

1978GEHR, 2001TILT, 2007ALAN : 참고

담장을 이렇게 표현했다.

식당 내부 공간

마당을 감싸는 담장

1층 평면도

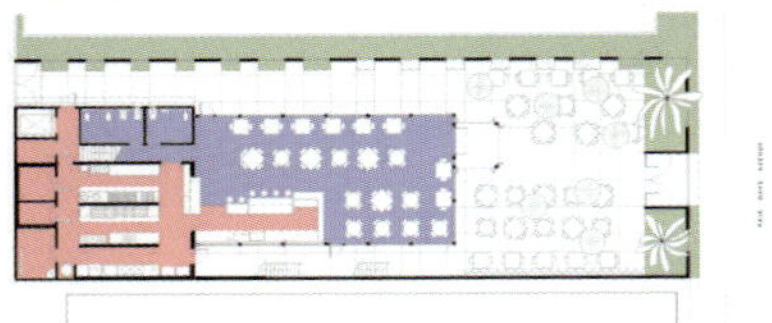

unknown authorship

Tilt-Up Concrete Construction

toloarchitecture.com/

Saladang Song Restaurant

설계 : Peter Tolkin

주소 : 383 S Fair Oaks Ave, Pasadena, CA 91105

패사데나의 도심에서 남쪽으로 1km 정도 떨어져, 좀 한가하게 상점들이 늘어선 거리에 있다. 기존의 유명한 태국 식당이 1993년부터 자리를 지키고 있었고, 주차장 건너에 또 하나의 식당 건물을 짓기로 했다. 건축가는 피터 톨킨으로 설계사무소를 연 지 얼마 안 된 젊은 건축가다. 그는 **태국 문화를 추상화해서 건물 입면에 반영하고자 했다.** 전체 건물을 감싸고 있는 벽의 재료는 콘크리트인데, 비용과 공사 기간을 고려해서 틸트업 tilt-up 방식으로 만들었다. 벽 거푸집을 누인 상태에서 콘크리트를 붓고, 굳은 후 크레인으로 세워 조립하는 방식이다. 이렇게 세워진 벽 사이사이에, 태국 전통 문양을 레이저로 자른 강철판을 끼워 넣었다. 이 사이로 생기는 그림자가 멋지다. 건물의 2층은 식당 사무실, 3층은 거주할 수 있는 공간으로 꾸몄다.

참고 : 1922SCHI, 1986KATE, 2001TILT

벽을 이렇게 변형하기도 한다.

기차역으로 쓰던 건물 내부를 건축학교로 바꿨다.

대형 강의실 : 천장 흡음재를 이용해서 설계했다.

과제 발표를 위해 준비중

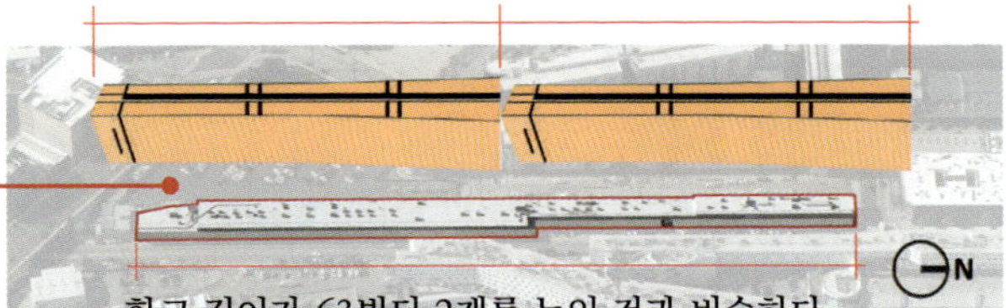

학교 길이가 63빌딩 2개를 누인 것과 비슷하다.

SCI-Arc

Gary Paige : 설계

960 E 3rd St, Los Angeles, CA 90013 : 주소

레이 캐피Ray Kappe라는 건축가가 1972년에 설립한 건축대학 싸이악Southern California Institute of Architecture은 새로운 건축 교육이라는 큰 꿈만 갖고 척박한 현실 속에서 출발했다. 일종의 기존 건축교육에 대한 대안학교로 출발했지만, 30년 가까이 변변찮은 강의실 없이 허름한 창고같은 건물에서 버텨내야 했다. 그러다가 LA 도심의 동쪽에 과거 화물 기차역으로 쓰던 건물을 임대하게 되어 옮기게 되었다. 설계는 싸이악 졸업생 게리 페이지가 맡았다. 건물이 남북으로 길다. 400m나 된다. 비공식이지만, **전세계에서 가장 긴 건축대학 건물**이라고 한다. 가장 남쪽에 모형제작실이 있고, 다음에 학부생 공간 그리고 다목적 대형 강의실, 대학원 공간, 학교 행정 사무실, 도서관이 차례로 들어서 있다. 시간이 가면서 형편에 맞게 계속 조금씩 바뀌가고 있다.

2004SCIE, 2008INAR, 2011ALTA : 참고

새로운 건물로 탈바꿈했다.

기존 건물은 단순한 상자형 건물이었다.

unknown authorship

멀리서 본 모습

Westwood Center

설계 : Nadel

주소 : 1100 Glendon Ave, Los Angeles, CA 90024

원래 건물은 1965년에 UCLA 앞 동네의 거대한 랜드마크 건물로 지어졌다. 그런데, 차츰 시간이 지나면서, 건물의 인기가 떨어지기 시작했고, 1998년에는 공실률이 40%에 이른 상태에 이르렀다. 건물을 부수고 새로 지을까도 생각해 봤는데, UCLA 앞에 고층 건물 규제가 심해져서 새로 짓는다면 이 정도 규모로 다시 지을 수 없었다. 이 때 건축설계 회사 네이델이 콘크리트 입면을 떼어내고, 유리로 세련된 형태로 바꾸면 건물의 가치가 높아질 거라고 제안한다. 기존 건물 외벽의 내력벽을 대체하기 위해 거대한 철제 트러스를 설치해야 했고, 전기, 설비, 배관 등의 시스템도 완전히 싹 다 바꿨다. 거의 새로 짓는 과정을 치러야 했다. 여기에 시선을 끄는 요소로 남쪽 입면에 약 8m 정도 돌출한 캔틸레버를 추가해서, 새 건물로 다시 태어났다.

참고 : 2006BROA, 2011ALTA, 2015PETE

기존 학교에서 오면서 본 모습

기존 학교 건물의 남동쪽에 자리한다.

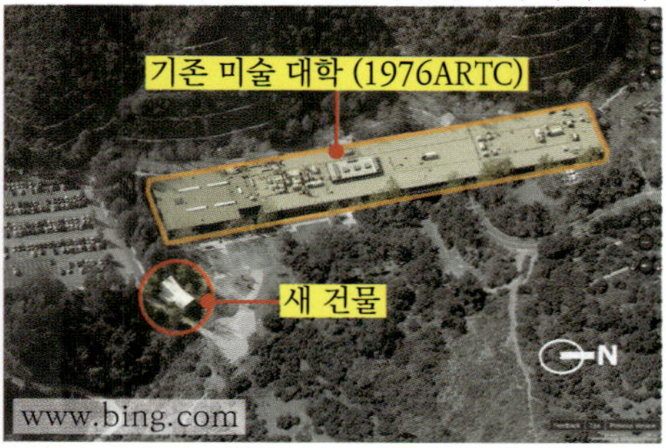

북쪽에서 본 모습

동쪽에서 본 모습

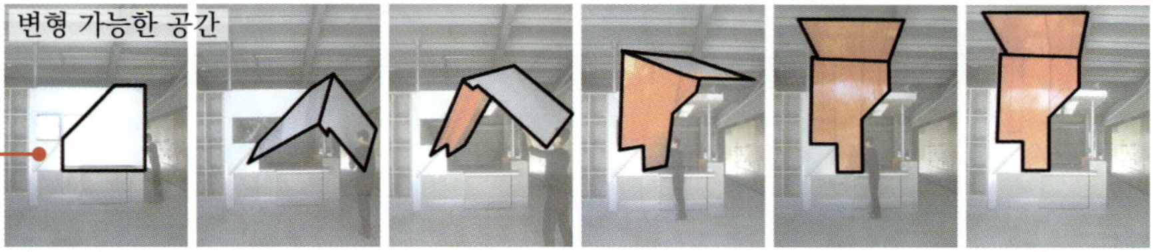
변형 가능한 공간

hplusf.com/

Sinclaire Pavilion at Art Center

Hodgetts & Fung : **설계**
1700 Lida St, Pasadena, CA 91103 : **주소**

20여년 전에 크레이그 엘우드가 미스 반 데 로에 스타일로 미술대학 건물(1976ARTC)을 지었다. 이번에는 미대 건물 옆에 부부 건축가 크레이그 호젯Craig Hodgetts과 밍펑Ming Fung이 엄격한 90도 격자에서 벗어나 자유스런 분위기로 학생들의 다양한 행태를 수용할 수 있는 아담한 공간을 만들었다. 뒤로는 살짝 언덕을 등지고, 앞으로는 숲 너머 패사데나 전경이 보이는 시원한 곳에 자리한다. 설계 당시 건축가로서 50 명의 학생들과 어떤 공간이 되기를 원하는 지 상의를 거친 후 설계를 진행했다. 완전히 벽으로 둘러싸인 내부공간을 원하지 않고, 여러 장치를 이용해서 다양한 형태로 변형이 가능하도록 설계를 했다. **50명 남짓의 관객과 함께 공연장으로 쓸 수도 있고, 전시공간이나, 작업 공간으로도 활용할 수 있게 꾸몄다.** 변신로봇처럼 보이는데, 내구성은 의심이 든다.

1982PETA, 2009CAHI, 2009WILD : **참고**

공장지대에 들어선 주택이다.

수영장에서 주택을 본 모습

unknown authorship

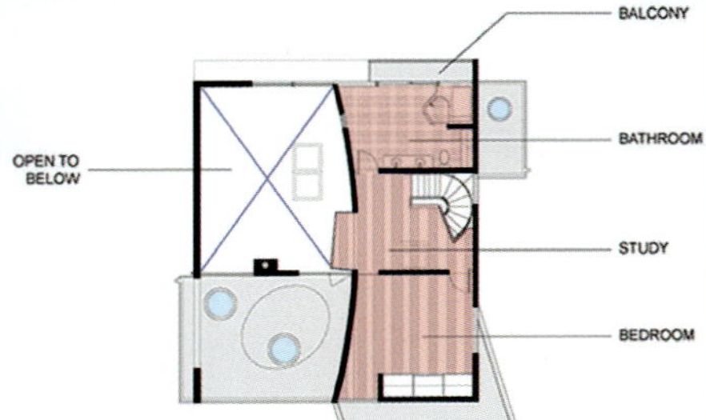

주택 2층 평면도

배치도

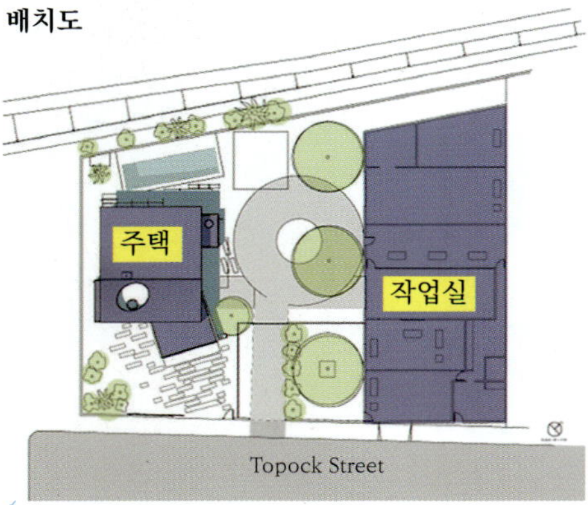

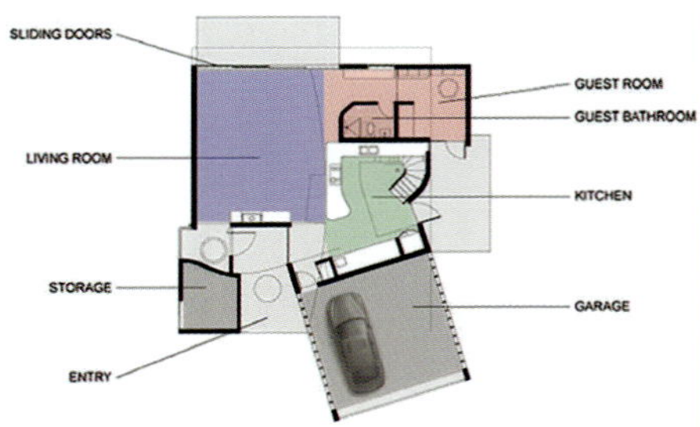

주택 1층 평면도

unknown authorship

Burnham House

설계 : Stan Allen

주소 : 1855 Topock St, Glendale, CA 91204

글렌데일과 LA 시 경계에 있는 공장 지대의 창고 건물에서, 15년 동안 미술 작업을 하던 화가가 건축주다. 이 동네가 좋고 더 이상 출퇴근하기 싫어져서, 같은 대지 빈 땅에 자신이 살 주택을 지을 수 있는 지 알아 보았다. 창고가 있는 대지에 주택을 짓는 것이 쉽지 않아서, 대지를 분할하기로 했다. 주택이 들어설 곳은 주거지역이 되었다. 건축가는 프린스턴 대학교Princeton Univ.에서 건축설계를 가르치던 스탠 알렌이 맡았다. 건축주는 새 주택도 창고와 비슷한 재료를 사용하기를 원했고, 빛이 가득한 내부와 편안하고 넉넉한 욕실을 요구했다. 이들은 설계하면서 충분히 교감을 하고 있었고, 공사중에도 수시로 의견을 나눠 만족할 만한 결과를 얻었다. 화가답게 날씨에 따라 변하는 금속재의 색상을 즐겼다고 한다.

참고 : 1965DANZ, 1993ANGE, 1996CARL

아카데미 시상식이 열리는 돌비 극장 내부 모습

Wikimedia : Timothy A. Gonsalves

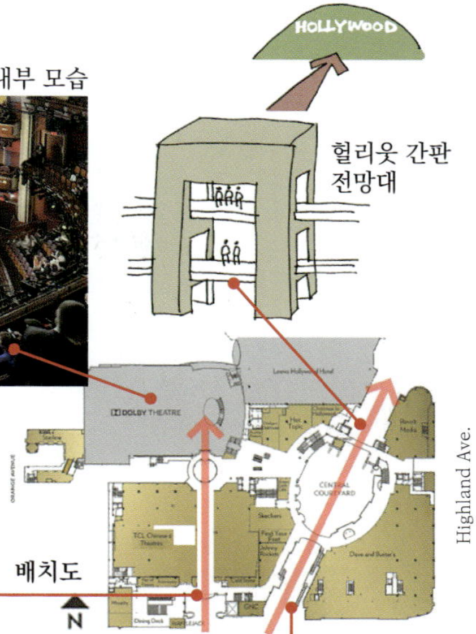

unknown authorship

극장으로 가는 내부 진입로

Wikimedia :
The Conmunity - Pop Culture Geek

헐리웃 길에서 쇼핑몰로 들어가는 입구

(현 Dolby Theatre) **Kodak Theatre**

Rockwell Group : 설계

6801 Hollywood Blvd, Hollywood, CA 90028 : 주소

매년 아카데미상 시상식이 열리는 전세계적으로 유명한 극장이다. 헐리웃 길Hollywood Blvd을 향해 열려 있고, 바로 서쪽에는 예전에 시상식장으로 쓰이던 중국 극장(1927CHIN)이 자리한다. 설계를 맡은 롹웰은 무대 디자인 쪽에서 유명한 건축가다. 미국 내에서 무대가 가장 큰 극장 중의 하나로, 아카데미상 시상식을 위해 특화되어 있다. 헐리웃 길에서부터 극장 입구까지 레드카펫이 깔리는 길을 누구나 걸어볼 수 있다. 극장 옆에 쇼핑몰이 붙어 있는데, 이것 또한 명물이다. **헐리웃 길에서 멀리 헐리웃 간판까지 축선을 그어 길을 내고, 간판이 가장 잘 보이는 곳에는 전망대까지 만들었다.** 몰 중앙 마당에는 1916년에 개봉한 인톨러런스Intolerance라는 영화의 세트를 오마주hommage한 장식이 있었는데, 영화찍은 감독이 인종차별 문제가 있어서 2021년에 제거했다.

1993CERR, 2003WALT, 2013ANNE : 참고

정면 모습 :

뒷골목에서 본 모습

공장에서 만든 후 배달된 외벽을 설치중인 모습

davidhertzfaia.com/

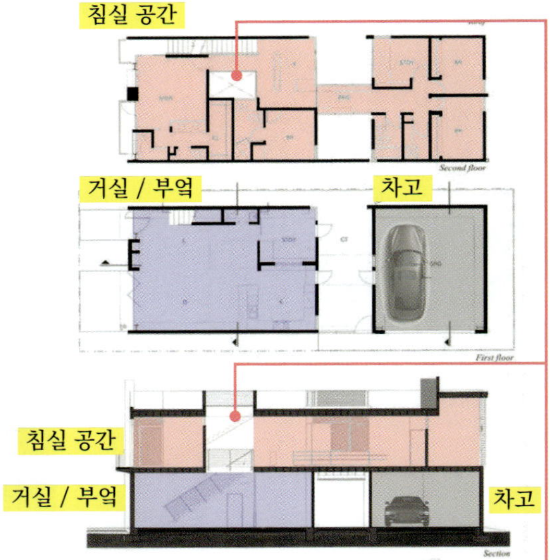

GA Houses 66, 2001

Tilt-Up Slab House

설계 : David Hertz

주소 : 477 Carroll Ave, Venice, CA 90291

베니스 수로(1905VENI) 가까이의 작은 대지(32ft x 80ft)에 최대한으로 채워서 콘크리트 벽을 세웠다. 콘크리트 벽은 여러 패널로 나뉘어 공장에서 제작한 후, 현장에서 크레인을 이용해서 조립했다. **현장에서 콘크리트벽을 세우는 데는 10시간이면 충분했다.** LA에서는 콘크리트를 현장에서 타설하는 것보다 틸트업으로 공사하는 것이 비용이나 시간으로 보나 효율적이다. 대지에 건물 2채를 지었다. 본채는 건축주 부부가 사용하고, 뒷채는 차고와 자녀가 사용하도록 꾸몄다. 두 건물은 약 15ft 정도 떨어져 있고, 두 건물 사이에 다리를 설치했다. 앞 건물의 중간에 천창부터 2층을 비워서, 1층에도 자연광이 내려 온다. 건물 전체에 채광 뿐 아니라, 자연 환기도 고려되었다. 친환경 건축에 꾸준히 관심을 갖고 노력하는 건축가다.

참고 : 2000MHOU, 2000SALA, 2003CANA

1층은 작업실이나 사무실로 꾸밀 수 있다.

내부 공간 구성을 보여주는 계단

www.redfin.com/CA/Venice/

밝고 따스한 외벽 색상이 상쾌하게 느껴진다.

전면 도로를 향해 3채를 나란히 배치했다.

뒷길alley을 통해 주차장으로 이어진다

Abbot Kinney Lofts

Mark Mack : **설계**

1320 Abbot Kinney Blvd., Venice, CA 90291 : **주소**

20세기 중반 이후 베니스(1905VENI)는 관리소홀로 슬럼화되었다. 위험했지만, 가난하면서 개성강한 예술가들은 자유스런 분위기를 즐기기 위해 하나둘씩 모여들었다. 건물도 값싼 재료로 사시사철 온화한 기후를 즐길 수 있게 단순하게 집을 지었다. 이런 흐름을 '**캘리포니아 모더니즘**California Modernism'이라고 부른다. 건축가 마크 맥도 고국 오스트리아를 떠나 UCLA에 오면서, 이 곳 베니스에 집을 구했다. 그가 예술가를 위한 작업실과 주거 공간이 함께 있는 건축물을 짓는다. 3개의 비슷한 건물이 연이어 있다. 1층은 작업실이고, 2, 3층은 주거 공간이다. 온화한 날씨를 즐기기 위해 마당과 발코니를 만들어 내부와 외부를 이었다. 벽에 칠해진 강렬한 색상이 그의 건축 특징이다. 판교의 월든힐스(2006)를 통해 그의 작품을 유추할 수 있다.

2003HYPE, 2015BLAC, 2021CANY : 참고

건물 외부의 십자가는 배경이 어둡고 십자가 자신은 밝은 색이지만, 내부는 반대가 된다. 똑같은 형체인데, 내부에서는 배경이 밝고 십자가는 어둡게 표현된다.

내부에서 보는 십자가 조형물

성당 내부

배치도

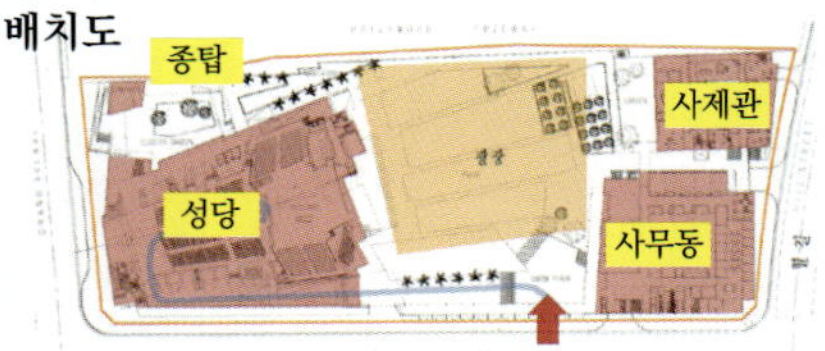

unknown authorship

개념 단면도

Cathedral of Our Lady of the Angels

설계 : Jose Rafael Moneo

주소 : 555 W Temple St, Los Angeles, CA 90012

1994년에 LA 인근 노스리지Northridge에서 큰 지진이 있었고, 이 때 100년 넘게 자리를 지키던 LA 도심의 성당이 구조적인 피해를 입었다. 성당은 당시에는 빈 주차장이었던 지금의 자리로 옮기기로 결정했고, 스페인 건축가 라파엘 모네오가 설계를 맡았다. 동쪽이 서쪽보다 낮아서, 동쪽에 주차장을 지어 대지의 레벨을 맞추었다. 성당 본당은 서쪽에 배치하고, 동쪽에는 주차장 위에 사제관과 사무실 건물을 두었다. 성당 본당은 지진의 피해를 최소화하기 위해 지반에서 떠 있는 구조floating structure로 만들었다. 성당에는 스테인드 글라스 대신에 빛을 투과하는 알라배스터alabaster라는 돌을 써서, 내부에 화려하지 않게 밝으면서 신성한 분위기를 자아낸다. **성당 본당의 정면은 르코르뷔지에의 롱샹 교회**Ronchamp Chapel**를 연상시킨다.**

참고 : 1969BASI, 1980CRYS, 1997SKYR

정면 입구 상세

대지의 서쪽에서 본 건물의 모습

기존의 나무 트러스 구조를 살렸다.

외벽 내부에 'X' Bracing을 추가해서 지진에 대비했다.

www.google.com/maps

9350 Civic Center Dr

Barton Myers : **설계**

9350 Civic Center Dr., Beverly Hills, CA 90210 : **주소**

베벌리힐스 시청(1996BEVE) 뒤 30,000sq. ft.(850m2) 크기의 낡은 창고 건물을 현대적인 분위기로 바꾸는 작업이다. 기존의 벽은 벽돌로 세워졌고, 지붕은 나무 트러스 구조로 되어 있었다. 전체적으로 양호한 상태여서 새 것으로 교체하지 않았다. 다만 새 건물 구조 기준에 비해 지진에 취약한 상태여서, 지진에 견딜 수 있게 보강한다. 그리고 높은 천장을 이용하여 중간층을 추가해서, 임대 수익을 더 얻을 수 있도록 만들었다. 건축가 바튼 마이어스는 주택이나 상업건물을 그만의 분위기로 세련되게 만드는 재주가 있다. 그는 **외피를 철골 구조와 유리를 이용하여 건물 분위기를 싹 바꾸었다.** 철골 지붕 위에 주차장을 만들었고, 그 중간에 천창을 만들어 내부 공간에 자연광을 끌어 들이고 있다. 외벽의 창에서 지진을 대비해 설치한 'X'bracing을 확인할 수 있다.

1993CERR, 2015PACO, 2021BECK : 참고

대지의 북서쪽 사거리에서 본 모습

대지의 남서쪽에서 본 모습 :
태양전지가 입면의 대부분을 차지하고 있다.

대지의 남쪽 입면 detail

도로에서 바라본 중정의 모습

배치도

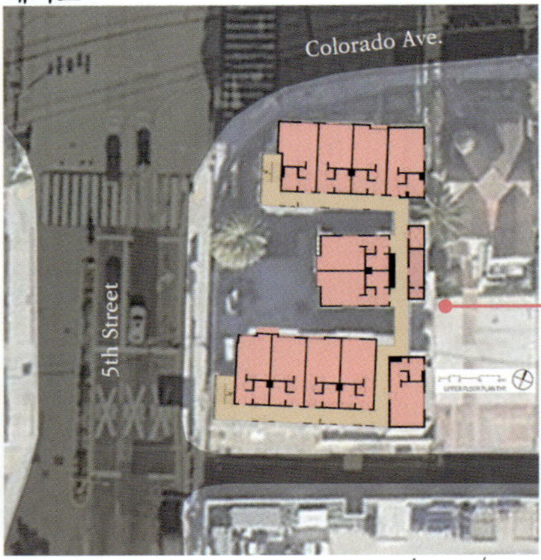

www.google.com/maps

Colorado Court Housing

설계 : Pugh & Scarpa

주소 : 502 Colorado Ave., Santa Monica, CA 90401

친환경 건축이 주목받으면서, 저소득층 아파트에도 이 방법이 적용되었다. 설계는 귄 퓨 Gwynne Pugh와 로렌스 스카르파 Lawrence Scarpa가 맡았다. 1층은 대지 전체를 주차장으로 쓰고, 그 위에 남쪽과 북쪽에 길다랗게 주거 유닛을 배치했다. 가운데 마당에 아일랜드로 2개의 유닛을 추가배치하고, 복도는 유닛의 남쪽과 동쪽에 붙였다. 복도가 자연스레 차양 역할을 하기 위함이다. 전체적으로 뒤집어진 'E'자형 평면이다. 각 유닛은 375sf (35m2=10평) 크기로, 2층부터 5층까지 총 44 유닛이 들어 서 있다. 전체 건물과 각각의 유닛이 채광과 환기가 잘 되도록 고려되었다. **태양광 전지판을 지붕과 서쪽 벽면에 붙여서, 건물 입면 요소로 활용했다.** 지붕에 경사지게 설치하는 것보다는 효율이 떨어지지만, 이 건물에 필요한 전기를 자급자족하고 있다.

참고 : 2014PIHO, 2017SIXD, 2024ISLA

Site Plan

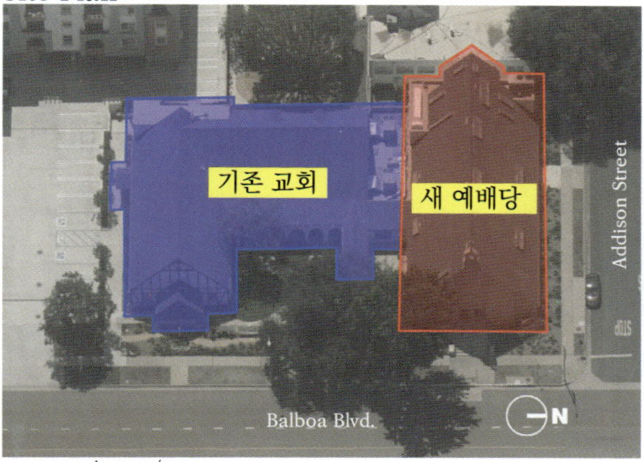

www.google.com/maps

교회 입구는 돌로 단정하게 꾸몄다.

Jubilee Church in Rome (2003)

Wikimedia : manuel pagani

교회 내부 모습 :
기도하는 손 이미지에서 출발한다.

First Presbyterian Church of Encino

Abramson & Teiger : 설계
4963 Balboa Blvd., Encino, CA 91316 : 주소

LA 도심에서 서북쪽으로 30km 정도 떨어진 한적한 마을에 자리한다. 기존의 교회에 새 예배당을 추가하여 지었다. 건축가는 트레버 에이브람슨Trevor Abramson과 더글라스 타이거Douglas Teiger가 맡았다. 남쪽의 'ㄴ'자형 교회 건물에 새 예배당을 붙여 'ㄷ'자형으로 마무리했다. 전체 외관은 기존 건물과 비슷하게 석재 타일로 벽을 마감하고, 검은색 아스팔트 쉬글로 지붕을 마무리했다. 그런데 내부는 많이 다르다. 천장이 벽에 비해 상당히 높고, 온통 하얗다. 건축가는 **중세 성화 중에 성모 마리아의 기도하는 손의 이미지에서 영감을 얻어 발전시켰다**고 한다. 지붕 곳곳에 설치된 천창을 통해 들어온 빛은 여러 겹의 천장을 거치면서 신성한 곳으로 만든다. 내부 모습은 리차드 마이어Richard Meier가 로마에 지은 주빌리 교회Jubilee Church(2003)가 떠오른다.

1944BETH, 1969BASI, 1989FIRS : 참고

가운데 잔디마당에서 다양한 이벤트가 열린다.

영화 세트장같은 거리에 전차길이 놓여 있다.

주차건물에서 내려다 본 쇼핑몰

배치도

thegrovela.com/

The Grove

설계 : Elkus Manfredi

주소 : 189 The Grove Drive, Los Angeles, CA 90036

도시에 성공적으로 복귀한 쇼핑몰이다. 보스턴의 설계사무소 엘커스 맨프레디가 맡았다. 여기서는 건축가 못지 않게 **건축주 릭 카루소Rick Caruso**가 중요하다. 그는 자신의 이름으로 부동산 개발 회사를 차리고, 새로운 쇼핑몰 계획을 준비하고 있었다. 먼저 60년 넘게 운영해온 재래 시장 옆에 자리잡았던 기존 식당과 상점을 인수했다. 이것들을 다 부수고 새로운 개념의 야외 쇼핑몰을 짓는다. 북쪽에 주차 건물을 세우고, 나머지는 상가공간으로 개발한다. 대지를 가로지르는 보행자 길을 만들고, 가운데에 다양한 이벤트를 위한 잔디마당을 마련해 두었다. 이 길을 따라 영화 세트장처럼 아기자기한 건물 입면을 가진 상점들을 줄지어 세웠다. 보행로를 따라 전차길도 만들고, 사람들이 무료로 전차를 탈 수 있게 꾸몄다. **공원같은 야외 쇼핑몰로 상업 건축계에 새 이정표를 세웠다.**

참고 : 1967SCPL, 2008AMER, 2010SANT

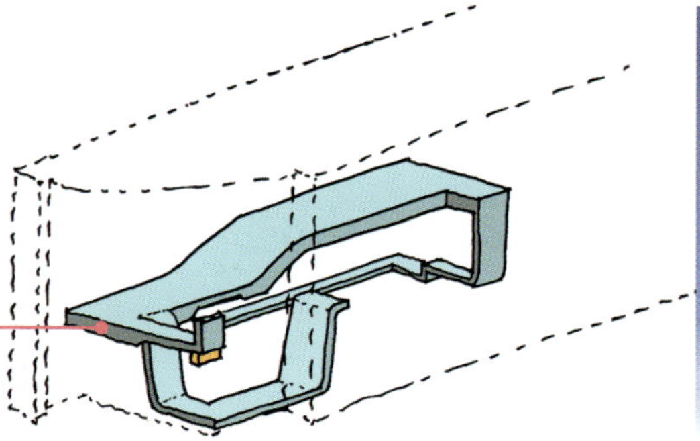

간판 조형물은 마치 뫼비우스 띠처럼 내부 공간을 휘저으면서 공간을 통제한다.

파스텔 톤 푸른색 간판 조형물이 거리의 시선을 끈다.

푸른 조형물 위로 천창을 통해 자연채광을 한다.

모서리에 있는 아담한 상가 건물을 개보수했다.

(현 Alfred Coffee) **LA Eyeworks**

Neil Denari : 설계

7386 Beverly Blvd., Los Angeles, CA 90036 : 주소

LA에서 건축 설계 교수 중에 빼놓으면 안 되는 건축가 중에 닐 드나리가 있다. 싸이악에 있을 때도, UCLA에서 종신 교수직tenure을 받고 옮긴 후에도 학생들에게 인기가 많았다. 뉴욕에 하이라인 아파트HL23(2012)를 비롯해서 전세계에 유명 건축물을 많이 지었지만, 2000년까지만 해도 아직 LA에 그가 제대로 내세울 만한 건축물이 없었다. 조그만 안경점이 그가 실현시킨 최초의 건축물이다. 저층 상업시설로 번화한 베벌리 길 모서리에 자리한다. 상점의 건물 벽체는 놔두고, 안과 밖을 그만의 방식으로 바꾸었다. **파스텔 톤의 푸른색 간판이 끊기지 않고, 벽이 되고 천장이 되어 고객의 동선을 상점 안으로 끌어들인다.** 외부의 시선을 끄는 요소부터 내부 인테리어 진열대까지 일관성있게 같은 분위기로 유지된다. 현재는 Alfred Coffee라는 커피가게로 바뀌었다.

1999UMBR, 2007ALAN, 2014HOPE : 참고

교통량이 많은 곳에 자리한다.

올림픽길 쪽으로는 속도감을 표현하기 위해 수평성을 강조했다.

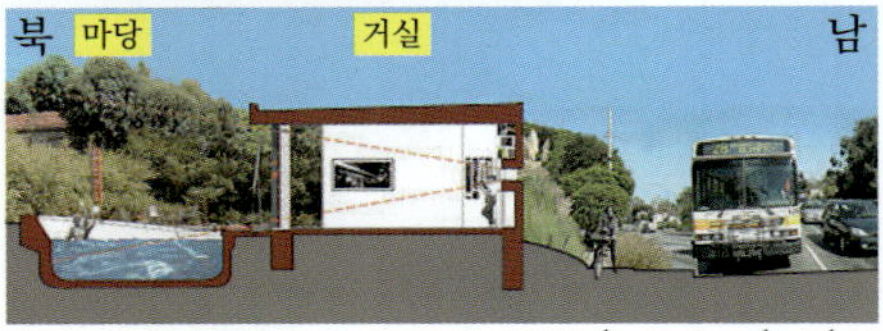

unknown authorship

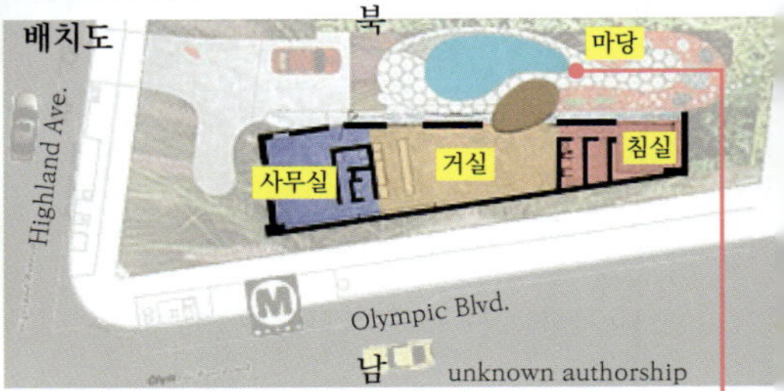

unknown authorship

도로 쪽은 창을 작게 내고,

마당 쪽으로는 창을 크게 냈다.

unknown authorship

Off-Use House

설계 : Pollari & Somol

주소 : 950 S Highland Ave, Los Angeles, CA 90036

교통량이 많은 올림픽길Olympic Blvd과 하일랜드길이 만나는 곳에 건축설계 사무실 겸 주택으로 사용할 1층짜리 조그만 건축물을 짓는다. 건축주 겸 건축가는 린다 폴라리 Linda Pollari와 밥 소몰Robert Somol이다. 당시 린다는 오티스Otis College of Art and Design에서, 소몰은 UCLA에서 건축설계를 가르치고 있었다. 일반 주택가에 있어서 사무실이 들어갈 건물치고는 대지가 작다. 대지의 효용성을 위해 남쪽으로 길게 건물을 배치하고, 북쪽은 마당 겸 수영장으로 용도를 나눴다. **건물의 남측 벽에는 소음 차단을 위해 창을 최소화하고, 반면에 북쪽에는 전면창을 두었다.** 건물의 입구는 서쪽으로 내고, 앞에 주차장을 마련했다. 전체적인 건물 분위기가 렘쿨하스의 달래바 주택Villa dall'Ava이 떠오른다.

참고 : 2001BURN, 2003PALM, 2009PITT

지중해 인근 마을 분위기가 나는 단지 내 공간

unknown authorship

스페인 미션 양식의 건물

휴먼스케일로 꾸며진 단지 내 공간

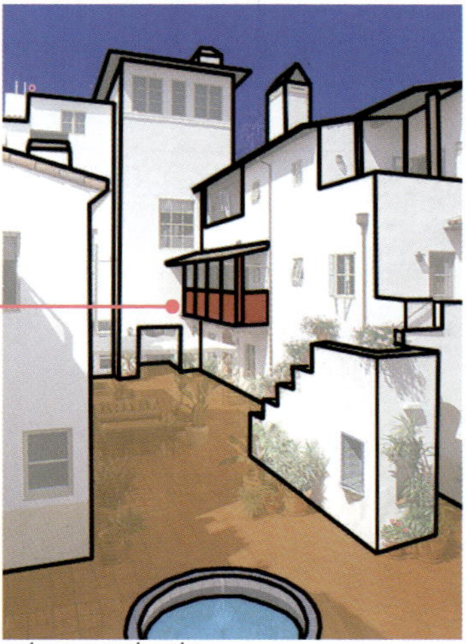

unknown authorship

배치도

아기자기하게 배치된 공간

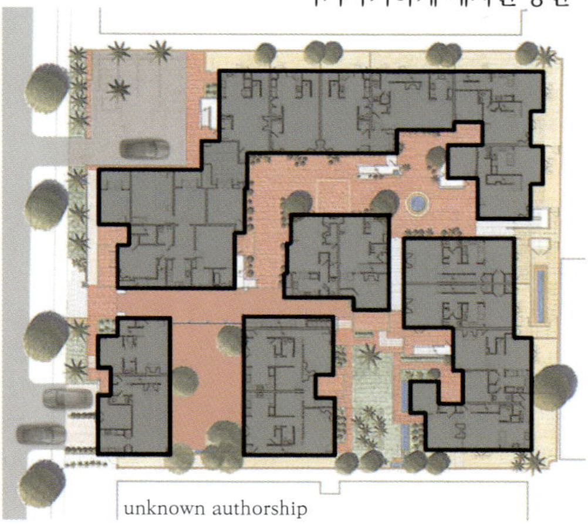

unknown authorship

Seven Fountains

Moule & Polyzoides : 설계
1414 N. Harper Ave, West Hollywood, CA 90046 : 주소

스페인이 미국의 서부를 점령한 이후 대부분의 LA의 건물은 스페인 미션Spanish Mission 양식으로 지어졌다. 미국이 빼앗은 이후에도 꾸준히 많은 건물이 이 양식으로 지어지고 있다. 이 중에서 가장 발전된 스페인 미션 양식의 건축물을 꼽으라고 하면, 이 아파트(임대 공동주택)라고 말하고 싶다. 스페인 양식의 건축물답게 흰 색의 두꺼운 벽으로 형태를 잡고, 이 위를 빨간 기와 지붕이 덮고 있다. **중간에 간간히 붉은 색의 베란다가 벽에서 튀어나와 주변과 소통할 수 있게 했다.** 길 위의 보행자가 2, 3층에 있는 이웃과 인사할 일이 많아지면 더 좋은 마을이 된다. 아파트의 유닛은 침실이 1개에서 3개로 다양하고, 이것들을 테트리스처럼 옹기종기 쌓았다. 대지 내에 3 개의 마당이 있는데, 휴먼스케일로 이웃과 정감있는 장소가 되었다. 주차장은 대지의 남쪽에서 지하로 들어간다.

1932BARC, 2014PIHO, 2015BLAC : 참고

소음 차단을 위해 대지 경계선에 한 겹의 투명벽을 더 세웠다

소음 차단용 사이 공간

학교 안마당은 재미난 공간으로 구성되어 있다.

1층 평면도

The Accelerated School - charter school

설계 : Marmol & Radziner

주소 : 116 E. Martin Luther King, Jr. Blvd, Los Angeles, CA 90011

차터스쿨은 공립학교지만, 교육청 기준을 따르지 않고 학교 별 자율 시스템으로 운영한다. 대개 인근의 공립학교에 비해 학업 성취도가 높다. 치안이 좋지 않은 흑인 동네에 차터스쿨을 짓기로 했다. 유치원부터 고등학교 과정이 한 학교에 모여 있다. 건축가는 리오 마몰Leo Marmol과 론 래지너Ron Radziner로 프리팹 주택prefabricated homes(공장제작 조립식 주택) 전문가들이다. **3층 건물을 대지 경계를 따라 등지도록 배치하고, 학교 마당을 향해 열리도록 만들었다.** 소란스런 주변과는 소통을 차단하고, 학교 내부 시설끼리는 서로 열려 있다. 1층의 경우 넓은 주차장 차고용 문을 사용해서 문을 들어 올리면, 교실 내부와 외부가 완전히 한 공간이 될 수 있다. 북동쪽에 있는 2층 짜리 건물은 공장에서 제작하고 현장에서 조립했다.

참고 : 1999INTE, 2004SCIE, 2006CAMI

2층 바닥을 없애서 높은 층고가 생겼다.

자동차로 접근하는 서쪽 건물

2층 평면도

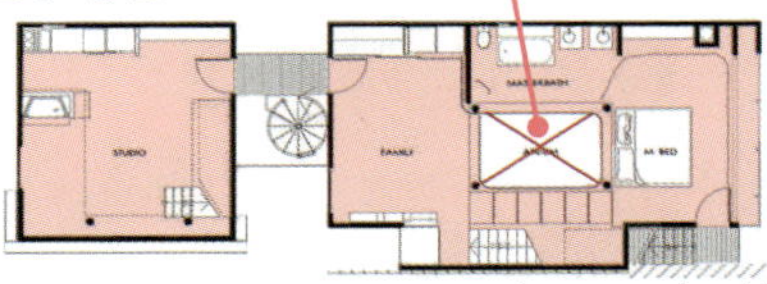

unknown authorship

수로에 면한 동쪽 마당

1층 평면도

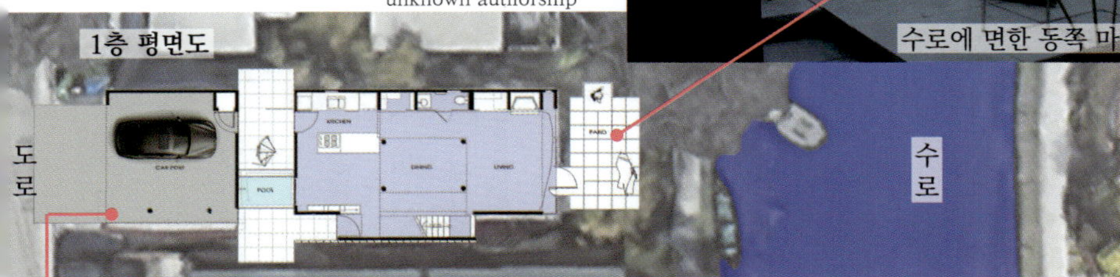

Canal House

Whitney Sander : **설계**
2413 Grand Canal, Venice, CA 90291 : **주소**

베니스(1905VENI)에서 1990년대 범죄와의 전쟁으로 조폭들의 범죄가 현저히 줄어들자, 인공 수로canal 주변에 차츰 예쁜 주택들이 들어서기 시작했다. 대지의 서쪽은 차가 오갈 수 있는 일반 도로이고, 동쪽은 수로와 연결되어 보트를 탈 수 있다. 이렇게 특이한 대지를 맡은 건축가는 위트니 샌더다. 그는 대개 철골로 구조를 세운 뒤 다른 재료로 바닥과 벽을 세워서 마무리하는데, 이번 것도 다르지 않다. 서쪽에 작은 상자를 세우고, 동쪽에 큰 상자를 세운 후, 두 상자를 다리로 이었다. 서쪽 건물의 1층은 주차장이고, 2층은 작업실이다. 동쪽 건물은 주거용으로 1층은 주방과 식당, 2층은 침실 공간이다. 주거용 건물 중간에 위아래로 뻥 뚫린 곳이 있는데, 주변을 반투명 아크릴 패널로 마감했다. 천창도 뚫려 있어서 공간이 상쾌하다.

1949EAME, 2001TILT, 2003PALM : **참고**

도로에서 보면 단순한 상자형 건물이다.

건물 뒤는 아늑한 공원 분위기가 난다.

단면 개념 스케치

건물의 뒤는 기존의 경사를 이용해서 숲으로 꾸몄다.

서쪽의 차양 시설 상세 : 사실 서쪽은 수직형 차양이 효율적이다.

2225 Hyperion Ave. Housing

설계 : Wes Jones

주소 : 2225 Hyperion Ave., Los Angeles, CA 90027

실버레이크Silver Lake는 여피족yuppies(도시에 사는 젊고 세련된 고소득 전문직 종사자들)이 많이 사는 동네로, 이들을 타겟으로 하는 2 가구 주택을 짓기로 한다. 대지의 동쪽은 차가 빈번히 오가는 도로이고, 서쪽은 1:2 정도로 경사가 올라가는 작은 숲이다. 건축가 웨스 존즈는 그만의 방식으로 풀어낸다. 그는 콘테이너 상자를 건축에 적용하는데 관심을 갖고 있었다. 1층은 콘크리트 블럭을 쌓아 주차장으로 쓰고, 그 위에 콘테이너 상자와 같은 재료로 집을 지었다. 도로에 나란히 좌우 대칭으로 유닛을 만들었다. 2층에 침실을 넣고, 3층에 거실과 식당을 넣었다. 일반적으로는 침실을 위에 올리는데, 여기서는 반대다. 도로 쪽과 남쪽과 북쪽은 벽을 세워 프라이버시를 유지하고, 서쪽은 전체 벽을 창으로 만들어 자연을 즐기게 만들었다.

참고 : 1937STRA, 1989APTS, 2019ASHL

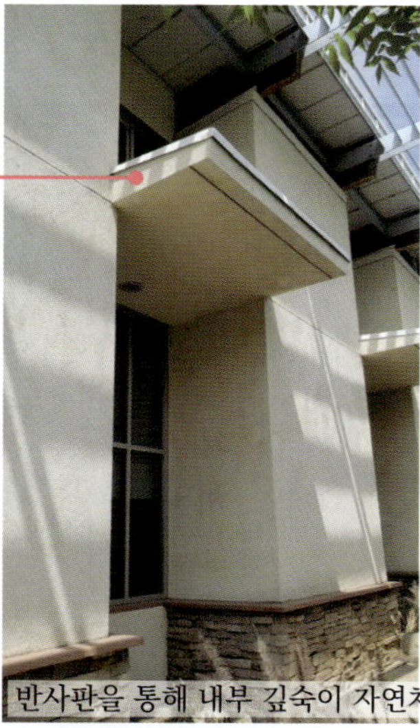
반사판을 통해 내부 깊숙이 자연채광이 된다.

주차장에서 본 도서관 정면: 오른쪽이 열람실

오른쪽인 남쪽에서 빛을 받아 내부에 배분한다.

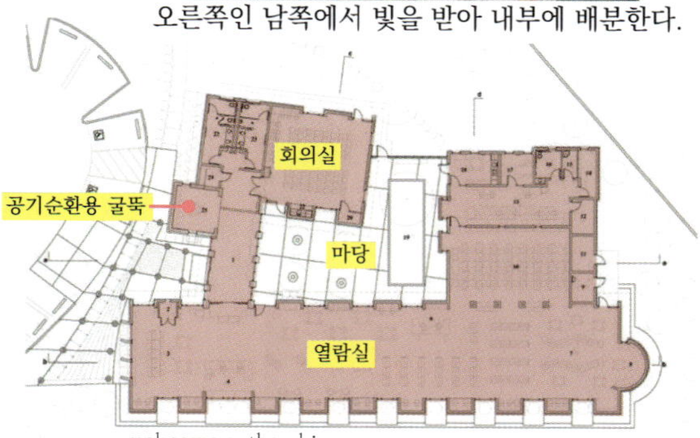

unknown authorship

Lake View Terrace Library

Fields & Devereaux (현 HED) : 설계
2225 Hyperion Ave., Los Angeles, CA 90027 : 주소

핸슨 댐Hansen Dam 옆 한적한 동네에 도서관을 짓기로 했다. 건축가 에디 필즈Eddie Fields와 피터 데브로Peter Devereaux는 친환경 전문가의 도움으로 단정한 건축물을 완성했다. 대지는 삼각형 모양으로 진입로가 있는 서쪽에 주차장을 두고, 동쪽에 건축물을 배치했다. **가운데 마당을 중심으로, 열람실은 남쪽에, 회의실은 북쪽에 놓았다. 두 건물 사이에 있는 탑처럼 생긴 굴뚝은, 여름철 내부에 찬 공기를 끌어들이기 위한 친환경 공기 순환 장치다. 도서관의 남쪽에 세로로 긴 창이 줄지어 있다. 윗창은 중간에 있는 반사판에 햇빛을 반사시켜 내부 깊숙한 곳까지 햇빛을 보내기 위함이고, 아래 창은 직접 햇빛을 끌어 들인다.** 곳곳에 친환경 요소를 반영했다. 친환경 건축 인증 백금 등급LEED platinum으로 최고 등급을 받았다.

1983SANJ, 2009DCLA, 2014PILI : 참고

좁고 긴 대지에 있는 주택으로 앞에 보이는 것이 살림채

거실에서 서쪽을 본 모습

건물의 동쪽과 서쪽 벽이 완전히 열려 맞바람이 치게 계획했다.

오르락내리락하는 차양

살림채 바로 남쪽의 아담한 수영장

거실에서 동쪽을 본 모습

Palms Blvd. Residence

설계 : Steven Ehrlich

주소 : 700 Palms Blvd., Venice, CA 90291

베니스 인공수로에서 북동쪽으로 700m 정도 떨어진 조용한 주택가에 있다. 건축가 스티븐 얼릭이 자신의 가족이 살 주택을 지었다. 캘리포니아 모더니즘을 주창하는 얼릭이 자신의 스타일로 독특한 주택을 창조해 냈다. 북쪽을 제외한 3면이 도로에 면한 좁은 대지다. 남쪽에 출입구를 배치하고, 서쪽에 살림채를 동쪽에는 주차장과 손님이 묵을 건물을 지었다. 살림채 남쪽에는 좁고 긴 수영장을 만들고, 건물에서부터 차양을 내릴 수 있게 장치를 만들었다. 전체 건물의 뼈대는 철골로 만들어서 공간이 시원하게 열려 있다. **서쪽 건물의 1층은 거실과 주방/식당으로 천장이 높고 동쪽과 서쪽 벽을 완전히 열 수 있게 했다.** 여름에도 바닷바람이 관통하여 에어콘 없이도 시원하다. 침실 공간은 프라이버시를 위해 3층에 올려 놓았다.

참고 : 1949EAME, 2001TILT, 2003CANA

북쪽 입면

북쪽 버스 정류장 옆에 벤치를 마련해 두었다.

고창에서 들어온 빛으로 밝은 열람실

북쪽 버스 정류장에서 이어지는 진입로

상대적으로 어린이 열람실은 아늑하다.

남쪽 주차장과 이어지는 계단

Sylmar Branch Library

Hodgetts & Fung : 설계
14561 Polk St, Sylmar, CA 91342 : 주소

실마는 공장이 많은 동네로, 주변에 거주하는 근로자들을 위해 도서관을 짓기로 한다. 건축가는 호젯과 펑이 맡았다. 주택가에 있지만, 공장지대에서 많이 사용하는 금속 골판재를 이용했다. 대지가 남북으로 길어서 남쪽에 주차장을 놓고, 버스 정류장이 가까운 북쪽에 도서관 건물을 배치했다. 도서관 입구는 건물의 중간에 만들었다. 입구의 남쪽에 도서관의 다양한 행사를 수용할 수 있는 회의실이 있고, 북쪽에 일반 도서관 기능의 공간을 마련해 놓았다. 건축물의 구조는 철골인데, 90도 격자가 아니라 살짝살짝 꺾어 춤을 추듯 배열했다. 천장이 높은데 아래 부분은 책이 놓여 있고, 높은 부분은 고창clerestory을 둘러서 내부공간이 밝게 만들었다. 폴리카보네이트로 만든 벽이 외부에서 내부로 관통하여 접수대Information desk를 감싸는 것이 인상적이다.

1983SANJ, 2005LITT, 2014PILI : 참고

스테인레스 스틸로 덮인 외관

나무로 마감한 건물 내부

게리의 현상설계 당선안 :
당선 후 설계가 많이 바뀌었다

도요타와 협력설계한 콘서트홀 내부

도심 속의 오아시스

Walt Disney Concert Hall

설계 : Frank Gehry

주소 : 111 S. Grand Avenue, Los Angeles, CA 90012

월트 디즈니의 부인이 거금과 함께 월트 디즈니 이름이 새겨진 콘서트홀을 지어 달라고 부탁하면서 프로젝트가 시작했다. 정부는 그랜드 길Grand Ave.을 LA의 샹제리제로 발전시키기 위해 현재의 대지로 정하고, 국제 현상설계를 통해 프랭크 게리의 안을 뽑았다. 이 후 콘서트 홀 내부 설계는 일본의 산토리홀을 설계한 음향설계 전문가 야스히사 도요타와 함께 설계했다. 게리는 도요타와 협력하면서, 설계를 전면적으로 새로 시작하게 되었다. 주출입구는 그랜드 길과 1가First St.가 만나는 모서리에 내고, 콘서트홀의 자리를 잡았다. **콘서트홀을 둘러싼 형태가 금속으로 장미꽃을 만든 것처럼 보이는데, 게리는 돛단배에서 영감을 얻었다고 한다.** 외부는 스테인레스 스틸로 덮고, 안은 나무로 마무리했다. **콘서트홀 외부는 도심 속의 오아시스를 구현하려고** 노력했다.

참고 : 2008BROA, 2021BECK, 2022GRAN

주차장에서 바라본 모습

Raymond 길에서 바라본 모습

옥상정원과 천창 조형물

내부공간과 천창

학교 입구의 외부계단

Art Center College of Design - South Campus

Daly & Genik : **설계**

950 S Raymond Ave, Pasadena, CA 91105 : **주소**

원래 건물은 2차 세계대전 직후 캘텍Caltech이 초음속 비행기를 개발하기 위한 풍동실험동으로 지어졌었다. 중간에 주인이 바뀌었고, 결국은 아트센터가 인수하여 미술대학 캠퍼스로 바꾼다. 학교로 쓰기 위해서는 꽉 막힌 콘크리트 벽에 다양한 구멍을 뚫어 출입구와 창으로 써야 했다. **남쪽 주차장에 조형물처럼 보이는 새 계단을 만들었고, 지붕에는 채광을 위해 천창을 뚫었다.** 천창에도 미끈하게 생긴 덮개를 얹고, 주변을 옥상정원으로 꾸몄다. 2012년부터는 마이클 몰츤Michael Maltzan과 학교 확장에 대해 협의를 진행 중이다. 북쪽에 자리한 기존의 우체국도 인수했고, 남쪽의 사무실 건물도 인수했다. 중간에 기숙사를 짓고, 인수한 건물을 어떻게 활용할 지 마스터 플랜을 선보였고, 2033년까지 완공할 예정이다.

2006CAMI, 2011ALTA, 2021GRAM : **참고**

남서쪽에서 바라본 모습... 외벽을 접었다 폈다

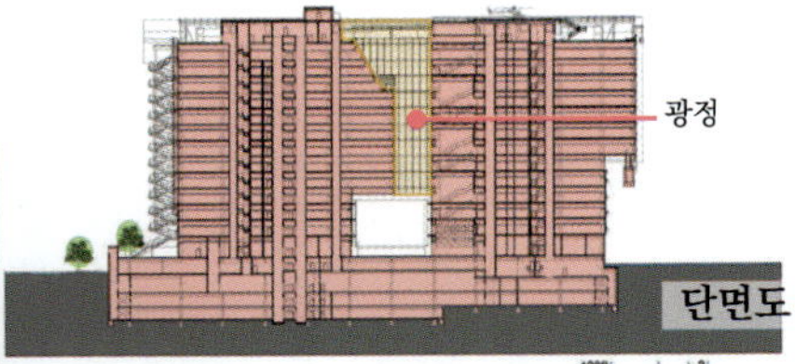

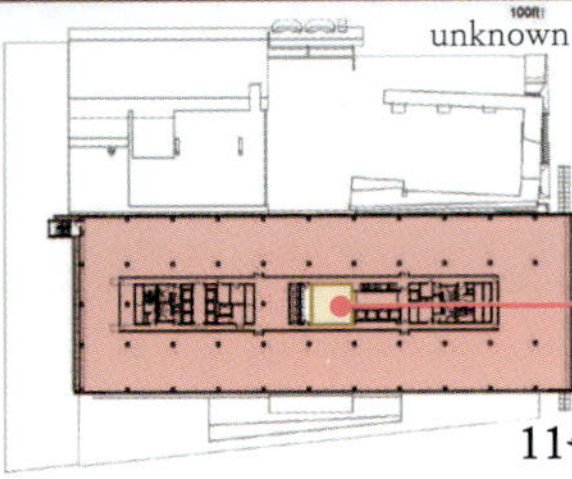

남동쪽에서 바라본 모습

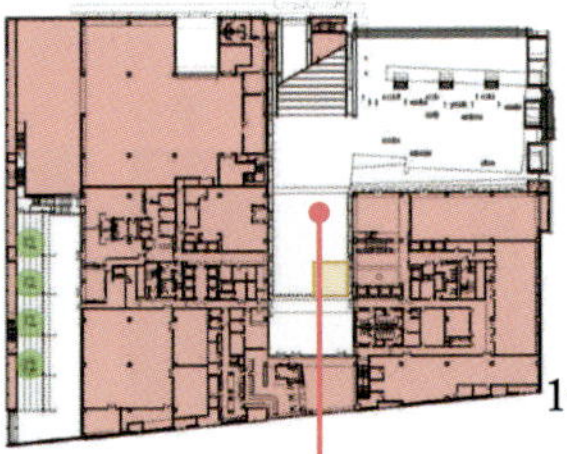

광정이 내려와서 만든 건물 중간의 마당

Caltrans District 7 Headquarters

설계 : Morphosis

주소 : 100 S. Main Street, Los Angeles, CA 90012

캘트랜스는 캘리포니아 교통국으로, 7지구(LA 인근 지역) 본사 건물을 LA에 짓기로 한다. 공사과정을 단축시키기 위해 건설회사가 설계사무소를 고용하여 현상설계를 실시했다. 이때 모포시스가 대형 건설회사 클락Clark과 팀을 이뤄 참가했고, 당선됐다. 대지는 LA 시청의 남쪽 블럭이다. 시청 입구와 가까운 북서쪽을 마당으로 비우고, 건물은 동쪽에 세웠다. **건물이 남북으로 긴데, 중간에 13개 층을 뚫고 내려 오는 광정light well을 만들었다.** 채광 뿐 아니라 환기 역할도 한다. 남쪽에는 층마다 가로로 차양을 설치했다. 1층에는 인근 보행자도 쓸 수 있는 편의시설을 배치했다. 건물의 서쪽 입면이 저층부로 내려오면서 접었다 폈다 하면서 낮은 건물의 지붕이 된다. 이 주위에 키스 소니에Keith Sonnier의 네온사인도 시선을 사로 잡는다.

참고 : 1989LIBR, 2009LALI, 2017WILS

단면도

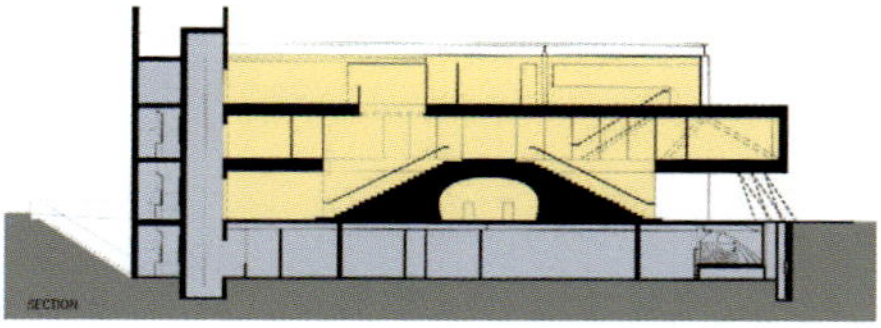

1층 평면도

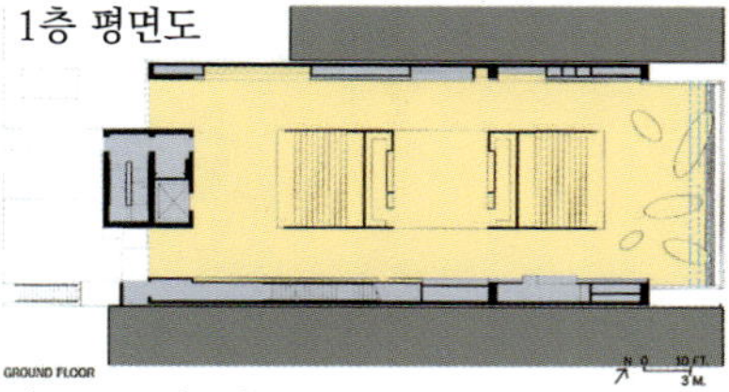

unknown authorship

로데오길에서 바라본 매장 입구 :

1층에 기둥이 보이지 않는다.

처음에는 1층 입구가 완전히 열려 있어서,
고객을 매장으로 끌어들이려고 했었다.
현재는 유리벽을 세워 막았다.

Prada Epicenter, Beverly Hills

(Office for Metropolitan Architecture) OMA : 설계
339 N Rodeo Dr, Beverly Hills, CA 90210 : 주소

베벌리힐스에서도 가장 번화한 로데오 길에 면한 대지에 프라다가 새 매장을 지었다. OMA의 수장 렘쿨하스Rem Koolhaas가 LA에 처음으로 실현한 건물이다. 주변은 저층 고밀도로 이루어져 있다. **고객을 끌어들이기 위해 전면에 벽도 없고 문도 없이, 말 그대로 완전히 열려 있다.** 모든 구조는 기둥없이 양 옆의 벽이 받치고 있다. 밤에는 바닥에서 알루미늄 벽이 올라와서 건물을 잠근다. 상점의 전면에는 마네킹 조차도 없다. 대신 바닥 아래에 타원형의 유리 판이 깔려 있고, 그 아래에 마네킹이 누워 있다. 내부로 들어오면, 전면의 넓은 계단이 2층으로 동선을 끌고 올라간다. 3층은 시나리오 스페이스 scenario space로 자유롭게 디스플레이할 수 있게 했다. 현재는 보안 때문인지, 아쉽게도 1층 입구에 유리벽을 세워 평범한 매장처럼 바뀌었다.

2002LAEY, 2021APPL, 2021AUDR : 참고

동쪽 하늘에서 내려다 본 모습

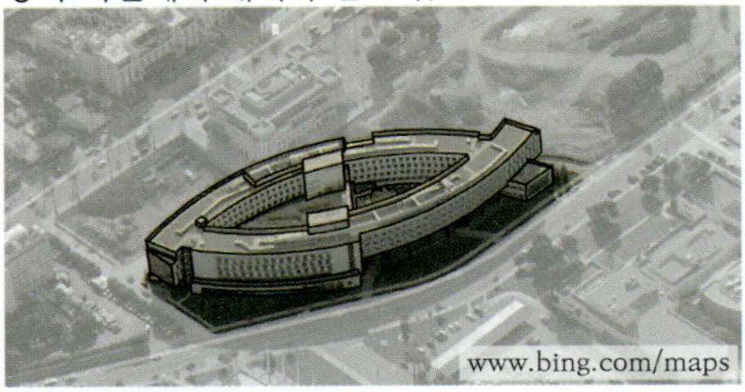

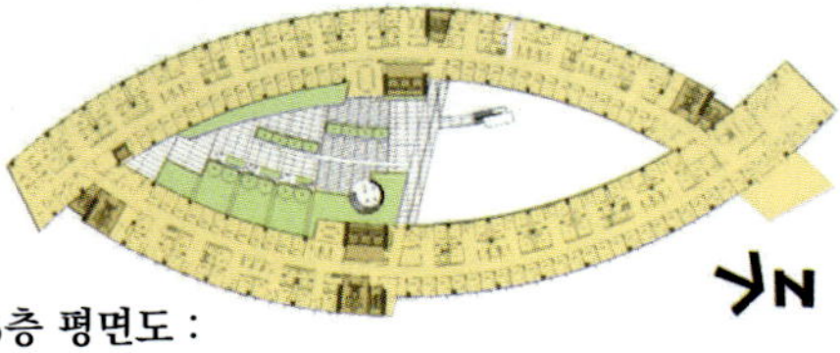

3층 평면도 :
2개의 원호가 겹친 모양

타원형의 내부 마당

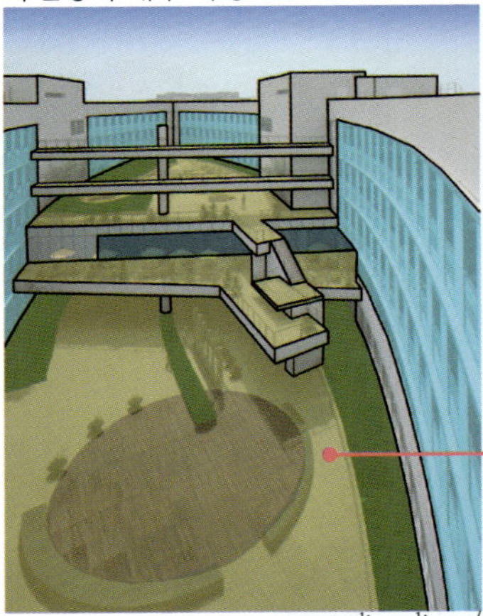

casestudies.uli.org/

동쪽 입면 디테일

동쪽 입면

RAND Corporation Headquarters

설계 : DMJM

주소 : 1776 Main Street, Santa Monica, CA 90401

랜드 연구소Rand Corporation는 미국을 대표하는 국제관계 연구 싱크탱크 중 하나로, 한국에서도 북한 관련 뉴스에 가끔 언급되는 유명한 곳이다. 설계를 맡은 곳은 딤짐Daniel, Mann, Johnson & Mendenhall (창립자들의 머리 글자를 따옴)이라는 설계사무소로 미군 관련 설계일을 많이 하던 곳이다. 현 건물 북쪽에 60년 정도 있던 기존 사옥을 포함해서 대지의 나머지를 처분하고, 현 대지에 신사옥을 짓기로 한다. 건물 대지의 형태에 주어진 프로그램을 정리하다 보니 **2 개의 원호가 겹친 형태**를 만들어냈다. 자연스레 내부에 타원형의 마당이 생기고, 건물은 마당 사이에 다리를 걸어 연결된다. 매스와 디테일을 깔끔하게 풀어냈다. 여의도의 산업은행 본점(2002)을 딤짐에서 설계했는데, 분위기가 상당히 비슷하다.

참고 : 1914HERA, 2006CALI, 2017BRIC

새 교실 건물의 북쪽 부분

북쪽 도로와 교실 건물 사이에
방음용으로 녹색 둔덕을 만들었다.

녹색 둔덕

1층 평면도

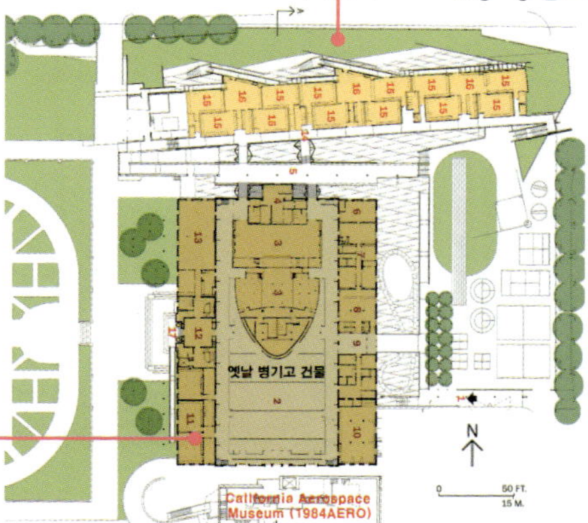

www.architecturalrecord.com/

벽돌로 지어진 기존 병기고와 연계해서
새로 지은 금속 재질의 교실 건물

Science Center School

Morphosis : 설계

700 State Dr., Los Angeles, CA 90037 : 주소

재미있는 현상설계가 나왔다. **오래 전에 병기고armory로 지어진 건물이 있는데, 이 건물을 학교 시설로 바꾸고, 더 필요한 공간만큼 학교 건물을 새로 짓는** 것이다. 대지 옆에 캘리포니아 과학관Science Center이 있는데, 이 시설과 연계하는 새로운 프로그램이다. 현상설계를 통해 모포시스의 안이 당선되었다. 주차장은 병기고 지하를 활용하고, 병기고의 동쪽을 운동장으로 사용한다. 그리고, 새로 필요한 교실은 병기고의 북쪽에 2층으로 길다랗게 짓고, 지붕은 설계지침대로 식물을 심어 녹색지붕으로 만들었다. 모포시스는 여기서 멈추지 않고, 교실 건물과 북쪽 대지 경계 사이에 녹색의 둔덕을 만들어 교실에 소음을 차단하고자 했다. 기존 병기고는 지진에 대비하기 위해 외부 마감은 그대로 두고, 전체 건물 구조 시스템을 새로 싹 다 교체했다.

1999INTE, 2006BROA, 2008INAR : 참고

진입로에서 바라본 주택 입구

2층 평면도

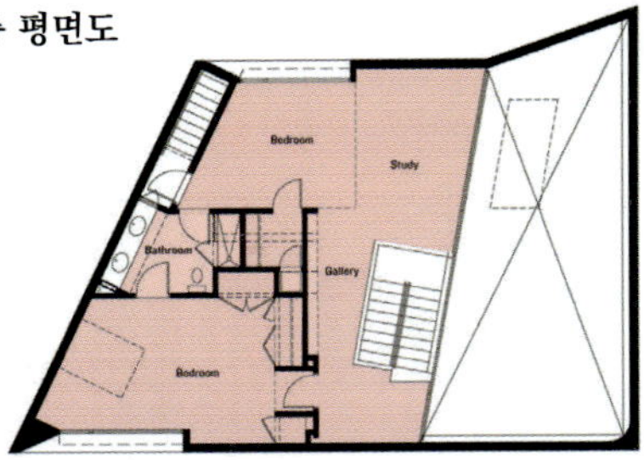

1층 평면도

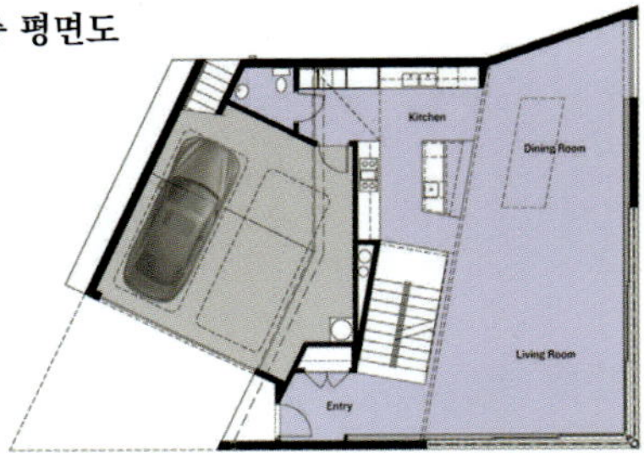

경사진 대지 아래 쪽에서 올려다 본 주택

지하 평면도

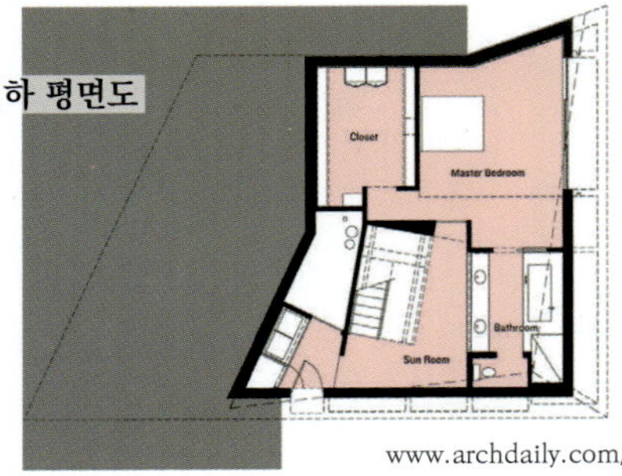

www.archdaily.com/

Hill House

설계 : Johnston & Marklee

주소 : 348 Chautauqua Blvd., Pacific Palisades, CA 90272

퍼시픽 펠리세이즈는 서쪽의 태평양으로부터 동쪽으로, 계곡을 이룬 곳에 자리잡은 마을이다. 마을 초입 북쪽 언덕에 조그만 대지가 있는데, 동네가 한눈에 들어오는 전망 좋은 곳이다. 하지만 경사가 심해 집을 짓기에는 쉽지 않은 곳이었다. 설계를 맡은 섀런 좐스턴Sharon Johnston과 마크리Mark Lee는 하버드대학교에서 건축 설계를 가르치고 있는 건축가다. 건축주는 이 땅에 지을 수 있는 최대한으로 건물을 채우고, 집을 떠받치는 기초는 최소한의 면적으로 만들기를 원했다. 35ft 깊이의 콘크리트 파일을 9개 박아 해결했고, 건축법과 여러 가지 주어진 조건을 충족시키기 위해 **집의 형태는 상자가 아닌 커다란 바위같은 형태를 띠게 되었다.** 그리고, 프라이버시를 위해 창의 갯수는 가능하면 줄이고, 대신 그 창은 큼직하게 만들었다.

참고 : 1939STUR, 1960CASE, 1976SCHU

도서관 내부를 밝히는 천창

도서관 입구 :
건물 너머로 성 비비아나 성당이 보인다.

unknown authorship

1층 평면도

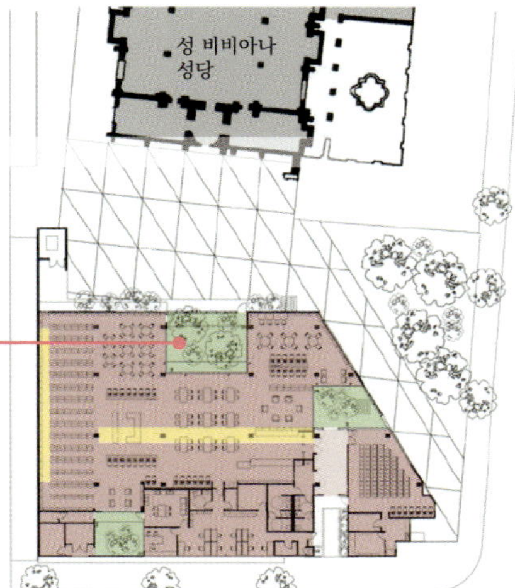

Little Tokyo Branch Library

Anthony J. Lumsden : 설계
203 S. Los Angeles St, Los Angeles, CA 90012 : 주소

1977년에 리틀 도쿄에도 도서관이 필요하다는 민원을 제기하고, 트럭을 이용한 이동도서관 형식으로 시작했다. 1984년에는 인근 교회 일부를 빌려 실제 도서관을 갖게 되고, 1995년에는 좀 더 넓은 공간으로 옮겨갔다. 30년 가까이 기금을 모금해서 제대로 된 도서관 건립을 추진했고, 2005년에 드디어 개관을 했다. 대지는 100년이 넘는 역사를 가진 성 비비아나 성당의 뒤에 자리한다. 대지 북쪽의 삼각형 자투리 땅 때문에, 건물이 사다리꼴 모양으로 지어졌다. 럼스던이 틸먼 하수처리 관리사무소(1984TILL)에서 보여주었던 특유의 건축 요소가 보이지 않는다. 대신 내부는 일본건축에서 영감을 얻었는지, 글루램 빔을 이용해서 가구식 목구조로 세웠다. **내부 채광을 위해 지붕 위에 남북으로 긴 벽을 만들고, 이 벽을 따라 고창을 내어 반사광이 내부에 퍼지게 했다.**

1984TILL, 2003LAKE, 2014PILI : 참고

Woodlawn Ave.에서 바라본 주택의 정면

건축가의 개념 스케치

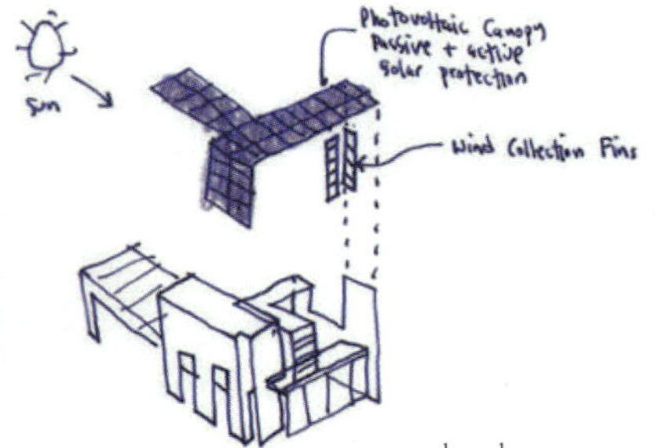

brooksscarpa.com/

마당에서 자연스레 이어지는 1층 거실 공간

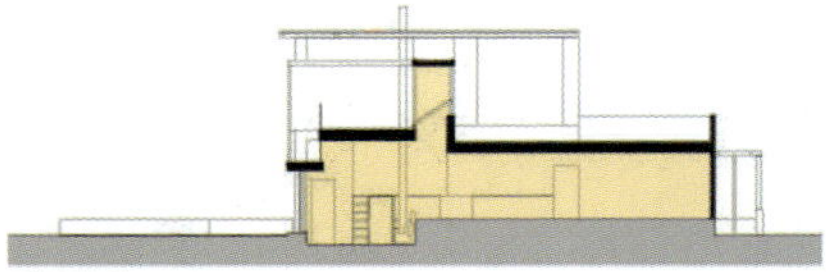

단면도

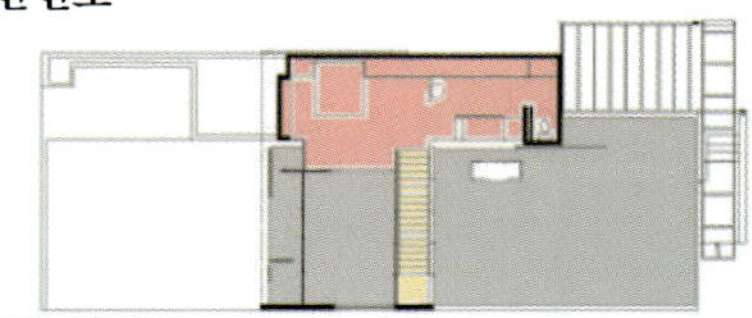

2층 평면도

brooksscarpa.com/

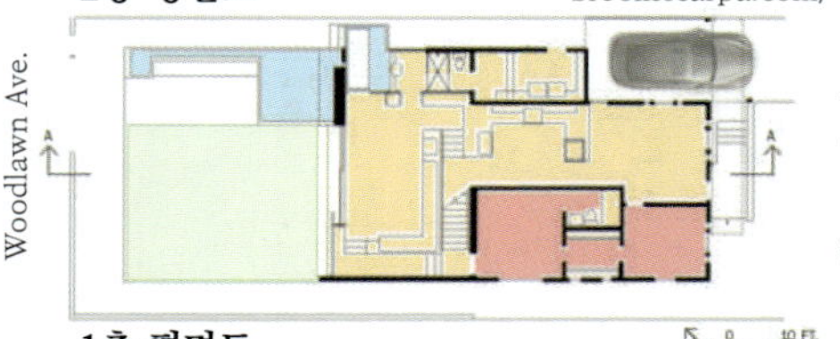

1층 평면도

Solar Umbrella

설계 : Brooks & Scarpa

주소 : 616 Boccaccio Ave, Venice, CA 90291

베니스 인공수로에서 북동쪽으로 600m 정도 떨어진 주택가에 있다. 기존에 있던 650sf(60m2)짜리 작은 주택을 살려서 1900sf(176m2)로 증축하는 프로젝트다. 건축주 겸 건축가는 앤젤라 브룩스Angela Brooks와 로렌스 스카르파 Lawrence Scarpa 부부로 이들 가족이 살 집이다. 2002년 콜로라도 아파트(2002COLO)에서 이용했던 방법을 단독주택에 적용했다. 1층은 아이의 방과 거실/식당 공간을, 2층은 부부 침실 공간과 온화한 기후를 즐길 수 있는 옥상 공간을 배치했다. 이 위에 'ㄱ'자형 틀을 얹고 태양광 전지판을 설치해서 이 집에서 쓰는 전기를 전부 다 충당할 수 있게 했다. 1층 거실의 문을 열어젖히면, 마당과 같은 공간이 된다. **쉰들러 주택(1922SCHI)에서 느꼈던 캘리포니아 모던 건축이 21세기 주택에 계승된 좋은 사례**라고 생각한다.

참고 : 2002COLO, 2003PALM, 2007HELI

남쪽에 설치된 차양

남쪽에서 본 건물 정면

리차드 세라의 조형물

북동쪽에서 본 모습

건물의 주 출입구는 1층이 아닌 2층이다.

Eli and Edythe Broad Art Center, UCLA

Richard Meier : 설계

240 Charles E Young Dr N, Los Angeles, CA 90095 : 주소

새로 지은 건물처럼 보이는데, 1964년에 지어진 미술대학 건물을 브로드 부부의 지원으로 개보수했다. 1994년 노스리지 지진으로 구조적인 문제가 제기되어 왔었다. 설계를 맡은 리차드 마이어 설계팀은 부수고 새로 짓는 대신, 구조전문가의 도움을 받아 건물을 되살리는 쪽으로 진행했다. 서쪽 외부계단에 구조물을 추가하고, 전체적인 구조 시스템을 손봤다. **복도를 남쪽 외벽에 추가함으로써, 차양 역할도 하고 내부공간을 자유롭게 이용할 수 있게 만들었다.** 기존 건물의 북쪽 마당은 남쪽 마당보다 1개층 정도 높고, 이용자가 없어 죽은 공간이었다. 이번에 남쪽에 대형 계단을 설치하면서 북쪽 마당과 연결되어 건물이 보다 활성화되었다. 이 건물에서도 르 코르뷔지에의 건축요소를 확인할 수 있고, 앞에 리차드 세라Richard Serra의 대형 녹슨 철판 조형물도 볼 만하다.

1996MTVR, 2014PILI, 2015MANH : 참고

두부와 김을 모티프 삼아 디자인한 본사 건물

본사 건물에서 내려다 본 회의실 클러스터

www.rios.com/

배치도

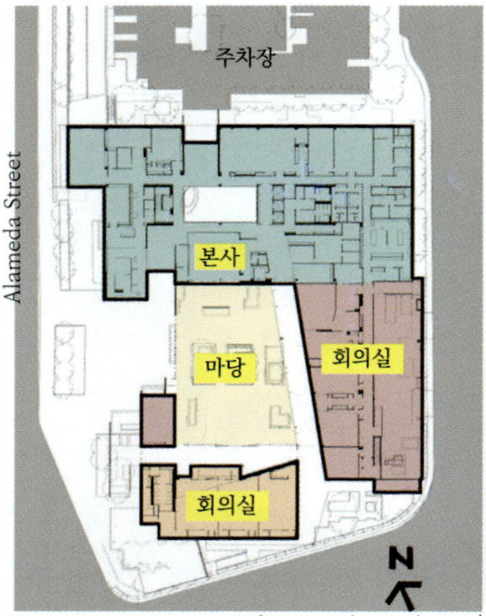

www.architecturalrecord.com/

남쪽 길 건너에서 본 회의실 클러스터

California Endowment

설계 : Rios

주소 : 1000 Alameda St, Los Angeles, CA 90012

캘리포니아 저소득층 주민들의 건강증진을 위해 활동하는 비영리 기관이 현 대지에 본사 건물을 새로 짓기로 한다. Rios 팀이 현상설계에서 당선되었는데, 이 팀은 건축과 조경 설계를 함께 하는 회사다. 대지 주변에 차이나타운, 리틀도쿄, 엘푸에블로El Pueblo 등 여러 민족의 마을이 공존하는 특징이 있다. 건축가가 설계 개념을 발전시킨 스케치를 보면, **두부와 김에서 영감을 얻어 건물 안에 다양한 아시아 문화 요소를 반영하려고 했다.** 본사 건물은 흰 벽에 푸른 색 가로 띠창을 설치했다. 가운데 녹색의 수직 요소가 흰 건물을 둘로 나누는데, 고창을 통해 건물 내부 전체에 자연광을 안으로 끌어 들이는 역할을 한다. 남쪽의 마당을 끼고 있는 'ㄷ'자형 회의실 건물은 노랗고, 빨갛게 표현해서 주변을 오갈 때 시선을 끈다.

참고 : 2011CUCA, 2017BRIC, 2023SPRI

학교 건물 북쪽에 있는 마당... 그늘이 필요하니까

저렴한 골강판을 사용하고
재미난 패턴을 만들었다.

2층 복도에서 내려다 본 아담한 마당

좁은 땅에 운동장이 없어서,
길 건너에 운동장을 마련했다.

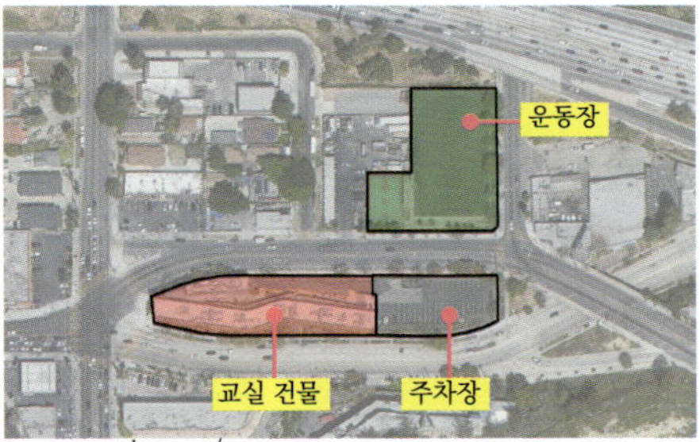

www.google.com/maps

배치도

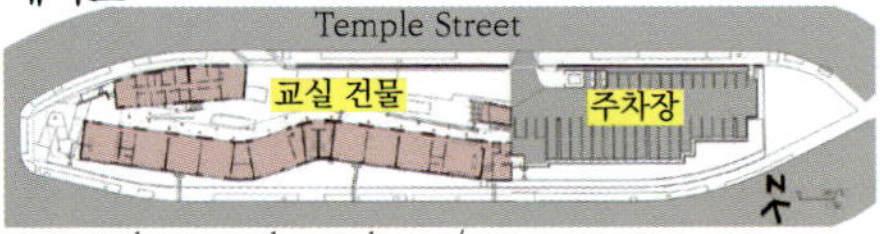

www.architecturalrecord.com/

Camino Nuevo Charter Academy High School

Daly & Genik : 설계

3500 W Temple St, Los Angeles, CA 90004 : 주소

카미노 누에보 차터스쿨이 이미 다른 동네에 초등학교와 중학교를 지어 성공을 거둔 상태였다. 이 두 학교의 설계도 케빈 데일리Kevin Daly와 크리스 게닉Chris Genik이 맡았었다. 고등학교를 위해 중학교 인근 대지를 알아봤는데 여의치 않자, 현 대지를 얻게 되었다. 학교치고는 운동장도 들어가지 않는 럭비공 모양의 작은 땅이다. 길 건너 대지도 구입해서 운동장으로 쓰고 있다. 대지의 북쪽에 학교의 입구를 내고, 서쪽에는 건물을, 동쪽에는 필요한 대수 만큼의 주차장을 마련했다. 대지를 둘러싼 도로의 교통량이 많아서, 대지 경계 쪽으로는 소음 유입을 최소화하기 위해 고정창을 설치했다. 모든 문과 창은 마당 쪽으로만 열리게 만들었다. **좁은 대지에 아기자기한 공간을 만들었다.** 건물 외벽에 노랑과 회색으로 칠한 입면 패턴도 인상적이다.

2004ARTC, 2017UCLA, 2021GRAM : 참고

폼페이 유적을 모사해서 지은 게티 빌라 (1974)

기존 빌라 옆에 반원형 야외 객석을 새로 지었다.

주차건물에서 게티빌라를 이어주는 대문간같은 공간이 인상적이다.
주차건물 다음 숲 너머가 태평양이다.

Getty Villa

설계 : Machado & Silvetti

주소 : 17985 Pacific Coast Hwy, Pacific Palisades, CA 90272

게티 센터(1997GETT)를 소유한 재단이 소유하고 있는 또 하나의 미술관으로 태평양 가까이에 자리하고 있다. 석유 재벌 장폴 게티J. P. Getty가 1974년에 로마시대 유적 파피리 저택Villa of the Papyri을 복사해서 LA 인근에 지었다. 원래는 그가 거주할 목적으로 지었기에 게티 빌라라고 부르지만, 실제로는 그가 거주하지 못하고 세상을 떠났다. 이후 미술관으로 쓰였는데, 비효율적이어서 하버드대에서 건축 설계를 가르치던 마차도와 실베티에게 설계 변경을 의뢰했다. 기존의 빌라가 층고는 상당히 높지만 1층이어서, 중간에 바닥판을 삽입하여 2층으로 만들었다. 그리고 대지의 입구 부분에 주차건물을 세우고, **빌라까지 가는 길에 옛건물과 어울리는 세련된 대문간같은 건축 구조물을 추가했다.** 빌라에는 주로 그리스 로마 미술품을 전시한다.

참고 : 1997GETT, 2011ALTA, 2004SCIE

배치도

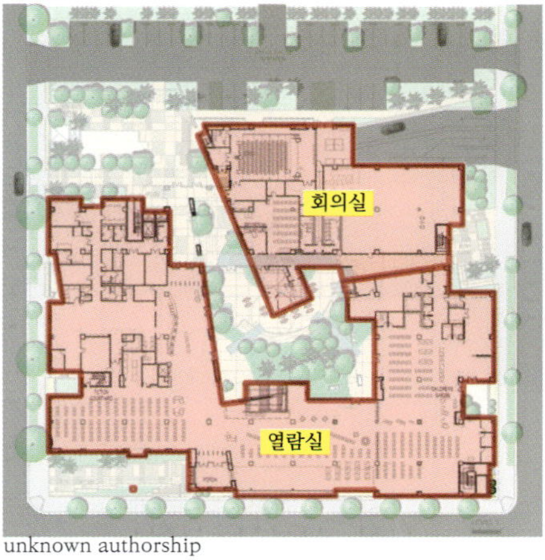

unknown authorship

남쪽에서 바라 본 도서관 주출입구

1층과 2층을 잇는 야외 계단

도서관 로비 공간

기존 도서관 모서리에 있던 기둥의 기억을 살려 놓았다.

Santa Monica Public Library

Moore, Ruble, & Yudell (MRY) : **설계**

601 Santa Monica Blvd, Santa Monica, CA 90401 : **주소**

샌타모니카 중앙 도서관은 1965년에 지어진 건물을 부수고, 새 건물을 짓기로 한다. 찰스 무어Charles Moore 사후, 그의 사무실은 그의 제자 좐 루블John Ruble과 버즈 유델Buzz Yudell이 계속 이끌어 가고 있다. 도서관은 MRY의 마스터플랜 제안이 흡족해서, 이들의 계획안대로 건물을 짓기로 한다. 지하 3층 규모로 주차장을 만들고, 그 위에 2층 도서관 공간을 올렸다. **건물은 살짝 열린 'ㅁ'자형으로 가운데 마당을 중심으로 둘러 앉아 있다.** 지붕이 경사지붕인데, 밖에서 중정으로만 물이 흐르게 해서, 비가 오면 빗물을 모아 지하 주차장 아래 물탱크에 저장하게 만들었다. 주출입구 앞에 서 있는 기둥은 예전에 있던 도서관 모서리 기둥이 떠오르게 한다. 두툼한 콘크리트 기둥이 마치 오래 된 신전을 받쳤을 것같은 느낌이 든다.

1926LIBR, 2014PILI, 2019BJKL : **참고**

센츄리 플라자 호텔에서 바라본 건물

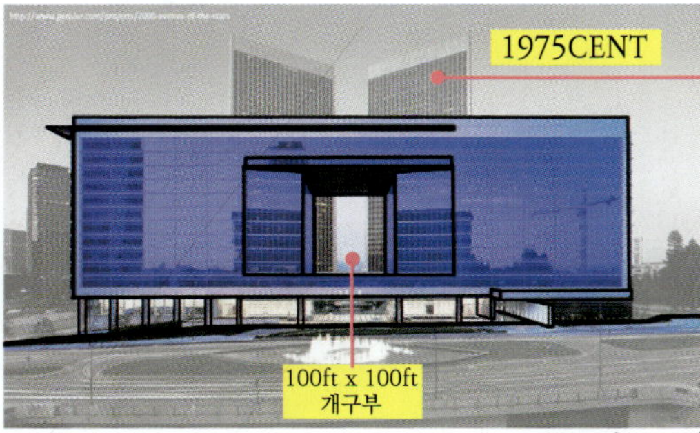

www.gensler.com/

Concept Sketch

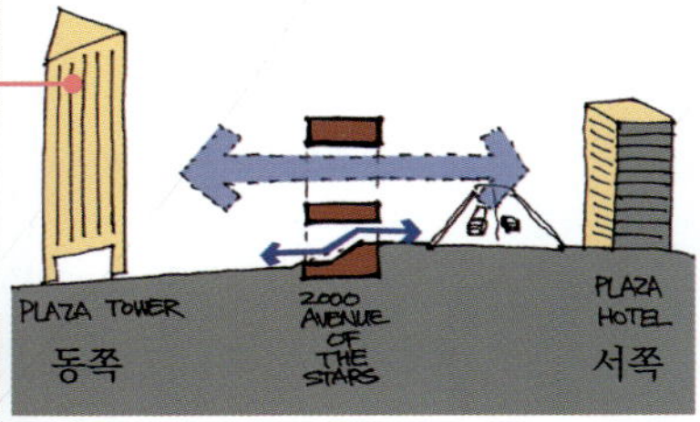

www.google.com/maps

도로에서 본 개구부

마당에서 본 개구부

2000 Avenue of the Stars

설계 : Gensler

주소 : 2000 Avenue Of The Stars, Century City, CA 90067

예전에 ABC 방송국이 디즈니와 합병하면서 버뱅크Burbank로 옮겨가자, 그 자리에 있던 건물을 허물고 새 건물을 짓기로 한다. 미국내 건축 설계사무소 중 매출이 가장 높은 곳 중 하나인 겐슬러가 맡았다. 대지의 위치가 범상치 않다. 센츄리 시티를 상징하는 센츄리 플라자 호텔(서쪽)과 센츄리 플라자 타워(동쪽)의 사이에 자리잡고 있다. 두 건물 모두 유명 건축가 미노루 야마사키Minoru Yamasaki가 설계했다. 이 중간에 자리 잡은 건물은 두 건물 명성에 뒤지지 않게 나름 중요한 건물이어야 한다. 두 건물 사이를 방해하지 않기 위해 1층을 유리로 둘러서 건물이 떠 있는듯 느끼게 만들었다. 그리고, 건물을 거대한 벽처럼 막지 않고, 건물 중간을 100ft(30m) x 100ft(30m) 크기로 뚫어 놓았다. 마치 **두 건축물 사이의 대문 역할을 하도록 의도**한 것으로 보인다.

참고 : 2004CALT, 2014EMER, 2024SAMO

도로에서 본 주택의 정면 : 지극히 평범하다

뒷마당 쪽으로 증축한 부분이 시선을 사로 잡는다.

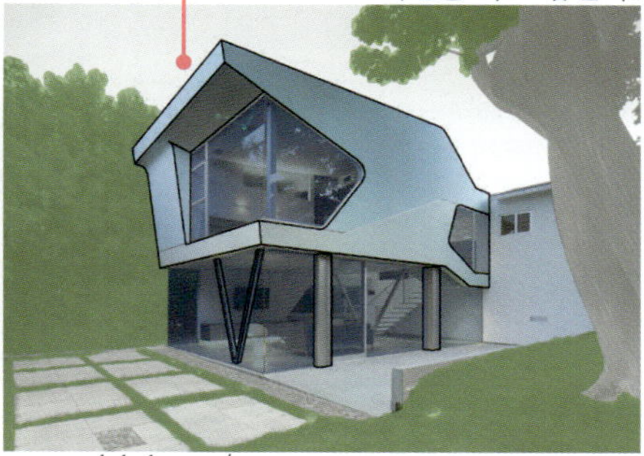

www.archdaily.com/

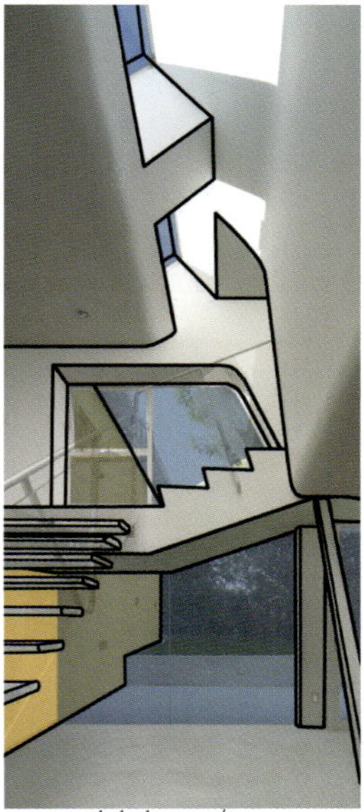

기존 주택에서 증축한 부분과의 경계에 계단이 있다.

www.archdaily.com/

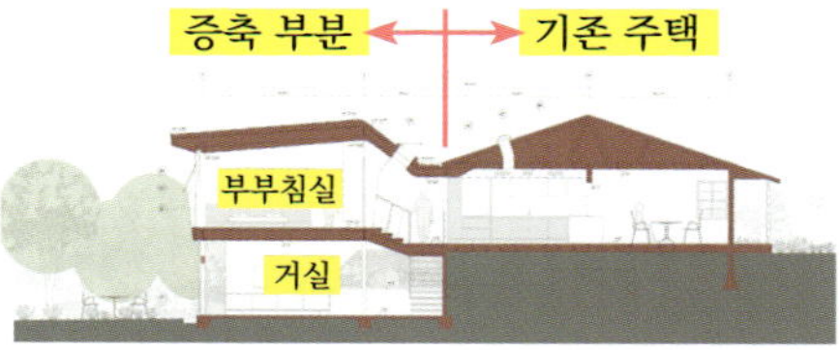

진입로보다 바닥판이 약 2m 낮게 지어진 거실 공간 : 'V'자 형태의 기둥이 눈길을 끈다.

www.archdaily.com/

Alan Voo House

Neil Denari : 설계

3434 S Bentley Ave, Los Angeles, CA 90034 : 주소

초중고생 딸 3명을 둔 부부가 1000sf(93m2=28평) 주택에 살고 있었는데, 아이들이 독립된 방을 가지도록 증축을 계획하고 있었다. 마침 드나리가 설계한 LA Eyeworks (2002LAEY)를 보고 반해서, 건축가를 찾아 자신의 집 증축을 의뢰하기에 이르렀다. 집을 다 부수고 전부 새로 지을까도 고려했지만, 예산이 부족해서 기존의 주택은 최대한 이용하고 뒤에 1000sf을 덧붙이기로 했다. 도로 쪽에서 보면 아무 것도 변한 게 없어 보이지만, 뒷마당에서 보면, 눈이 번쩍 뜨인다. **마치 우주선이 내려와 집에 붙어 있는 듯이 보인다.** 매끈하면서 세련된 디자인이다. 진입로에서 뒷마당이 2m 정도 낮아서 아래층에 거실을 만들고, 위층에는 부부 침실을 두었다. 3명의 딸 방은 기존의 주택을 변경해서 만들었다. 거실은 유리로 둘러져 있어서 마당과 한 공간이 되었다.

2000MHOU, 2002LAEY, 2010HOLO : 참고

기존 주차건물 위에 새 건물을 올린 것처럼 보인다.

Concept Section Sktech

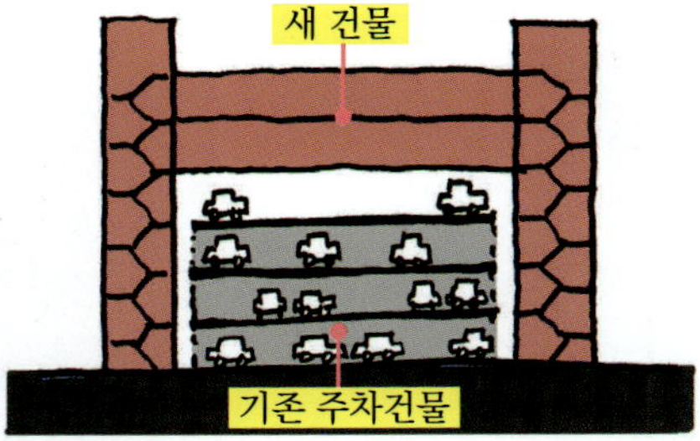

단면도

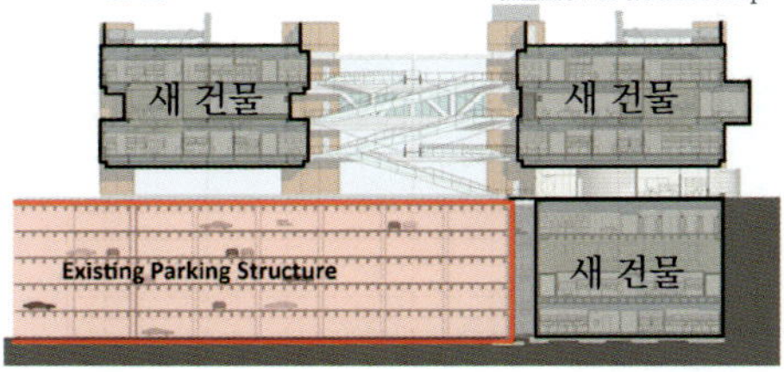

unknown authorship

평면도
붉은 부분 : 기둥 역할하는 콘크리트 상자
노란 부분 : 강의 연구 시설

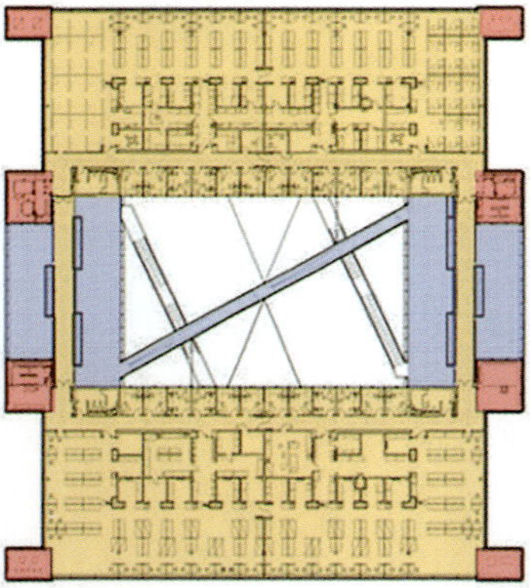

unknown authorship

중정을 가로지르는 통로

California NanoSystems Institute, UCLA

설계 : Rafael Vinoly
주소 : 570 Westwood Plaza Building 114, Los Angeles, CA 90095

2000년에 캘리포니아 주정부가 나서서 2개의 최첨단 나노 연구소를 짓기로 결정하는데, 한 군데가 UCLA였다. 대지가 평범하지 않다. 5층짜리 주차 건물과 겹쳐 있는데, 서쪽에서는 5층이고, 동쪽에서는 주차건물 옥상이 지표면이다. 다시 말하면, 대지의 동쪽이 서쪽보다 주차 건물 5층(일반 건물 4층, 약 13m)만큼 높다. **건축가는 라파엘 비뇰리로 건축물의 구조를 명쾌하게 푸는 것으로 유명하다.** 예 : 서울의 종로타워(1999). 기존의 주차 건물 밖으로 계단실같은 콘크리트 상자 4 개를 세우고, 주차장보다 1개층 위로 3층 건물을 지었다. 주차 건물의 폭이 250ft(76m) 정도 되는데, 새 건물은 주차건물과 못 하나 연결된 것이 없다. 중정형으로 단정하게 마무리지었다. 중정을 가로지르는 여러 통로가 다양한 전공의 융합을 상징한다.

참고 : 1966GLEN, 2011KRAV, 2014POCA

사거리 건너에서 바라본 주유소 모습

다양한 삼각형이 모여 흔치 않은 모양을 만들어냈다.

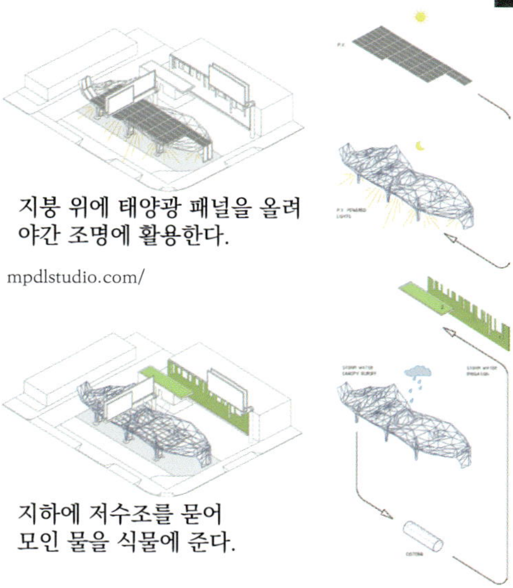

지붕 위에 태양광 패널을 올려 야간 조명에 활용한다.

mpdlstudio.com/

지하에 저수조를 묻어 모인 물을 식물에 준다.

Helios House

Tehrani & Ponce de León : 설계

8770 W Olympic Blvd, Los Angeles, CA 90035 : 주소

베벌리힐스와 LA의 경계에 있는 곳으로, 주변을 지나는 교통량이 상당히 많다. 1970년대에 지어진 기존의 건물은 튼튼해서, 부수고 새로 지을 상황은 아니었다. 대신 기본 뼈대는 놔두고 전체 주유소 분위기를 바꾸기로 했다. 미래의 주유소를 만들어 보자. 건축가는 네이더 테라니Nader Tehrani(전 쿠퍼유니언 건축대학 학장)와 모니카 폰스데레온 Mónica Ponce de León(현 프린스턴대 건축대학 학장)이 맡았다. **주유소의 기둥과 캐노피를, 재사용 스테인레스 스틸을 다양한 삼각형으로 재단해서 덮었다.** 게리가 디즈니 콘서트홀을 설계할 때 사용했던 카티아CATIA라는 컴퓨터 프로그램을 사용해서 오차를 줄일 수 있었다. 지붕에는 태양광 패널을 설치하여 야간 전기요금을 줄였고, 땅 속에는 빗물을 모아 저장하여 식물재배용으로 사용하고 있다.

1965UN76, 2009UNGA, 2019CALP : 참고

아메리카나 복합 단지 주출입구

아래층은 상가, 위층은 살림채

관광용 전차가 지나다니는 보행로

단지 내 넓은 마당은 공원으로 꾸며졌다

서점에 있는 2층 베란다

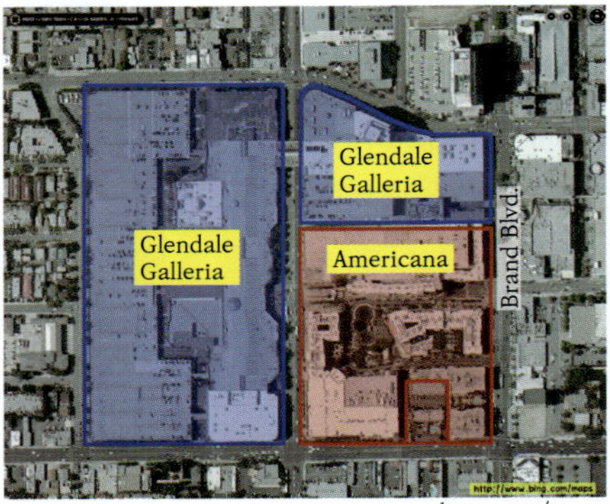

www.bing.com/maps

Americana at Brand

설계 : Elkus & Manfredi

주소 : 889 Americana Way, Glendale, CA 91210

그로브 몰(2002GROV)이 대성공을 거두자 건축주 카루소는 바로 다음 단계의 쇼핑몰을 구상한다. 쇼핑몰이 도시에서 살아남기 위해, 대지 경계를 따라 건물을 지었다. 그리고 주차장은 독립된 건물로 만들어 효율을 높였다. 연중 온화한 기후를 즐기기 위해 블럭 안에 공원같은 산책로를 만들고 길을 따라 상점을 배치했다. 여기까지는 그로브 몰과 같다. 여기에 새 요소를 추가한다. 지하 주차장을 만들고, 제일 중요한 것으로 **상점 위에 주거용 건물을 올려 놓았다.** 전통적인 유럽 도시의 모습이다. 그런데, 대지의 위치가 놀랍다. 바로 옆에 이미 글렌데일 갤러리아라는 거대한 쇼핑몰이 선점하고 있었는데, 그 바로 옆에 지어 경쟁하고 있다. 아쉬운 점이라면, 쇼핑몰 외곽이 건물로 지어지긴 했지만, 아직도 보행자를 위한 입구가 많지 않아 보행자에게는 거대한 벽처럼 느껴진다.

참고 : 1967SCPL, 2002GROV, 2017SOUR

1층 평면도

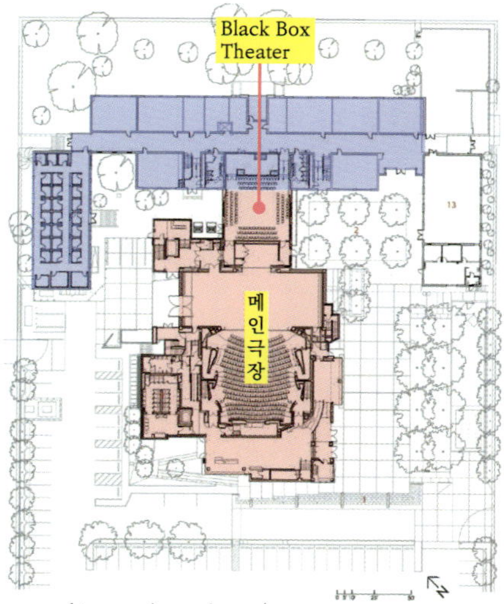

www.architecturalrecord.com/

거대한 캐노피가 인상적인 극장 주출입구

단면도

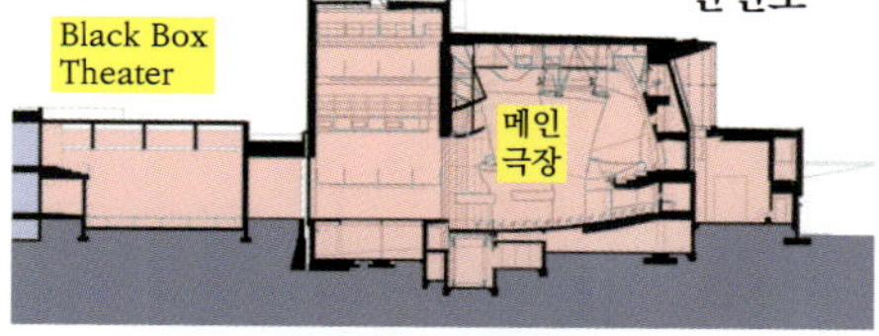

극장 내부

로비 공간

Broad Stage

Renzo Zecchetto : 설계

1310 11th St, Santa Monica, CA 90401 : 주소

예전에 초등학교로 쓰이던 곳을 샌타모니카 대학 Santa Monica College이 인수해서 공연장으로 쓰기로 했다. 기존 대학 캠퍼스와는 멀리 떨어져 있다. 공사에 쓰일 기금은 브로드 부부가 기부하고, 설계는 렌조 제케토가 맡았다. 기존의 학교 건물은 연습실이나 부속실로 활용하고, 학교 건물에서 운동장으로 이어지는 곳에 새 극장을 짓기로 했다. 나머지 운동장은 주차장으로 사용한다. **대지의 입구가 동쪽에 있고, 입구를 향해 튀어 나온 거대한 캐노피가 눈길을 끈다.** 건물은 투명 유리와 회색 석재가 감싸고 있다. 열 차단 유리를 사용하여 내부는 그다지 덥지 않고, 더워진 공기는 천장 위에서 밖으로 빼내 실내 온도를 유지한다. 극장은 499석으로 무대와 객석이 가까워 친근하게 느껴진다. 극장과 기존의 학교 사이에는 아담한 블랙박스 극장이 자리한다.

1993CERR, 2009WILD, 2013ANNE : 참고

화려하게 입면을 꾸며서 시선을 끄는 외형이다.

연보라색 띠가 장식된 내부공간

외부 입면 장식은 1991SALI가 떠오르게 한다.

'+'형 천창을 통해 쇼핑몰의 내부 동선을 유추한다.

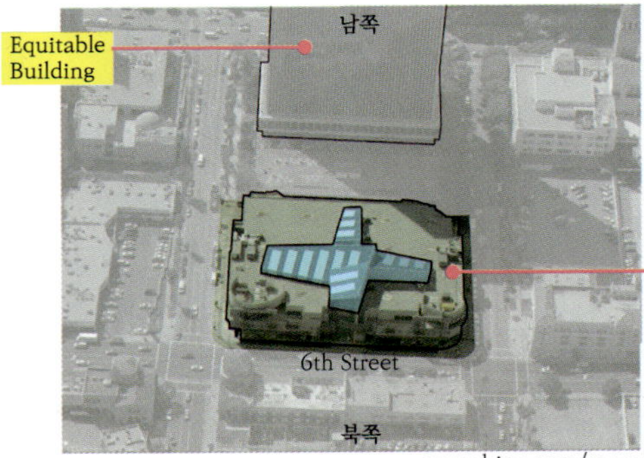

www.bing.com/maps

City Center on 6th

설계 : Gruen Associates

주소 : 3500 W 6th St, Los Angeles, CA 90020

에퀴터블Equitable 빌딩이라고 코리아타운에서 가장 높은 빌딩(34층)이 대지의 남쪽에 자리한다. 그리고 북쪽은 6가6th St.로 저층 상업 거리이다. 코리아타운에서 상업적인 측면에서 가장 중요한 요지 중의 하나다. 설계는 한인 건축가 박기서가 사장으로 있던 그루언이 맡았다. 대지 전체의 땅을 파서 2개층 주차장을 넣고, 지상으로는 3층 건물을 올렸다. 외관은 인근 건물들에 비해 상당히 화려하게 장식해서 바로 눈에 띈다. 6가 쪽에서 보행자가 안으로 들어 오면 내부 공간이 어둡지 않고 환하다. **건물 전체에 '+'형 열린 보행로를 만들고, 상가는 대지의 4 모서리 부분에 채워 넣었다.** 보행로 위의 천창으로부터 들어온 햇살이 1층까지 내려온다. 보행로 주변에 간간히 붙어 있는 연보라색 낮은 벽 장식이 내부공간을 더욱 화사하게 만든다.

참고 : 1929CHAP, 2010SANT, 2019CULV

치안이 안 좋은 동네에 자리한 건물을
개보수해서 학교로 쓰고 있다.

기둥은 철재, 바닥판은 목재로 꾸몄다.

배치도

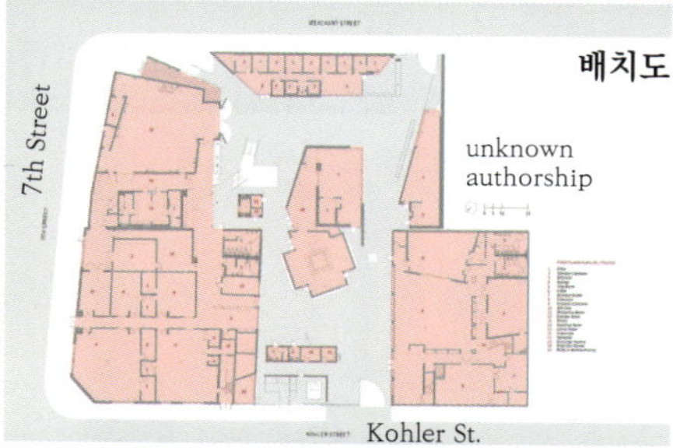

벽 아래를 통해 채광하는 부분도 있다.

학교 마당에서 본 모습

Inner-City Arts

Michael Maltzan : **설계**
720 Kohler St, Los Angeles, CA 90021 : **주소**

1970년대 말 LA 공립학교 미술 교육에 대한 예산이 대폭 삭감되면서, 어린이들의 미래를 걱정한 예술작가 밥 베이츠Bob Bates가 사업가 얼윈 애거Irwin Jaeger와 함께 어린이를 위한 미술 교육 시설을 짓기로 한다. 먼저, 노숙자들이 왔다갔다 하는 동네의 버려진 카센터에서 시작했다. 꼭 필요한 건축 구조물만 남기고 나머지는 다 헐어버린 후, 미술교육을 위한 칸막이를 세우고, 지붕에는 천창을 달아 자연광을 건물 내부로 끌어들였다. 그리고 나서 LA 교육청과 연계해서, 인근 학교의 학생부터 데려와 미술 교육을 시켰다. 북쪽 건물도 3차에 걸쳐 매입해서 목공실, 애니메이션 스튜디오, 블랙박스 극장, 도예실 등등 계속 시설을 확장했다. **이 시설 경계 밖은 위험하지만, 안으로는 마이클 몰츤 특유의 건축 언어로 안전하고 세련된 마을을 만들어냈다.**

2008BROA, 2011ELAC, 2017SMMD : **참고**

윌셔 길에서 본 미술관 : 보이는 계단은 비상용

미술관 3층 입구 전망대 : 헐리웃 전경이 보인다.

미술관 3층 입구로 오르는 에스컬레이터

Resnick Pavilion

LACMA - Broad Contemporary Art Museum

설계 : Renzo Piano

주소 : 5905 Wilshire Blvd, Los Angeles, CA 90036

21세기를 맞이해서 미국 서부에서 제일 큰 LA 카운티 미술관이 시설 확장을 위한 지명 현상설계를 실시했다. 심사위원 만장일치로 렘쿨하스의 안(2001)이 당선되었는데, 문제는 그의 계획안이 설계지침을 어겼다고 파기되었다. 현상설계 때 기부금을 약속한 **일라이 브로드Eli Broad는 현상설계가 무효되자, 자신이 직접 이탈리아 건축가 렌조 피아노를 초청해서 자신의 이름이 들어간 현대 미술관을 짓기에 이른다.** 미술관 특성상 층고가 높아서, 3층이지만 생각보다 규모가 크다. 3층은 자연채광이 되지만, 1, 2층은 별 특징이 없다. 입구가 북쪽에 있어서 옥외 에스컬레이터로 올라 가면, 뒤로 전망이 좋다. 피아노는 2년 후 북쪽에 레스닉관Resnick Pavilion을 짓는데, 같은 분위기로 더 깔끔하게 잘 설계했다. 몇 년 후 바로 서쪽에 아카데미 박물관(2021ACAD)을 지어 마무리했다.

참고 : 1992WEIS, 2009DCLA, 2021ACAD

2층의 복층 휴게실

건물 내부 중정

나무로 둘러싸인 녹색 유리 건물

3층 평면도

www.archdaily.com/

나무로 둘러싸인 녹색 유리 건물 :
멀리 스페인 미션 스타일 건물도 보인다.

Annenberg Center for Info. Science and Tech.

Frederick Fisher : **설계**

330 S Chester Ave, Pasadena, CA 91125 : **주소**

캘텍은 California Institute of Technology를 줄여서 부르는 말로, 작지만 세계 최고의 대학으로 손꼽히는 대학교 중 하나다. 설립 초기에는 스페인 미션 스타일로 건물을 많이 지었는데, 최근에는 자유롭게 짓는다. 건물이 들어설 주변은 숲속에 있는 것처럼 나무로 둘러싸여 있어서, 건축가 프레드릭 피셔는 녹색 건물을 세운다. **건물 모든 외벽을 안에서 볼 수 있도록 녹색 유리로 덮어 주변과 새 건물이 잘 어울리게 만들었다.** 이 건물을 사용할 연구원들은 이 건물이 위계를 따르는 전통 교육을 따르지 않고, 교수와 학생이 수평 관계를 유지할 것이므로 건축 공간도 이를 반영해 주기를 바랐다. 프라이버시를 원하는 개인 연구실은 불투명하게 처리했고, 강의실과 공동연구실은 투명하게 처리했다. 2층 공동 휴게실은 복층으로 만들어서 고창에서 자연광을 받는다.

1976ARTC, 2007CANA, 2021MCSC : **참고**

건물의 입면이 뒤틀리고, 찢겨져 보인다.

에셔의 작품이 떠오르는 중앙 계단

찢겨진 입면 디테일

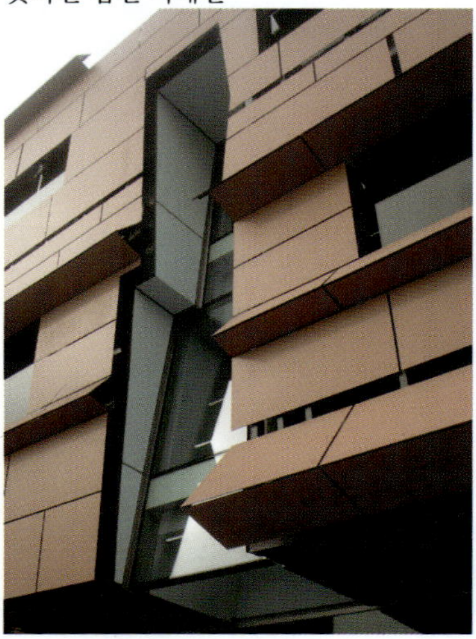

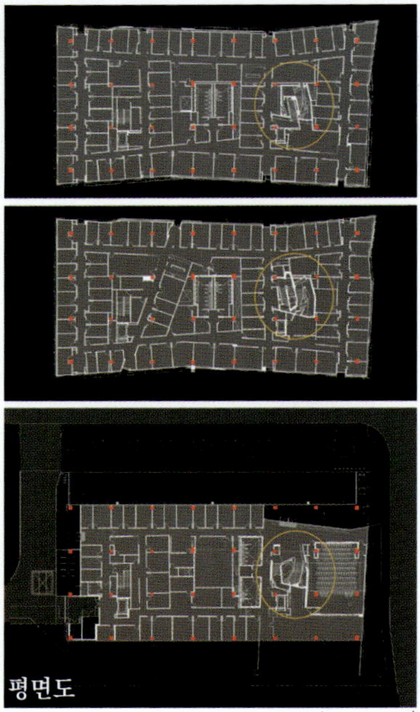

3층

2층

1층 평면도

www.morphosis.com/

Cahill Center for Astronomy and Astrophysics

설계 : Morphosis

주소 : 1216 E California Blvd, Pasadena, CA 91125

피셔가 설계한 애넨버그 연구소(2009ANNE)와 같은 시기에, 같은 대학교에 비슷한 프로그램으로 지어진 건물이 하나 더 있다. 그런데 완전히 다른 스타일이다. 캠퍼스의 남쪽 끝에 위치하고, 캠퍼스의 다른 건물들과 달리 거의 독립적으로 존재한다. 천문학과 관련된 연구소로 모포시스의 탐 메인이 설계를 맡았다. 그는 이 건물을 하나의 천문을 관측하는 도구라고 생각하고 프로그램을 은유적으로 해석해서 설계를 풀어나갔다. 애넨버그 연구소와 카힐 연구소, 두 건물의 평면도를 보면 기능이 비슷하다. 하지만 건축가에 따라 결과물이 완전히 다르다는 것을 볼 수 있다. 어느 하나가 좋고 나쁘고의 문제가 아니라, 어떤 스타일의 건축물을 더 좋아하느냐의 문제다. 중앙 계단에 있으면, 마치 에셔M.C. Escher의 뒤틀린 계단에 있는 듯한 느낌이 든다.

참고 : 1965RELI, 2009CSUN, 2025MASC

원형 중정의 복도를 금속재로 장식했다.

겉으로 보면 방어를 강조한 듯한 인상이다.

원형 평면에서 톱니형 평면으로 발전한다.

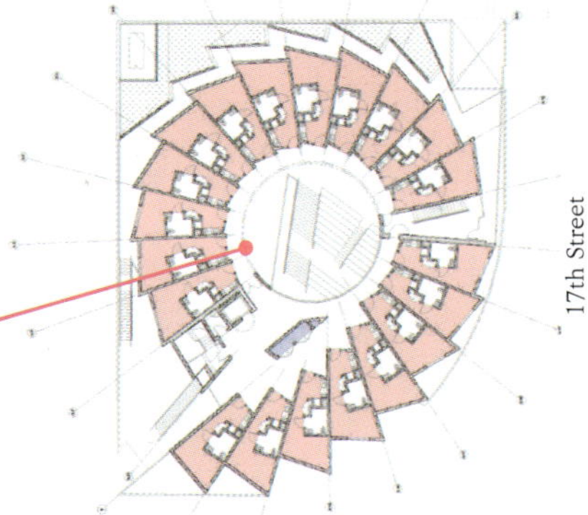

www.huduser.gov/

1층과 2층 공간을 잇기 위해 계단을 이용했고,
이곳은 다양한 용도로 쓰인다.

Carver Apartments

Michael Maltzan : 설계
325 W 17th St, Los Angeles, CA90015 : 주소

대지의 남쪽으로 10m 정도 떨어져서, 3층 높이에 프리웨이freeway(자동차 전용도로)가 지나간다. 주거용으로 좋은 대지는 아니지만, 여기에 저소득층을 위한 임대 아파트를 짓기로 한다. 마이클 몰츤이 설계를 맡았다. 자동차 전용도로로부터의 소음을 막는 것이 가장 중요한 숙제였다. **외부로의 표면적을 최소화하기 위해, 우선 건물의 평면을 원형으로 만들었다.** 주거 유닛은 가운데 중정에서 방사형으로 뻗어나가, 기준층의 경우 20개가 들어간다. 아파트 건물은 6층인데 1층은 사무실과 공용공간이 있고, 2-6층에 주거 유닛이 들어가서, 총 97개 유닛이 들어서 있다. 각 유닛마다 약간의 벽을 뽑아 내어 창을 내기도 하고, 건물에 그림자가 생기는 여지를 만들어 다양한 표정을 드러내게 했다. 내부 원형 중정도 재미나게 꾸며져 있다. 경사져서 이벤트 공간으로 쓰기도 한다.

2009PITT, 2014STAR, 2016CRES : 참고

남서쪽에서 본 정면

북서쪽에서 본 모습

4층 외부 계단과 복도

3층 평면도

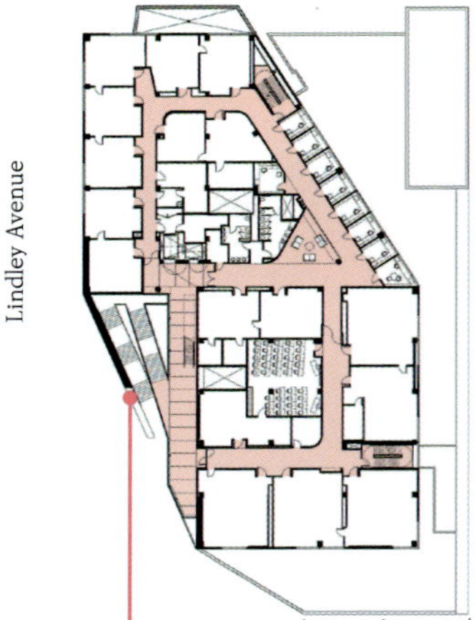

yazdanistudio.com/

삼각형 평면인 4층 내부 휴식 공간

Science Education Building at CSUN

설계 : Mehrdad Yazdani

주소 : 18111 Nordhoff St, Northridge, CA 91330

캘리포니아의 공립 대학교 시스템은 UC와 CSU로 나뉜다. 원래 UC는 연구 중심으로, CSU는 교사나 기술자 양성을 목적으로 설립되었다. CSU at Northridge는 2023 현재 36,368명의 학생이 재학중으로 미국 내에서도 큰 대학 중의 하나로 성장했다. 이 대학에 과학 교사를 양성하는 건물을 짓는다. 건축가는 메르다드 야즈다니로, 건물이 들어설 앞길이 학교 캠퍼스 남북을 잇는 중요한 도로이므로 수직 동선을 이 길 쪽으로 드러낸다. 건물에 있는 사람들이 주변을 지나는 사람들과 교감하도록 유도한 것이 느껴진다. 건물은 2 개의 어긋난 직사각형에 선을 그어 연결한 육각형 평면에서 디자인을 시작했다. 야즈다니는 수원에 CJ Blossom Park(2015)이라는 연구소도 설계했다. 그는 프로젝트마다 스타일이 새롭게 설계한다.

참고 : 2017SMMD, 2021MCSC, 2025MASC

북쪽에서 본 박물관 :
아래 자갈밭에 빗물을 모은다.

남쪽 하늘에서 내려다 본 모습

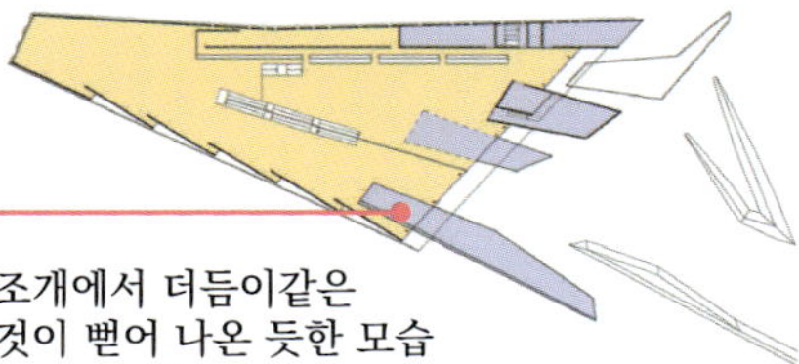

조개에서 더듬이같은
것이 뻗어 나온 듯한 모습
www.agps.ch/

박물관 관람객 주출입구

내부 전시공간

unknown authorship

서비스 출입구

Discovery Cube Los Angeles

Angelil & Graham : 설계
11800 Foothill Blvd, Lake View Terrace, CA 91342 : 주소

LA 어린이 박물관이 2000년까지 LA 시청 안에 있었는데, 공간이 작아서 좀 더 큰 시설로 옮기기로 결정했다. LA 북쪽 핸슨 댐Hansen Dam 옆, 레이크뷰 테라스 도서관(2003LAKE)의 바로 동쪽에 자리를 잡았다. 대지의 동쪽과 북쪽은 교통량이 많은 곳이고, 남쪽은 공원으로 길 건너에 주차장이 있다. 건축가 앤젤릴과 그래험은 친환경 쪽에 관심을 기울였다. 건물 벽은 콘크리트 틸트업 방식으로 세우고, 철골로 기둥 없이 넓은 공간을 덮었다. 빗물을 모으기 위해 지붕은 남에서 북으로 한 방향으로만 흐르게 했다. **입구가 있는 남쪽은 전면 유리로 조갯살이 뚜껑을 열고 혀를 내밀듯, 몇 가지가 내외부를 관통한 것이 재미있다.** 미술관은 건물만 짓고 내부공사를 하지 못 하다가, 2014년에 디스커버리 큐브 박물관이 인수하여 오늘에 이른다.

1984AERO, 1999JAPA, 2010HOLO : 참고

북쪽에서 본 학교의 주 출입구

freeway 옆에서 시선을 사로잡는 모습

운동장에서 본 조형물

서쪽 출입구

단면도

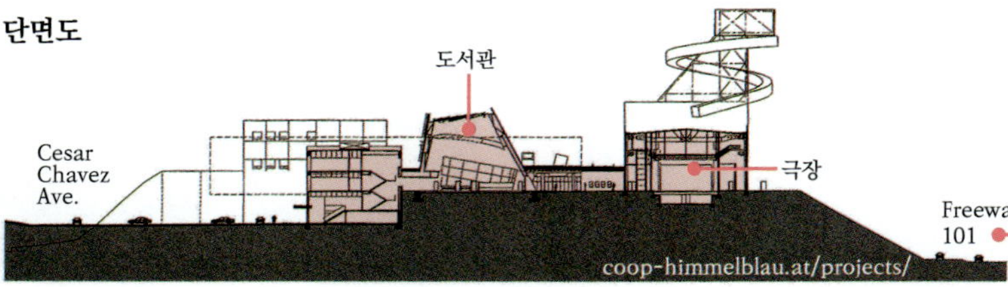

Ramon C. Cortines School of Visual & Perform. Arts

설계 : Coop Himmelblau

주소 : 450 N Grand Ave, Los Angeles, CA 90012

LA를 대표하는 갑부 일라이 브로드가 LA에도 훌륭한 예술고등학교가 필요하니, 뉴욕의 예술고교를 벤치마킹하여 학교를 짓고 싶다고 했다. 교육청은 현재의 대지에 있던 낡은 교육청 건물을 부수고 새 학교를 짓기로 한다. 현상설계를 실시하여 당선작을 발표했는데, 브로드가 맘에 들지 않아서 취소되었다. 얼마 후 그가 오스트리아 건축가 쿱힘멜블라우(대표건축가 : 울프 프리Wolf D. Prix)를 불러 와서 설계하고 실시설계안을 발표한다. 결과물은 차치하고, 이 과정이 아쉽다. **쿱힘멜블라우는 오스트리아 해체주의 건축을 대표한다.** 기존의 건축 관념을 해체해서, 이들만의 논리로 새로운 건축을 구축해낸다. 자동차전용도로freeway 옆에 시선을 끄는 형태로 LA의 명물로 자리잡았다. 이들은 부산에 있는 영화의 전당(2012)도 설계했다.

참고 : 1999DRHS, 2010STTH, 2013ANIM

건물 사이가 보행자가
걸어다니기에 좋게 꾸며졌다.

5층의 상업건물과 고층의 호텔/고급 주거

unknown authorship

배치도

다양한 행사가 펼쳐지는 Peacock Place

LA Live

Gensler / RTKL : **설계**

800 W Olympic Blvd, Los Angeles, CA 90015 : **주소**

1971년 LA 도심 남부에 컨벤션센터가 지어졌다. 건물 자체는 멀쩡할 지 모르지만, 행사가 없는 평상시에는 사람들이 접근하지 않는 곳이었다. 그러다가 컨벤션 센터 북쪽에 스테이플스 센터(1999STAP)를 지었는데, 이것이 사람들을 끌어모으기 시작했다. 이후 스테이플스 센터 북쪽 블럭에 건물을 더 짓기 시작하는데, 이것이 LA 라이브다. 스테이플스 센터와 마당을 공유하면서 더 많은 사람들이 모이고 있다. 1차 개발의 설계는 겐슬러가 하고, 나머지는 RTKL이 마무리지었다. Peacock Theater와 Grammy Museum, 호텔/고층 고급주거를 비롯한 다양한 용도의 공간이 이곳에 모여 있다. 다양한 기능의 건물이 둘러싸고 있는 마당은 이름이 계속 바뀌다가, 현재는 극장 이름을 따라 Peacock Place라고 불리고 있다. 다양한 행사가 펼쳐지는 장소다.

2008AMER, 2015ONES, 2022GRAN : 참고

사각형 대지에 세모난 건물이 인상적이다.

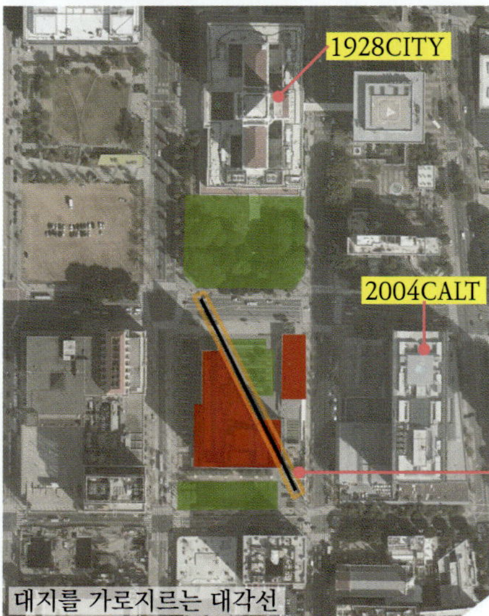

www.google.com/maps

1. 처음에는 'L'자형 매스로 시작한다.

2. 기본 매스에 삼각형 요소가 삽입된다.

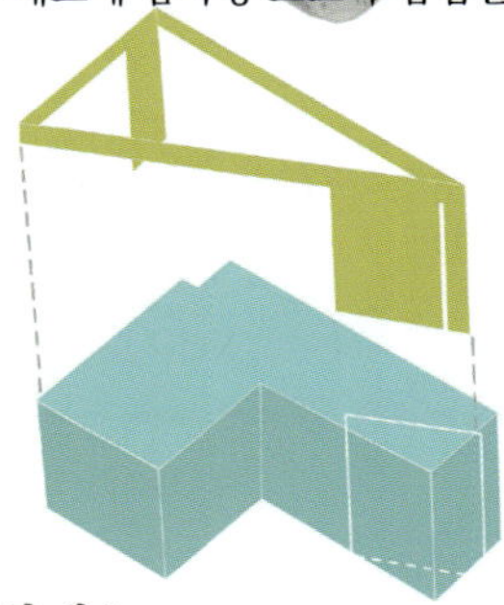

3. 완성된 매스

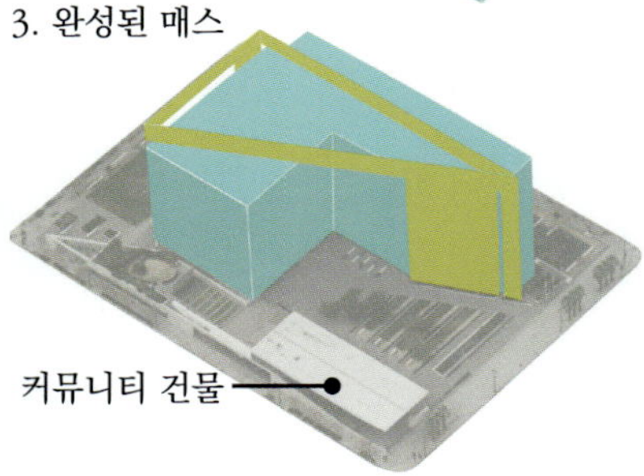

LAPD Headquarters

설계 : AECOM

주소 : 100 W 1st St, Los Angeles, CA 90012

기존의 LA 경찰청 건물은 시청사의 동쪽에 지어졌었고(1954) 50년 넘게 자리를 지켜 왔다. 이 건물이 지진에 취약하다는 구조진단 보고서에 따라, 새 건물을 짓기로 한다. 새 대지는 시청사의 바로 남쪽 블럭이다. 건축주는 2가지를 요구했다. 첫째, 시민들이 편하게 접근할 수 있는 시설이면 좋겠다. 둘째, 시청과 연계될 뿐만 아니라, 주변 건물들과 어울려야 한다. 건축설계 회사 에이이컴의 디자인팀은 **먼저 대지를 사선으로 가로지르는 선을 긋고 시작한 것으로 보인다.** 시청의 녹지가 경찰청 앞마당으로 연결되면서 자연스레 일반 시민들의 동선도 끌어 들였다. 사선의 남서쪽에 10층 짜리 삼각형 경찰청 본 건물을 세우고, 반대편에 2층짜리 사각형 아담하게 커뮤니티 건물을 지었다. 전체적으로 단순하면서 조화를 이루고 세련되게 지어졌다.

참고 : 1962LACR, 2004CALT, 2004RAND

오렌지길Orange Dr.에서 바라본 박물관 :
박물관 마당이 이 시선을 품는다.

건축가는 대지에 들어설 건물이
처음에는 인공 언덕이길 바랐다.

물결치는 듯한 벽돌 벽

초기 인공 언덕은 결국에는 이런 모습이 되었다.

Madame Tussauds, Hollywood

Michael Rotondi : **설계**
6933 Hollywood Blvd, Hollywood, CA 90028 : **주소**

헐리웃 스타의 거리Hollywood Walk of Fame에, 그것도 중국 극장(1927CHIN)의 바로 왼쪽(서쪽)에 있다. 마담 투소는 전세계 유명인의 밀랍인형을 전시하고 있는 박물관이다. 건축주는 이곳을 개발할 때 세입자를 미리 구한 뒤에 세입자가 원하는 방향으로 건축물을 설계하려 했다. 그러다가 원래 입주하려던 세입자가 파산하는 바람에 10년 뒤에야 완공할 수 있었다. 바뀐 세입자 마담 투소는 건물에 유리를 없애 달라고 해서, 설계안을 수정해야만 했다. 건축가 로톤디는 건물 앞에 마당을 두었다. 건물 내에서 행사가 있을 때 행사 전후에 사람들이 모이는 장소로 쓰이기도 하고, 관광객들에게 편의를 제공한다. **건물 설계할 때 인공 언덕을 만들려고 했는데, 야외 계단만이 흔적으로 남아 있다.** 건물 뒷편에 벽돌을 물결치는 듯이 쌓은 벽도 재미나다.

1996MTVR, 2008LACM, 2021ACAD : **참고**

전망 좋은 곳에 자리한
7각형 평면의 주택이다.

왼쪽으로는 넓은 주변 경관이 보이고,
오른쪽에는 아담한 중정이 보인다.

unknown authorship

주택이 산 중턱에 놓여 있다.

집 주변을 시계방향으로 돌게 공간을 꾸몄다.
집 안에 문을 두는 대신,
벽을 돌아서 가게 해서
다양한 공간 체험을 유도했다.

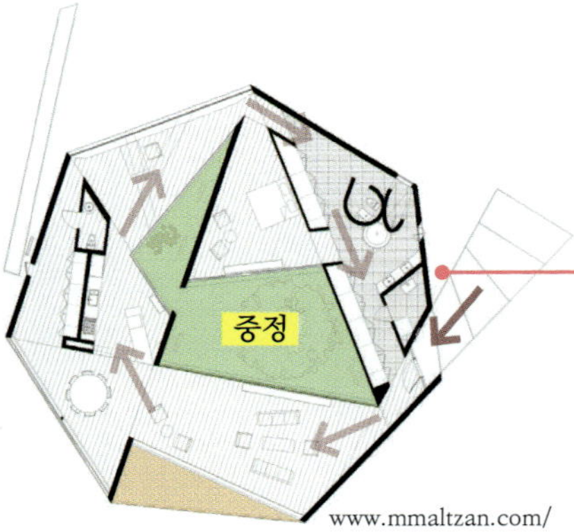

www.mmaltzan.com/

Pittman Dowell Residence

설계 : Michael Maltzan

주소 : 3947 Markridge Rd, La Crescenta, CA 91214

약 2,000m 높이의 커다란 산을 등지고, 앞으로는 동네가 다 내려다 보이는 곳에 대지가 위치한다. 크기도 크다. 5.7에이커(7,000평=23,000m2)나 된다. 전 주인이 지은 집이 뒤에 있는데, 인근에서 흔히 볼 수 있는 형태다. 새 주인은 기존의 집 아래에 게스트하우스 형식으로 기존의 관념에서 탈피한 주택을 짓고 싶었다. 문도 가능하면 없앴으면 좋겠다. 건축가 마이클 몰츤에게 이 과제가 주어졌다. 최종 형태는 7각형 평면이지만, 처음에는 원형에서 시작했다고 한다. 언덕 쪽에 주차장을 마련하고, 낭떠러지 쪽의 주택 입구를 향한다. **벽을 깔대기처럼 빨려 들어가게 하기도 하고, 펼쳐지게도 세워서 다양한 공간 체험을 하게 했다. 나무 바닥판을 따라 시계 방향으로 돌다 보면 침실에 이른다.** 만화경 kaleidoscope을 보는 듯하다.

참고 : 1960CASE, 1982PETA, 2002OFFU

수평 폴리카보네이트 띠를 다르게 구부려서 재미난 공간을 연출했다.

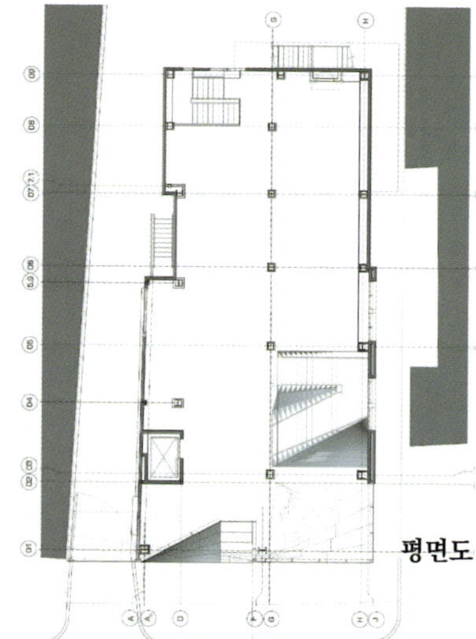

평면도

www.archdaily.com/

건물 앞 보행로에서 올려다 본 모습

Prism Gallery

Marcelo Spina : 설계
8746 W Sunset Blvd, West Hollywood, CA 90069 : 주소

선셋 길은 66번 국도Route 66라고 불리는, 샌타모니카부터 시카고를 잇는 대륙횡단 도로의 일부분이다. 그리고 이 부근은 특히 선셋 스트립Sunset Strip이라고도 불리는데, 100년 전에는 이 동네에 카지노도 있을 만큼 밤 문화가 성행하던 곳이었다. 인근 헐리웃 관계자들도 이 곳을 즐겨 이용하기도 하고 운영도 하면서, LA를 대표하는 유흥가로 유명했다. 지금은 몇몇 클럽만 남아 명맥을 유지하고 있다. 기울어져 가는 이 동네의 분위기를 다시 살리고자, 건축주가 마르셀로 스피나에게 강렬한 디자인을 요구했다. 그는 세계적으로 유명한 건축가로 싸이악에서 건축설계를 가르치지만, 아직 많은 작품을 짓지는 않았다. 여기서는 **투명 플라스틱, 폴리카보네이트polycarbonate로 역동적인 입면을 만들어 오가는 사람들의 시선을 끌고 있다.** 현재는 문을 닫은 상태다.

1992WEIS, 2002LAEY, 2016CULI : 참고

'C'자 모양의 날렵한 지붕이 시선을 끈다.

주유소 뒤로는 세차장으로 가는 언덕이 있다.

주차장 앞에서 본 모습

건축 요소 분해도

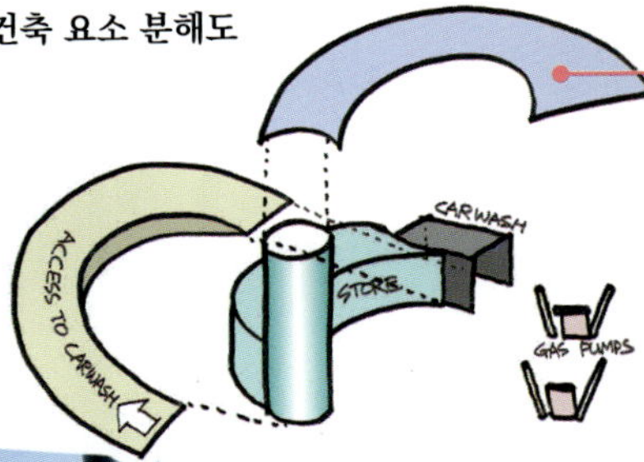

United Oil Gas Station

설계 : Stephen Kanner

주소 : 4700 W Slauson Ave, Los Angeles, CA 90056

사거리 모서리에 한 군데가 아니라 네 군데 모두에 주유소가 있다면, 이 교차로의 교통량을 짐작할 수 있다. 건축주가 건축가 스티븐 캐너에게 기본적인 요구사항 뿐만 아니라, 다른 3군데의 주유소보다 더 눈에 띄게 설계해달라고 요구했을 것이다. 우선 주유기 12개를 도로 가까이에 설치하고, 다음에 미니마켓을 설치한 후, 그 뒤로 세차공간과 대기차량을 위한 공간을 마련했다. 대기차량 아래에 창고 공간을 넣고, 세차 대기 차량은 창고로 생긴 언덕을 넘어가게 만들었다. 캐너는 화룡점정을 위해 주유기 위에 마치 붓글씨 쓰듯, 어쩌면 용이 승천하듯, 하늘에 'C'자 모양의 날렵한 지붕을 새겨 놓았다. 마켓 내부는 자동차 붐이 일던 1950년대 분위기를 떠올리게 꾸몄는데, 영화 백투더퓨쳐의 시기 또는 제임스딘이 활동한 시기다.

참고 : 1965UN76, 2007HELI, 2015PETE

기존 객석을 살려서 무대 또는
강의실로 이용할 건물이다.

객석을 향해 문을 열면 지붕 있는 무대가 된다.

무대 공간을 다른 용도로 쓰는 방법 탐구

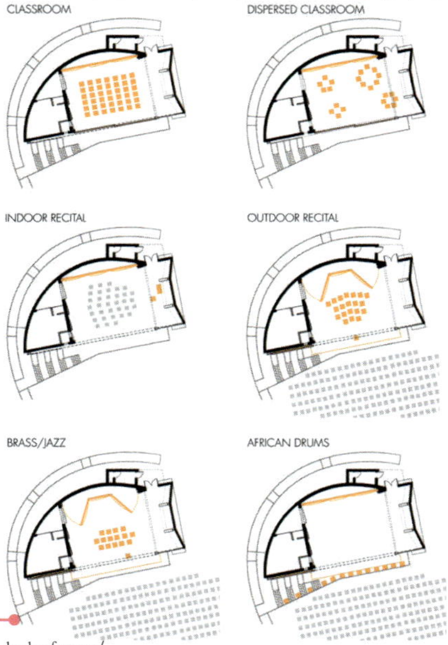

hplusf.com/

내부공간에 음을 분산하는
나무 장식

Wild Beast Pavilion at Cal Arts

Hodgetts & Fung : **설계**

24700 McBean Pkwy, Valencia, CA 91355 : **주소**

캘아츠는 월트 디즈니가 기존의 음대와 미대를 인수 합병한 후 창립한 예술대학(1961)이다. LA에서 북쪽으로 좀 떨어져 있고, 서울로 치면 파주 정도에 위치한다. 대학의 정문 바로 옆에 음대 강의실로도 쓰고, 학생들이나 이웃 주민들을 위한 다양한 공연장으로도 사용할 수 있는 건물을 짓는다. 기존의 콘크리트 객석이 있어서, 자연스레 건물의 향을 잡았다. **건물 자체가 작은 소극장으로 꾸며졌는데, 남쪽 벽을 밀면 극장 내부가 무대가 되고 잔디밭이 객석이 되게끔 만들었다.** 건물을 동판으로 감싸고 있는 지붕이 주변의 시선을 끌어 당기고, 건물에 새겨진 문구가 오래도록 머리에 남아 있다. '동물원이 아닌 정글에 살고 있는 야수가 어떻게 사는지 궁금하다. I am interested in how the wild beast lives in the jungle, not in the zoo.'

1953EAGL, 1991SHAT, 2013POTR : 참고

외피가 붉은 색이라 지나다니다가 눈에 확 띈다.

골강판의 방향을 다르게 해서 색이 다르게 보인다.

1층 복도

중정형 아파트 대신, 쌈지공원을 이웃과 공유하면서 판상형 집합주택을 지을 수 있었다. 주차장은 쌈지공원 밑까지 이용한다.

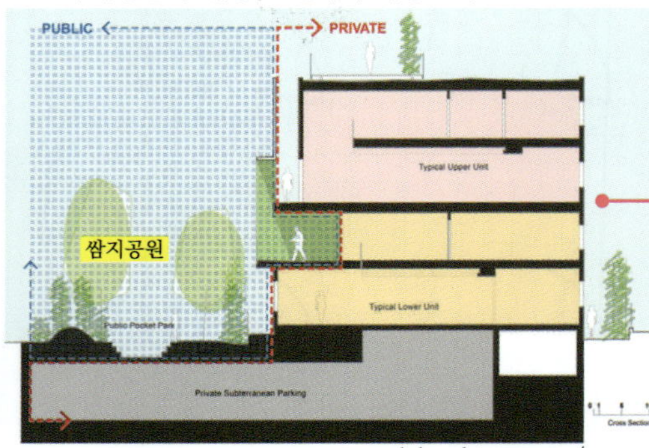

loharchitects.com/

Formosa 1140

설계 : Lorcan O'Herlihy

주소 : 1140 N Formosa Ave, West Hollywood, CA 90046

LA 인근에 서양인이 거주하기 시작한 18세기 말 이후 꾸준히 중정형 주택을 지어 왔다. 20세기 들어서 도시의 밀도가 높아지기도 했지만, 중정형 집합주택이 꾸준히 많이 지어졌다. 대지에 여유가 없어도 환기와 채광을 위해 조그마한 마당을 억지로 집어넣는 경우가 많다. 건축가 로컨 오헐리히는 이런 경우에 대한 대안을 제시했다. **대지의 1/3을 미리 쌈지공원pocket park으로 구획해서 아무나 와서 쉴 수 있게 할 테니, 대신 나머지 2/3의 대지에 마당 없이 집합주택을 채우도록 허락해 달라고 시에 제안했다.** 주민과 이웃 모두에게 서로 이로운 방안이었다. 다행히 이 제안이 받아들여져서 넓은 공원을 집 앞에 공유하게 되었다. 집합주택 건물 입면에 붉은 색의 철제 차양을 재미나게 설치해서 일부는 복도로도 쓸 수 있게 했다. 지하 주차장은 공원 밑에까지 연결되어 있다.

참고 : 1939PEAR, 1989APTS, 2018ELYS

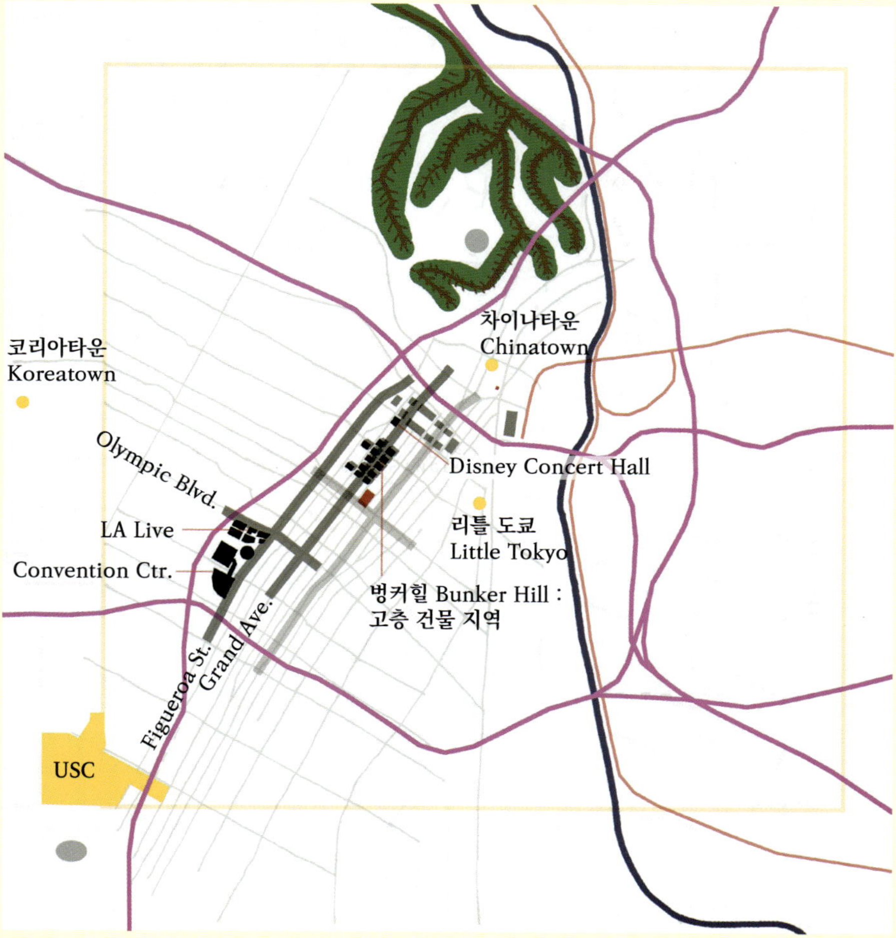

1860 1910 1960 **2010**

슬럼 지역이던 벙커힐이 1980년 대부터 본격적으로 개발되면서, 고층건물군이 도심의 랜드마크를 형성했다(1989LIBR). 그리고 21세기에 접어들면서 디즈니 콘서트홀을 중심으로 그랜드 길Grand Ave. 주변을 LA의 샹젤리제로 개발하고 있다.(1986MOCA, 1998COLB, 2002CATH, 2003WALT, 2009HIGH, 2015BROA, 2022GRAN) 한편 피게로아 길Figueroa St.과 올림픽 길Olympic Blvd. 인근에도 고층건물이 많이 들어서면서 새로운 도심으로 성장 중이다.(1999STAP, 2009LALI) 예전에 공업 지역이었던 리틀 도쿄 주변도 기존의 공장 건물을 재개발하기도 하고(2000SCIA, 2015ONES), 새로 고층 건물을 세우고 있다. 2028년 하계 올림픽 개최도시로서 도시 재정비 사업이 계속 진행중이다.

기존의 녹지를 보전하기 위해 박물관을
지하에 넣고, 지붕을 녹지로 덮었다.

도로에서 박물관으로 들어가는 경사로

경사로의 벽에 있는
창을 통해 자연채광한다.

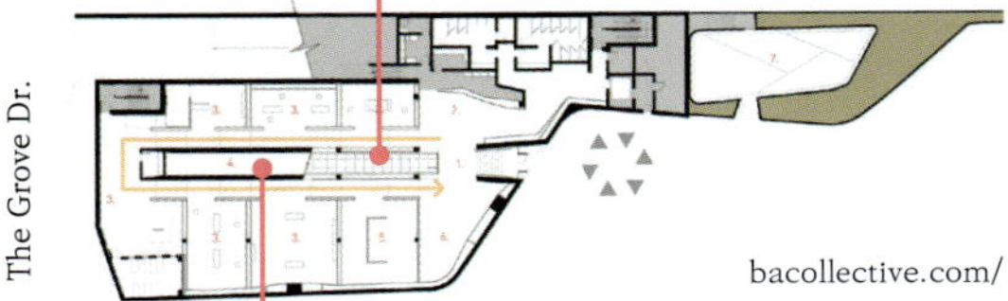

bacollective.com/

녹지 중간에 심어놓은
천창을 통해 자연채광한다.

Los Angeles Museum of the Holocaust

설계 : Hagy Belzberg

주소 : 100 The Grove Dr, Los Angeles, CA 90036

유대인들은 미국의 각 도시마다 유대인 학살 박물관이나 기념물을 세워, 2차세계대전 당시 나찌의 잔학상을 보여주고 있다. LA 유대인 학살 박물관은 미국 내에서 가장 오래된 것으로 여겨지는데, 1961년부터 고등학교 일부를 빌려서 쓰다가 이번에 독립된 건물을 지었다. **건축가 해기 벨즈버그는 박물관 대지가 공원에 속해 있어서, 녹지 훼손을 최소화하려고 노력했다. 그래서 필요한 프로그램 대부분을 지하에 넣고, 그 위에 콘크리트 지붕을 덮은 다음 다시 녹지로 지붕을 얹어 마감했다.** 박물관 관람객이 큰 도로에서 박물관으로 갈 때 일부러 길다란 경사로를 따라 내려 가게 만들었다. 박물관 내부로 들어와서는 방향을 반대로 틀어서 한바퀴 돌게 동선을 짰다. 지하로 내려오는 진입로의 옆벽을 통해 박물관 내부에 자연광을 끌어들이고 있다. 박물관 남쪽에 교육관 공사를 진행중이다.

참고 : 1996MTVR, 2009DCLA, 2022OCMA

길 건너 전철이 지나다니면서
한 번쯤 시선이 가는 조형물이다.

술취한 램프처럼 보이기도 한다.

단면도

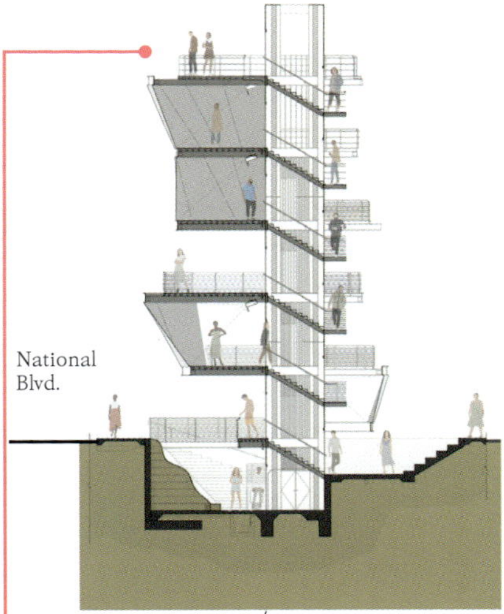

ericowenmoss.com/

조형물의 뒷면

Samitaur Tower

Eric Owen Moss : 설계
3524 Hayden Ave, Culver City, CA 90232 : 주소

전망대 겸 새로운 개념의 광고를 전시하는 오브제object다. LA와 샌타모니카는 서울과 인천의 관계로 간단히 설명할 수 있다. 하지만 두 도시의 거리는 서울-인천의 반도 안 될 정도로 가깝다. 두 도시를 잇는 전철이 이제서야 완공되었는데, 전철이 지나는 철로 옆에 자리한다. 건축가 에릭 오웬 모스는 이 동네에 이미 많은 건물을 그만의 건축 수법으로 바꾸었고, 이번에는 동네 입구에 상징물을 세운다. 사람이 거주하는 건물이 아니므로 예외 규정을 인정받아서 72ft(22m)까지 올릴 수 있었다. 땅 밑으로 1개층을 파서 콘크리트 객석을 만들고, 지상으로는 12ft(3.6m)마다 30ft(9m) 지름의 원형 평면을 엇갈려 배치한 후 반투명 플라스틱으로 덮어 그림판을 만들었다. 그림이 비치면, 마치 디즈니 애니메이션의 술 취한 램프처럼 보이기도 한다.

1996SAMI, 2016WAFF, 2023WRAP : 참고

쇼핑몰 주출입구

2층 평면도

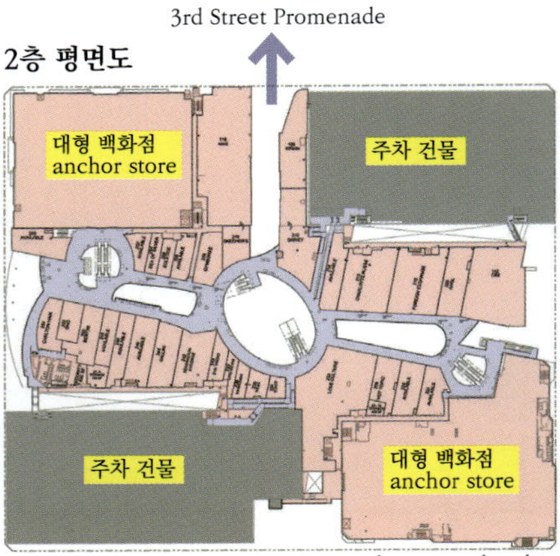

unknown authorship

2층에서 본 중앙 원형 광장

1층에서 본 중앙 원형 광장

Santa Monica Place

설계 : Jerde

주소 : 395 Santa Monica Pl, Santa Monica, CA 90401

샌타모티카 플레이스는 1980년에 지어진 3층짜리 대형 쇼핑몰로 프랭크 게리가 설계했었다. 쇼핑몰 앞의 3가 프로머네이드3rd St. Promenade와 연계되어 이 도시의 중심거리를 형성한다. 하지만 시간이 지나면서, 쇼핑몰의 매출이 조금씩 떨어져 갔다. 1999년에 건축주가 바뀌었고, 새 건축주는 밀도를 높여 고층 주상복합 건물로 지으려고 했다. 그러나 이웃 주민들이 밀도가 높아지면 교통량을 감당하기 어렵다고 반대해서, 새 계획안은 철회되었다. 할 수 없이 기존의 밀도를 유지하면서 인근 주민들을 끌어 모아야 했다. 건축 설계 사무소 저디는 샌디에고에 호튼 플라자Horton Plaza(1985)를 설계해서 대 성공을 거둔 경험이 있다. 실내 복도를 걷어 내어 기존의 거대 공간을 쪼갠 후, 3가 산책로를 쇼핑몰 안으로 끌어 들여 야외 쇼핑몰로 바꾸었다.

참고 : 1967SCPL, 2002GROV, 2015DAFC

체육관 앞에 커다란 캐노피가 시선을 끈다.

캐노피 아래는 다양한 행태가 일어나는 장소가 된다.

새 건물 오른쪽에 기존 교실 건물이 보인다.

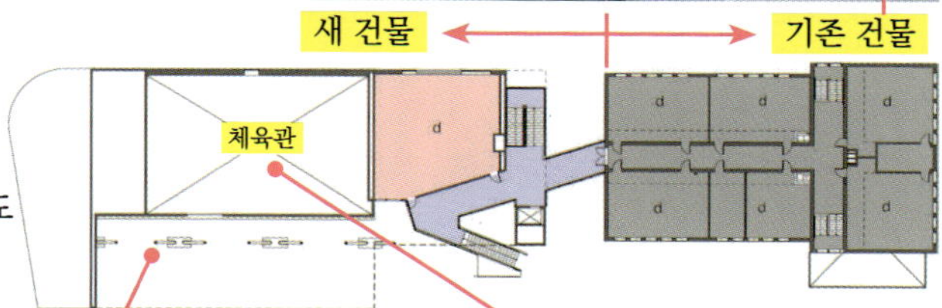

2층 평면도

St. Thomas the Apostle School

Griffin & Enright : 설계

2632 W 15th St. Los Angeles, CA 90006 : 주소

가톨릭 사립학교 (유치원 – 중학교)다. 학교의 동쪽에 역사가 150년도 넘는 로욜라 고등학교Loyola High School라는 명문 사립학교가 있다. 1930년에 지어진 기존 건물은 놔두고, 새 건물을 붙여서 증축하기로 한다. 설계는 마가렛 그리핀Margaret Griffin과 좐 엔라이트John Enright가 맡았다. 엔라이트는 모포시스에서 다이아몬드 랜치 고등학교(1999DRHS) 프로젝트의 실무 책임을 담당한 경험이 있어서인지, 두 학교가 비슷한 느낌이 든다. 대지가 학교치고는 아주 작다. 인근 대지와의 경계선에서 셋백해야 하는 것을 이용해서 대지경계를 따라 일방통행 도로를 만들었다. 지하 주차장과도 연결되고, 등하교 시 학생들이 내리고 타는 것도 다 여기서 해결했다. **체육관 앞 처마가 주변의 시선을 끌고, 처마 아래는 다양한 용도로 요긴하게 쓰인다.**

1999INTE, 2003ACCE, 2013ANIM : 참고

집 주
2011ALTA

클래식한 과거 페인트 공장 위에 모던한 새 매스를 올려 놓았는데, 나름 잘 어울린다.

클래식한 과거 공장 위에 모던한 새 매스

주차장 쪽 입면은 새롭게 바꾸었다.

내부 모습

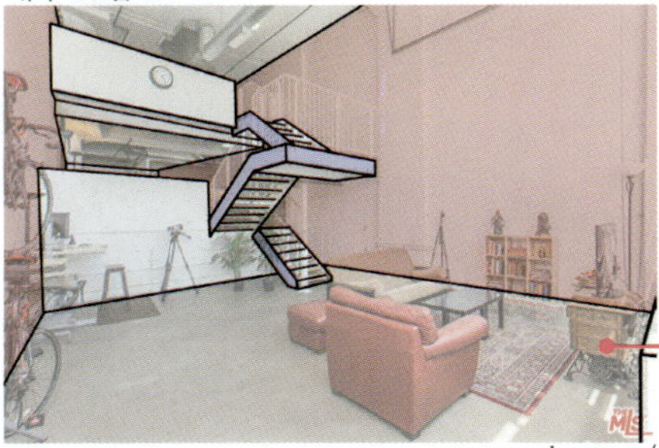

www.realtor.com/

단면도

unknown authorship

Alta Lofts

설계 : Pugh & Scarpa

주소 : 200 N San Fernando Rd, Los Angeles, CA 90031

대지가 자리한 동네르류 링컨하이츠Lincoln Heights라고 부르는데, 20세기 초에는 공장지대였다. 시간이 지나면서 공장들이 다른 곳으로 옮겨가고, 이 동네는 거의 버려지다시피 되었다. 이 건물도 원래 페인트공장 창고로 쓰였다는데, 윌턴 극장(1931WILT)을 설계한 건축가가 설계했었다. 건물이 나름 품위있게 잘 서 있었다. 약 800m 거리에 전철역이 생기면서, **대중교통 지향형 도시개발(T.O.D) 차원의 개발**을 시도한다. 건축가 퓨와 스카르파는 기존 건물을 최대한 살리면서, 상업시설, 저소득층 임대 아파트와 매매 가능한 아파트를 섞어서 설계한다. 가운데를 잘라내어 중정을 만들고, 이를 중심으로 촘촘하게 유닛을 배치했다. 기존 건물 위로 복층형 고급 주거 유닛을 올리고 금속 패널로 대범하게 덮었다. 기존 건물을 재생한 좋은 사례다.

참고 : 1978GEHR, 1982PETA, 1996CARL

디자인 요소

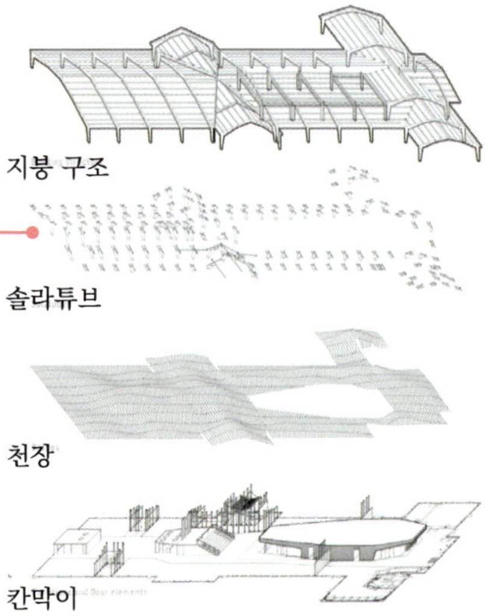

ltlarchitects.com/

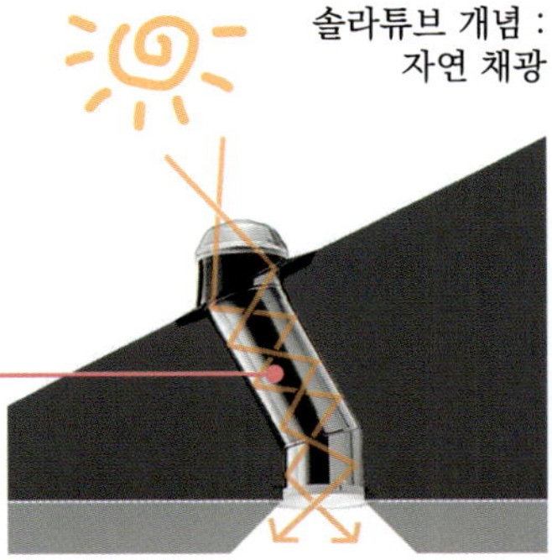

솔라튜브 개념 : 자연 채광

정면 : 수직 스크린이 영역을 표시한다.

저렴한 자재로 재미난 공간을 연출했다.

Claremont Univ. Consortium Administration

Lewis, Tsurumaki, Lewis : 설계
101 S Mills Ave, Claremont, CA 91711 : 주소

클레몬트 칼리지Claremont Colleges는 포모나 대학Pomona Collge을 중심으로 모여 있는 5개 리버럴아츠 대학과 2개의 대학원을 합쳐서 부르는 말이다. 인문학을 중심으로 가르치는 대학을 리버럴아츠 대학liberal arts college이라고 부르는데, 포모나 대학은 미국내 최상위에 올라 있다. 한국에서는 연세대 국제학부가 리버럴아츠 대학으로 분류된다. 7개 대학에 흩어진 행정처를 한 곳으로 모으려는 시도로 시작되었다. 기존에 지어진 창고 건물을 재사용하기로 했다. 건축가는 쌍둥이 루이스 형제와 추루마키가 맡았다. 창고 분위기를 없애기 위해, 삼나무 목재로 촘촘하게 건물 주변과 입구에 스크린을 쳤다. 천장이 높아서 에어콘 덕트를 가리기 위해 중간에 파도치듯 새 천장을 추가하고, **솔라튜브solatube라는 작은 천창 170개를 이용해서 자연채광을 한다.**

2002COLO, 2007HELI, 2013NEWP : 참고

남쪽 주출입구

북쪽에서 내려가는 계단

북쪽 출입구

프로그램 간에 협력을
도모하도록 꾸민 중정

남쪽 하늘에서 내려다 본 모습 :
캠퍼스의 가장 끝에 미술관이 자리한다.

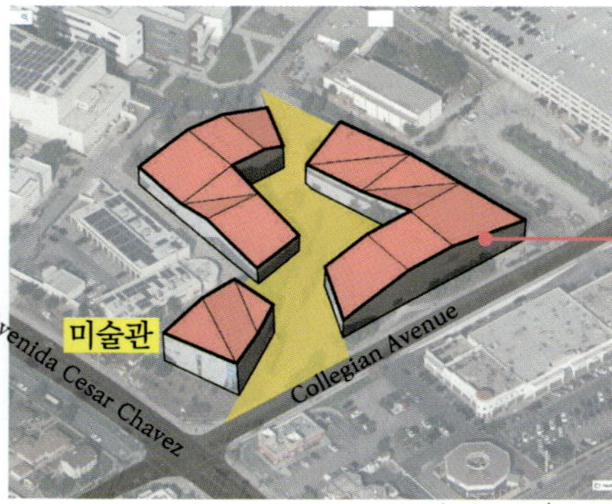

www.bing.com/maps/

East Los Angeles College - Arts Campus

설계 : Arquitectonica

주소 : 1301 Avenida Cesar Chavez, Monterey Park, CA 91754

이스트 LA 대학은 LA 시립 커뮤니티 대학community college 중 하나로 설립되었다. 커뮤니티 대학은 2년제 공립대학으로 2차 세계대전 즈음 직업학교 형식으로 출발해서 주민들의 평생교육기관으로 영역을 넓혀 왔다. 요즘은 4년제 대학으로 편입하기 위한 교육기관 역할도 한다. 이번에 이스트 LA 대학에 예술관련 학과를 위한 건물을 짓기로 한다. 프로그램은 공연예술, 미술, 음악 등과 독립된 미술관을 포함한다. 대지는 캠퍼스의 남동쪽에 자리 잡아서 미술관은 인근 주민들이 바로 접근할 수 있도록 대지의 모서리에 잡고, 나머지 프로그램은 대지 안쪽에 배치한다. 예술 관련 프로그램이 서로 협력할 수 있게 중정을 사이에 두고 건물을 지었다. **지붕을 평지붕이나 박공으로 하지 않고, 물결치듯 디자인해서 시각적인 즐거움도 준다.**

참고 : 2006CAMI, 2017SMMD, 2025MASC

남동쪽에서 본 모습

북서쪽에서 본 모습

건물 위에서 멀리 바우어 센터를 바라본다.

길다란 중정의 중간에서 본 모습

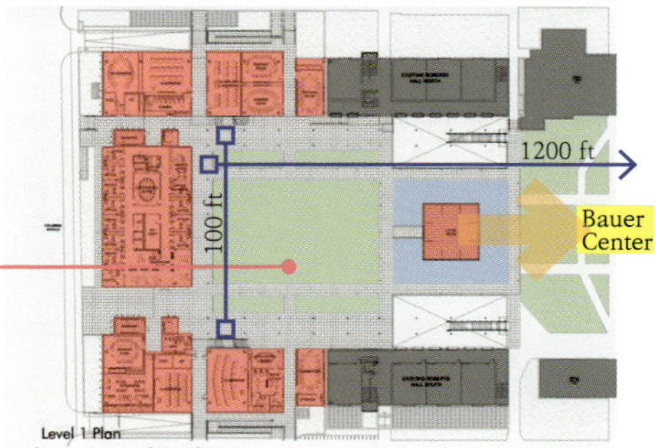

unknown authorship

남서쪽 가까이에서
본 모습

Kravis Center at Claremont McKenna College

Rafael Vinoly : 설계

888 N Columbia Ave, Claremont, CA 91711 : 주소

헨리 크레비스Henry Kravis라고 하는 클레어몬트 맥케나 대학 경제학과 졸업생이 거금을 기부해서 대학 건물을 짓는다. 클레어몬트 멕케나 대학도 클레어몬트의 7개 대학 중의 하나다. 대학 캠퍼스를 걷다 보면, 담장도 없고 건물도 비슷해서 학교의 경계를 찾기가 어렵다. 대지도 3 대학이 모여 경계를 이루는 곳에 있지만, 클레어몬트 연합 대학 전체의 중심에 위치한다고 이해하는 게 낫다. 건물이 들어설 자리는 동쪽의 바우어 센터 Bauer Center로부터 길다란 중정이 이어져 오는 곳이다. 중정 크기가 1200ft (360m) x 100ft (30m) 정도로 상당히 길다. 건축가 비놀리는 이 중정을 마무리 짓기 위해 건물의 평면을 'ㄷ'자로 만들었다. 전체 건물은 지하1층, 지상 4층으로, 건축 구조부터 형태까지 단순하면서 깔끔하게 설계를 마무리지었다.

1965UCIR, 2007CANA, 2016ROBE : 참고

남서쪽에서 본 모습 : 남쪽에는 태양광 패널이 가득하다.

남동쪽에서 본 모습

3층 평면도

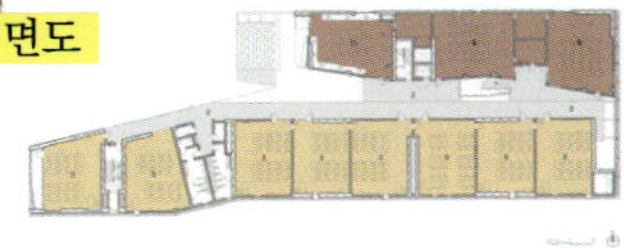

2층 평면도

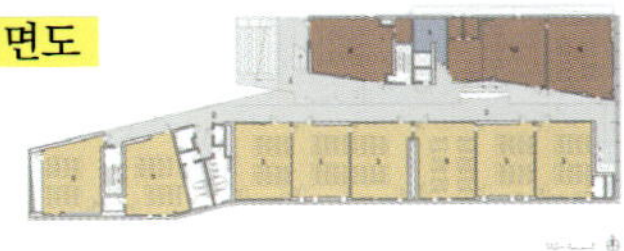

북쪽에 있는 학교 마당

1층 평면도

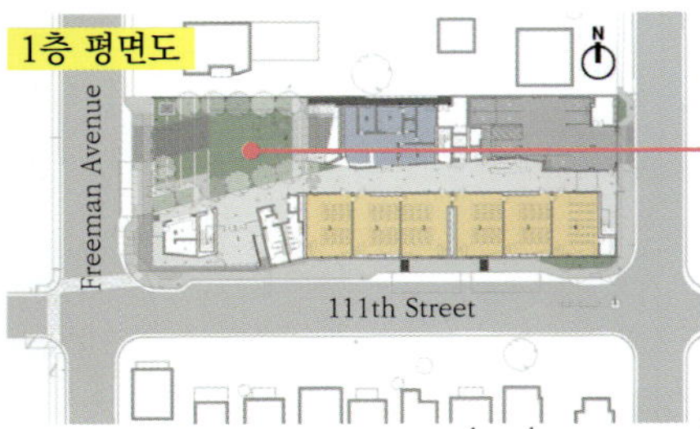

brooksscarpa.com/

Animo Leadership Green Dot School

설계 : Brooks & Scarpa

주소 : 11044 S Freeman Ave, Inglewood, CA 90304

21세기 들어 LA에서 가장 위험한 고등학교로 선정된 학군을 개선할 방안이 필요했다. 이에 대한 답으로 학교 인근에 독특한 교육 시스템을 갖춘 차터스쿨(2004)을 시작했고, 이번에는 새 대지에 새 학교를 짓게 되었다. 대지가 주택가에 있고 상당히 작다. 서쪽으로 길 건너에 중학교가 있어서, 이 쪽으로 학교의 주출입구를 내고, 반대편인 동쪽으로 작게나마 주차장을 만들었다. 남쪽 면 전체가 도로에 면해 있어서 우선 대지 경계선을 따라 길게 건물을 세운 후, **남쪽 입면 전체를 태양광 전지판으로 덮었다.** 남쪽에 건물이 있어서 북쪽으로 복도를 내고, 자연스레 북쪽에 그늘이 져서 북서쪽 공간을 다양한 용도로 쓸 수 있는 마당으로 꾸몄다. 마당 끝 동쪽에 널찍한 계단을 만들어 객석으로 쓸 수 있게 만들고, 전체적으로 친환경 요소를 적용했다.

참고 : 1999INTE, 2003ACCE, 2010STTH

구리 느낌나는 콘크리트 패널

콘크리트 패널은 과거 우체국 시절 편지를 분류하던 시절의 기억에서 출발했다.

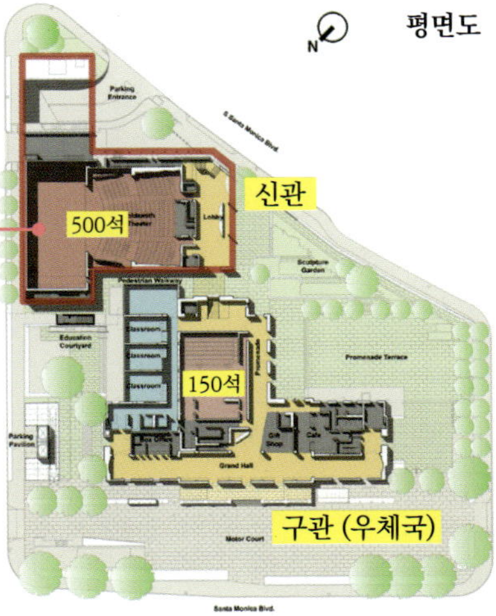

www.spfa.com/work/

왼쪽에 보이는 건물이 과거 우체국으로 쓰였다.

단면도

www.spfa.com/work/

Annenberg Center for the Performing Arts

SPF:a : **설계**

9390 N Santa Monica Blvd, Beverly Hills, CA 90210 : **주소**

베벌리힐스의 낡은 우체국 건물을 문화시설로 바꾸기로 결정했다. 언론재벌 상속녀 월리스 애넨버그가 거금을 기부하면서 프로젝트가 본격적으로 시작한다. 대지는 베벌리힐스 시청 서쪽의 사다리꼴 형태의 땅이다. 과거 우체국 건물은 이미 문화재로 등록되어 있어서 함부로 건들 수 없고, 대지의 남쪽과 북쪽에 있는 지하 주차장 출입구도 이용해야 했다. 건축가 졸탄 팔리Zoltan Pali는 500석 규모의 극장은 독립된 건물로 새로 짓고, 150석 규모의 소극장과 다른 부속 시설은 기존 건물을 이용하기로 한다. 새 건물은 'T'자형 평면으로 기존 건물보다 1개층 낮은 곳에 자리하게 된다. 발레파킹 후 기존의 우체국 건물을 거쳐 극장까지 가는 동선이 재미나다. 새 건물의 외벽은 칼라 콘크리트 패널로 우체국에 배달된 편지봉투를 상징한다.

1993CERR, 2008BROA, 2013POTR : 참고

파도가 연상되는 지붕 패턴이 반복된다.

시청사와 주차건물 사이는
다양한 행태가 일어나는 마당이다.

시청 위 전망대에서 태평양 쪽을 바라본다.

물결치는 지붕 디테일

태평양을 내려다 보는 전망대

생태 공원 위의 전망대

Newport Beach Civic Center

설계 : Bohlin Cywinski Jackson

주소 : 100 Civic Center Dr, Newport Beach, CA 92660

뉴포트비치라고 오렌지 카운티의 바닷가 부자 동네의 중심지역이, 고도 제한이라는 법규와 늪지대라는 자연 조건 때문에 한참 동안을 빈 땅으로 놔두고 있었다. 여기를 현상 설계를 통해 시청으로 개발하자는 아이디어가 제시되었고, 볼린 시윈스키 잭슨이라는 설계사무소의 계획안이 당선되었다. 대지는 남북으로 길다. 북쪽이 높고 남쪽이 낮은데, 경사는 완만하다. 긴 대지에서 남쪽 1/3 부분만 건물을 짓고, 북쪽은 녹지를 유지하기로 한다. 건물은 가운데 마당을 중심으로 둘러 서 있다. 시청은 투명성을 강조하기 위해 외벽을 온통 유리로 둘렀다. **지붕은 파도가 연상되듯 물결치는 요소를 반복적으로 사용했다.** 자연스레 북쪽으로 천창을 달아서, 자연 채광이 이루어진다. 마당은 다양한 이벤트 행사장으로 쓰인다.

참고 : 1966GLEN, 1973INGL, 2015PACO

평범한 주차건물을 탈피하는 건물 입면 장식

빨갛고 노란 입면 장식이 도로에 활력을 준다.

입면 장식 디테일

입면 장식과
계단이 섞여 있다.

단면도

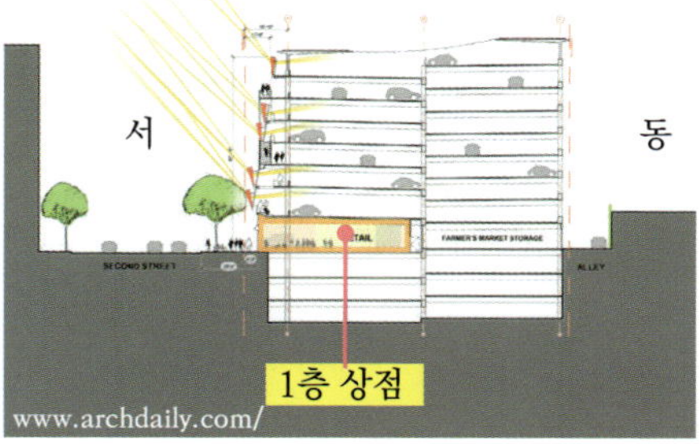

Santa Monica Public Parking Structure #6

Behnisch Architekten : 설계

1431 2nd St, Santa Monica, CA 90401 : 주소

샌타모니카에서 가장 사람들이 붐비는 곳이 3가 프로머네이드3rd St. Promenade다. 말 뜻 그대로 산책로인데, 산책로 주변이 유명한 상점들로 둘러싸여 있어서 야외 쇼핑몰로 여길 수 있다. 주말에는 거리 공연도 볼 수 있어서, 사람들로 붐빈다. 2014년에 가까운 곳에 전철역이 생겼지만, 아직도 많은 사람들이 자가용 자동차로 찾아 온다. 시에서는 3가 인근에 주차 건물 몇 채를 지어서 이들이 편하게 주차할 수 있게 했다. 이 중 하나다. 건축가는 독일 건축가 스테판 베니쉬다.(귄터 베니쉬의 아들) 지하 3층, 지상 7층 주차 건물을 세웠다. **1층에는 상점도 배치하고, 도로 쪽에 빨간 색으로 야외 계단을 설치해서 입면에 강한 인상을 주었다.** 나머지 벽면에는 빨갛고 노란 반사판을 설치해서 주차장 내부에 자연채광을 시도했고, 인근 보행자에게는 산뜻한 기분을 준다.

1994PERS, 2014ARTI, 2022SIXT : 참고

경계에서 공원으로 이어지는 작은 원형 극장

평면도

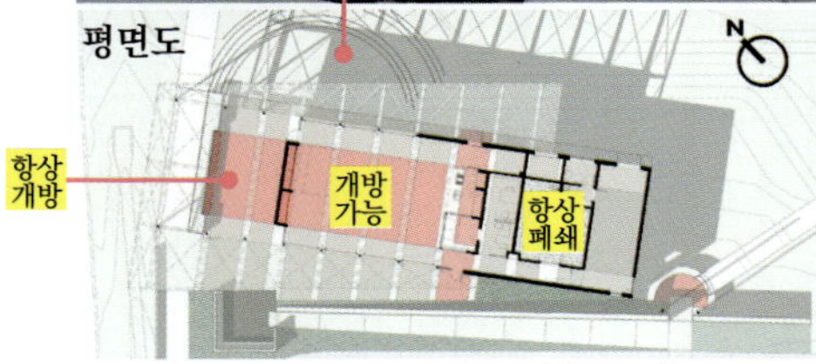

www.lehrerarchitects.com/

네 칸의 유리 문은 위로 말려 올라간다.

항상 개방되고, 다양한 행태로 쓰이는 야외 공간

대문 역할하는 건물

주차장과 공원 사이 경계에 자리한 건물

Potrero Heights Community Center

설계 : Michael Lehrer

주소 : 8051 Arroyo Dr, Montebello, CA 90640

조용한 주택가의 공원 입구에 부속 건물을 지어야 했다. 공원과 주차장 사이에 지어져서 **대문 역할도 해야 하고,** 공원 자체도 크지 않기 때문에 가능하면 공원에 묻히는 건물이길 원했다. 모순일 수도 있지만, **대중들이 모이는 아이콘icon 성격의 건물**이기도 바랐다. 건축가 마이클 레러는 커뮤니티 시설을 여러 채 지은 경력이 있다. 프로그램이 단순할 수도 있지만, 모순된 수수께끼를 풀어야 한다. 건물의 동쪽에는 창고와 화장실, 사무실, 부엌 공간을 넣어 막힌 공간으로 만들고, 서쪽은 열 수 있어서 때에 따라 사람들이 지날 수 있게 했다. 가운데는 유리벽을 세워 회의실로도 쓸 수 있고, 유리벽을 들어 올리면 밖과 완전히 열리게 만들었다. 레러의 대부분의 건물이 그렇듯, 대부분 흰 색이고, 일부를 빨간 색으로 강조한 부분이 있다.

참고 : 1953EAGL, 1991SHAT, 2009WILD

물 흐르듯 곡선으로 짜여진 산책길

배치도

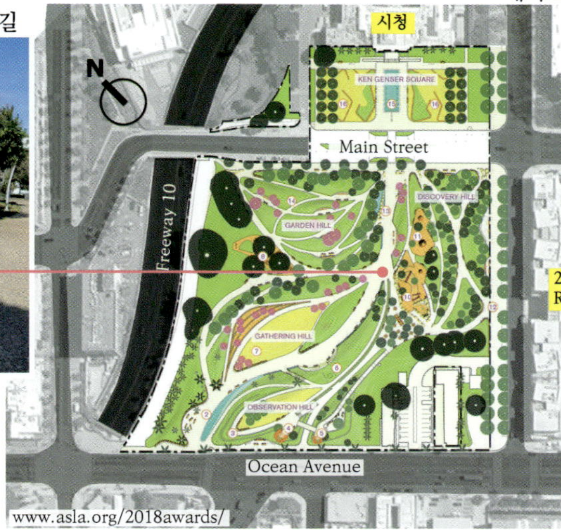

2004
RAND

공원에서 본 전망대

Ocean Ave.에서 본 전망대

Tongva Park

James Corner : 설계
1615 Ocean Ave, Santa Monica, CA 90401 : 주소

기존의 랜드 연구소 사옥이 있었는데, 남쪽에 새 사옥(2004RAND)을 지으면서, 이 프로젝트가 시작되었다. 북쪽으로는 프리웨이가 지나가고, 서쪽으로는 한 블럭 너머에 바닷가 백사장이 펼쳐진다. 샌타모니카 시 정부는 논의를 거쳐 뉴욕의 조경 설계가 제임스 코너에게 공원 설계를 의뢰했다. 그는 부산 시민공원과 강릉 씨마크 호텔의 조경 설계를 담당한 사람이기도 하다. 우선 동쪽의 시청 앞마당은 시청사가 좌우대칭이므로 이 분위기를 살리고, 이 다음부터는 기존 지형을 따라 서쪽으로 완만하게 내려간다. 통바는 남부 캘리포니아 인근에 살던 아메리카 원주민 부족을 칭하는데, 공원과 특별한 관련은 없다. 인근 주민들과 여러 차례 워크샵을 거치면서, **물 흐르듯 자연스레 언덕과 계곡을 만들고 인근에 자생하는 식물을 심고 전망대를 설치했다.**

1942BALD, 1954WATT, 1994PERS : 참고

규모가 커서 격납고같은 느낌도 들고,
외피를 통해 커다란 곤충같게 보이기도 한다.

배치도

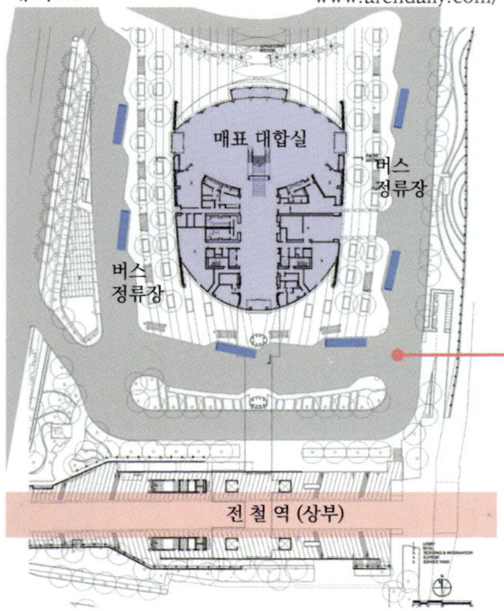

북쪽 주차장에서 본 모습

주출입구 디테일

넓고 밝은 내부 매표 대합실 공간

Anaheim Regional Transportation Intermodal Ctr.

설계 : HOK (Hellmuth, Obata, & Kassabaum)
주소 : 2626 E Katella Ave, Anaheim, CA 92806

LA 남동쪽의 오렌지Orange 카운티는 이 부근의 인구가 많아지면서 1889년에 LA 카운티로부터 독립했다. 애너하임은 오렌지 카운티의 중심지로 LA를 서울로 치면 수원으로 생각하고, 애너하임 지역 교통 센터는 수원역으로 이해하면 좋을 듯 싶다. 대지의 북쪽에는 프로아이스하키 경기장이 있고, 남쪽에는 프로야구 경기장이 위치해 있다. 전철, 기차, 고속버스, 시내버스, 택시 등 현재 운영되는 모든 대중 교통수단이 여기에 다 모인다. 미래의 고속철도 연계도 염두에 두었다. 국제 현상설계를 통해 HOK 공항 설계팀의 안이 당선되었다. 첫인상은 비행기 격납고 분위기가 난다. 전체 외형은 커다란 아치를 줄지어 배열한 틀을, 투명한 플라스틱 ETFE(ethylene tetrafluoroethylene)로 덮었다. 햇빛 가득하지만, 내부 공기를 잘 처리해서 안이 생각만큼 덥지 않다.

참고 : 1994PERS, 2013PARK, 2024INTU

프로그램 해부도

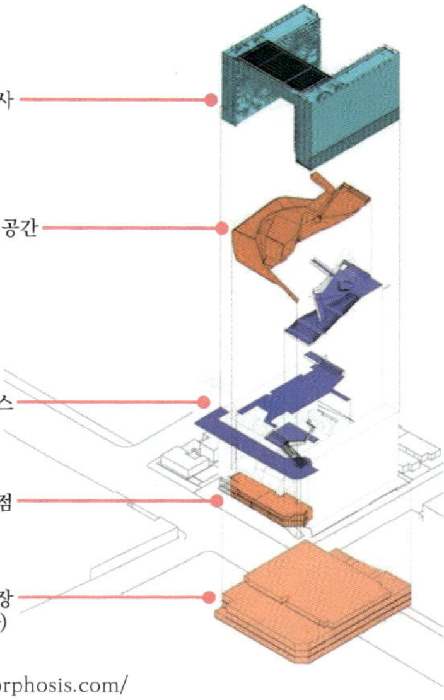

www.morphosis.com/

북서쪽 길 건너에서 본 모습

편의점 위 2층,
학교 마당으로 오르는 계단

기숙사 건물의 마당 쪽 장식

큰 물고기가 액자를 뚫고
나오는 듯한 강의 공간

Emerson College Los Angeles

Morphosis : **설계**

5960 Sunset Blvd, Los Angeles, CA 90028 : **주소**

보스턴Boston에 본교가 있고 커뮤니케이션과 예술 쪽에서 꽤 유명한, 에머슨 칼리지가 LA 인근 버뱅크Burbank에 분교를 운영하고 있었다. 헐리웃과 연계된 교육을 위해 과감한 행보를 내디딘다. 헐리웃에 대지를 얻고, 세계적인 건축가 탐 메인Thom Mayne(모포시스의 대표 건축가)의 설계로 기념비적인 대학 건물을 지었다. **도로에서 봤을 때 커다란 'ㅁ'자 틀을 세우고, 물고기가 헤엄치는 듯한 건물을 이 틀 안에 집어넣은 느낌이 든다.** 지하에 3층 주차장을 만들고, 1층에는 도로 쪽으로 편의점을 배치해서 이웃과 공유한다. 학교는 2층부터 시작한다. 동쪽과 서쪽의 큰 틀에는 학생 기숙사로 채우고, 기숙사 사이 물고기가 헤엄치는 듯한 것에는 강의실이 들어가 있다. 기숙사의 마당 쪽 벽에는 마치 수백 마리의 새들이 붙어 있는 듯 꾸몄다. 기숙사 복도를 살짝 가리는 스크린 역할을 한다.

2004CALT, 2009LAPD, 2015PACO : **참고**

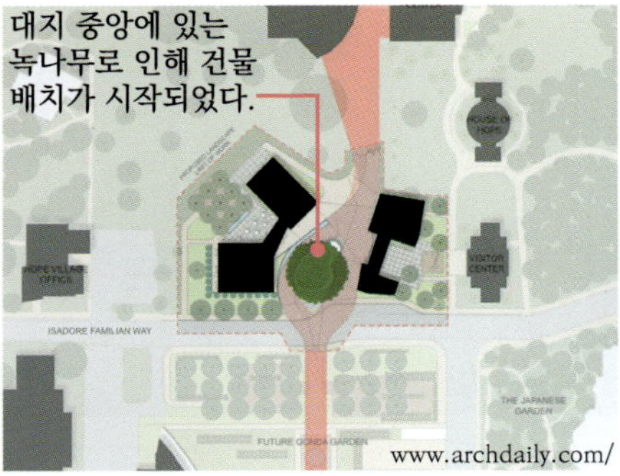

북쪽 길에서 본 녹나무

남쪽 길 건너에서 본 녹나무

녹나무 주변에 들어선 건물

지붕에서 뻗어나와 벽이 되고, 벤치가 되었다.

벽이 벤치와 만나는 부분의 디테일

Kaplan Family Pavilion at City of Hope

설계 : Hagy Belzberg

주소 : 1500 Duarte Rd, Duarte, CA 91010

시티오브호프는 1913년에 원래 결핵 요양원으로 출발해서 성공적으로 자리를 잡아, '희망의 도시'라는 이름을 얻게 되었다. 현재는 항암치료 기관으로 미국 전체에서 최우수 병원 중 하나로 꼽힌다. 100주년을 맞아, 환자의 물리적 치료 뿐만 아니라 정신적인 웰빙 치료까지도 지향하는 시설로 거듭나기 위해 이 프로젝트가 시작되었다. 해기 벨즈버그가 건축가로 선정되었고, 설계를 해나가는 과정에서 대지가 살짝 변경되었다. 건축주는 원래 대지의 서쪽에 있던 건물만 부수고 그 자리에 새 건물을 지으려 했었다. 하지만 벨즈버그가 커다란 녹나무를 중심으로 건물을 둘러 배치하자고 제안했고, 건축주가 받아들여서 현재의 모습으로 지어졌다. **녹나무를 향한 벽은 지붕이 물결치듯 곡선으로 변해 벽이 되었다가 벤치로 마무리된다.** 홀로코스트 박물관(2010HOLO)의 경험이 도움이 되었다.

참고 : 2010HOLO, 2013POTR, 2016CULI

아파트 내 외부통행로

사거리에서 본 아파트

피코 길 보행로에서 본 모습

디자인 발전 과정

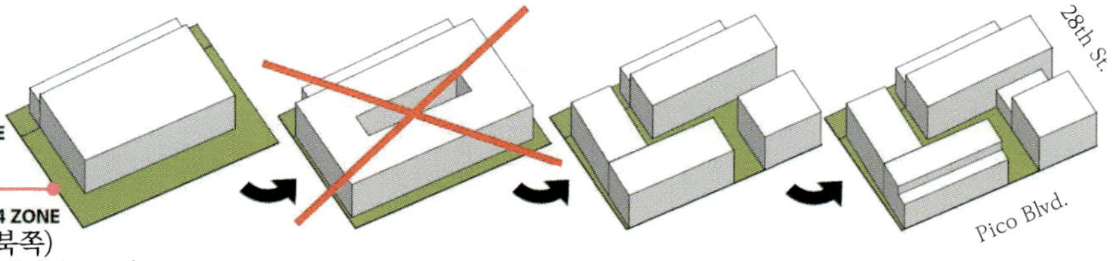

www.archdaily.com/

2802 Pico Housing

Moore, Ruble, & Yudell : 설계
2802 Pico Blvd, Santa Monica, CA 90405 : 주소

대지 앞 주도로인 피코 길은 저층 상업거리이다. 대지 주변은 주택가이지만, 반경 1.5km 거리에 업무시설도 있고, 샌타모니카 칼리지도 있다. 집합주택이 들어서기 괜찮은 곳이다. 대지가 전반적으로 상업지역에 속하지만, 남쪽 일부는 주거지역에 속한다. 건축주는 100% 저소득층을 위한 임대아파트로 짓기로 한다. 건축가 루블과 유델은 스승 찰스무어의 가르침을 이어 받아 인본주의 건축을 실천 중이다. 전체적으로 'ㄱ'자 두 개의 건물이 서로 마당을 마주 보며 튼 'ㅁ'자 형 주택을 이루게 설계했다. 이덕에 이웃 건물들과도 조화를 이루게 했다. 2 도로가 교차하는 부분에는 상업공간을 마련해서, 이웃과 소통하고자 시도했다. 주거지역에 속하는 부분은 3층이고, 나머지는 4층이다. 아기자기하게 공간을 잘 꾸몄다.

2016CRES, 2018PLAZ, 2021GRAM : 참고

도서관 건물 : 남서쪽에서 본 모습

도서관 건물 : 동쪽에서 본 모습

도서관 건물 : 울퉁불퉁한 지붕

도서관 건물 : 내부

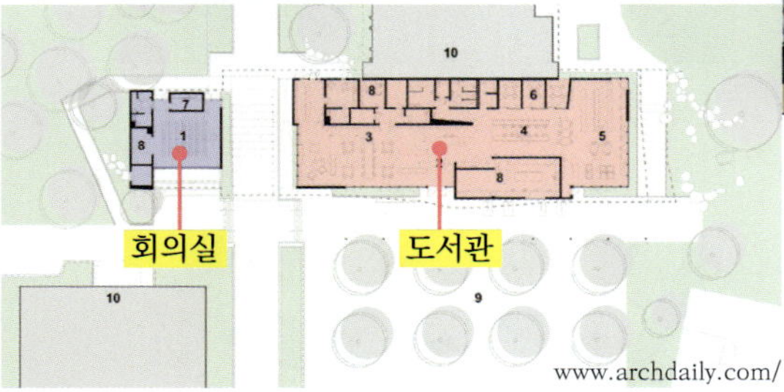

Pico Branch Library

설계 : Koning & Eizenberg

주소 : 2201 Pico Blvd, Santa Monica, CA 90405

샌타모니카 시가 거의 60년 만에 마을 도서관을 짓기로 한다. 대지는 주택가 공원 안인데, 토요일마다 장도 서고 다양한 프로그램이 운영되는 곳이다. 기존의 프로그램을 온전히 수용하면서, 여러 가지 용도로 변형이 가능한 도서관에 커뮤니티 회의실을 추가한다. 건축가는 부부 건축가 행크 코닝Hank Koning과 줄리 아이젠버그Julie Eizenberg다. **도서관을 커뮤니티의 거실이라는 개념으로 놓고 시작한다.** 기존의 커뮤니티 시설에 덧붙여 가로로 길다란 사각형 건물을 공원 중간에 놓았다. 기존의 공원 보행로를 방해하지 않기 위해 건물 중간을 뚫었다. 건물 평면은 간단한데, 지붕은 바위 산처럼 울퉁불퉁하게 얹었다. 중간에 천창을 뚫어 열람실 내부에 자연채광도 하고, 친환경 요소를 많이 이용해서 친환경 건축 최고등급을 받았다.

참고 : 2005LITT, 2015MANH, 2019BJKL

가벼운 지붕 구조

북서쪽에서 본 미술 수업관

2층 평면도
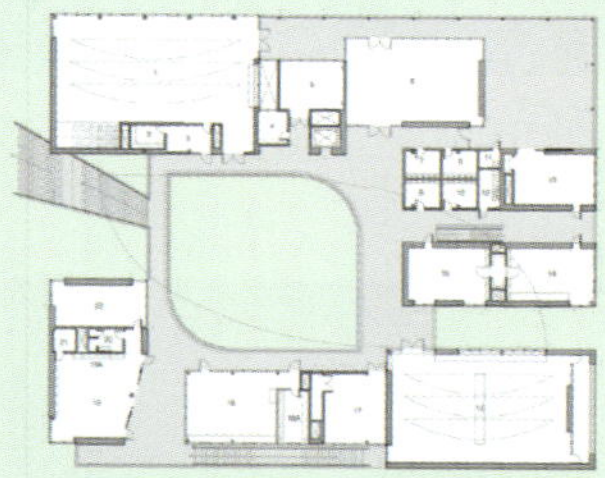
www.archdaily.com/

1층에서 본 중정

2층에서 본 중정

2층으로 오르는 계단

Pomona College Studio Art Hall

(wHY) Kulapat Yantrasast : **설계**
370 Columbia Ave, Claremont, CA 91711 : **주소**

리버럴아츠 대학 명문, 포모나 칼리지에 미술적 소양을 키우기 위한 건물을 짓는다. 설계는 태국에서 온 건축가 꿀라팟 얀트라사스트가 맡았다. 그는 태국에서 건축학부를 마치고, 일본으로 건너가 도쿄대에서 박사까지 취득했다. **안도 다다오 밑에서 실무를 익힌 후**, LA로 건너와 USC 건축과 교수, 요 하코모리와 wHY라는 설계사무소를 열었다가, 현재는 혼자 운영중이다. 대지의 서쪽에 학교 건물들이 들어서 있고, 동쪽으로는 녹지가 펼쳐져 두 영역 사이에서 경계의 성격을 갖는다. 건물은 중정형으로, 주변 사람들의 통행을 방해하지 않기 위해, 여러 군데를 텄다. 지붕이 건물 전체를 덮고 있지만, 목재를 이용해서 가볍게 얹었다. 두 개의 스튜디오에는 지붕에 천창을 만들어 자연광을 끌어들이고 있다. 친환경 방식으로 지었다. 2007년에 Grand Rapids Art Museum을 짓기도 했다.

2011ELAC, 2011KRAV, 2014EMER : **참고**

주차건물 위에 사무실 공간을 올려 놓았다.

주차건물에서 여러 상자가 튀어나오는 듯하다.

부분 마무리 상세

높이 제한 때문에, 최상층은 평평하게
지붕을 마무리해야 했다.

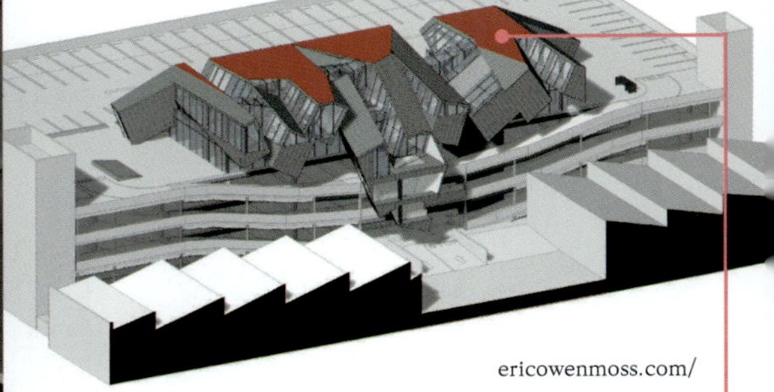

ericowenmoss.com/

The Pterodactyl

설계 : Eric Owen Moss

주소 : 3540 Hayden Ave, Culver City, CA 90232

에릭 오웬 모스가 20년 넘게 이 동네에서, 재미난 방법으로 건물 하나씩 변형하는 작업을 해 왔다. 이번 대지는 1998년에 지어진 4층 짜리 주차 건물 위다. 나중에 지어질 건물에 대비해서 미리 800대를 주차할 수 있게 만들었는데, 뭔가 잘못이 있었나 보다. 10여년이 지난 후에는 생각보다 작은 규모로 건물을 올릴 수 밖에 없었다. 광고회사가 쓸 건물이다. 모스는 **9개 상자를 주차장 위에 삐딱하게 올려 놓는 것으로 설계를 시작했다.** 입구 쪽으로 제멋대로 비스듬하게 내려놓으면서, 마무리지었다. 1층은 일반 건물처럼 벽 없이 넓직하게 열려 있고, 2층과 주차장 앞으로 내민 공간은 비스듬한 상자 때문에 재미난 공간이 생겼다. 차가 오가는 곳은 파내고, 높이 제한 때문에 사무소 건물 위는 평평하게 쳐냈다. 건축가는 익룡에서 영감을 얻어서, 이런 이름을 붙였다.

참고 : 2010SAMI, 2016WAFF, 2023WRAP

4층 평면도

거대한 성채처럼 보이는 저소득층을 위한 아파트

2층 평면도

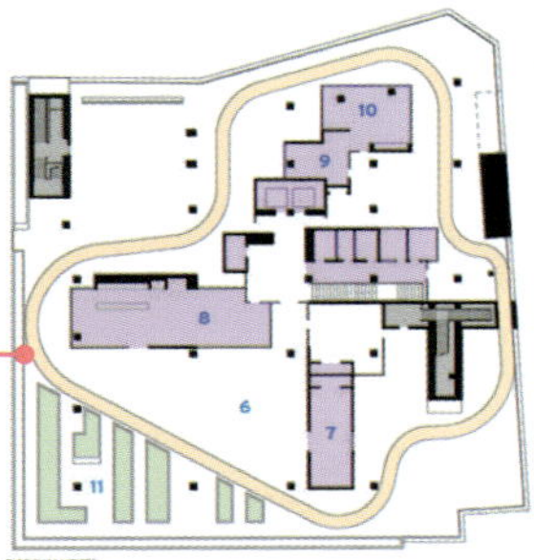

1층 평면도

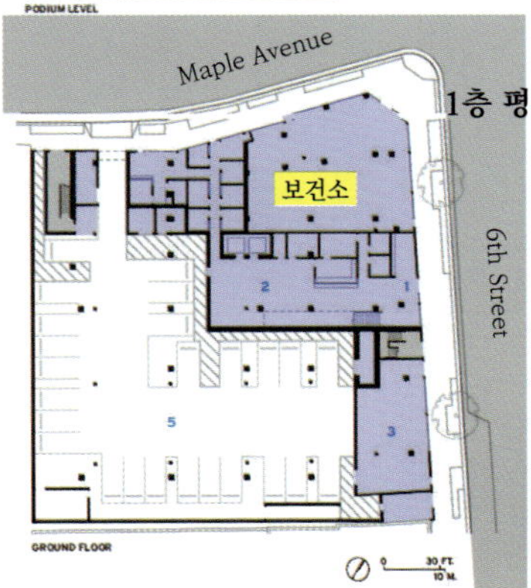

www.architecturalrecord.com/

단면도

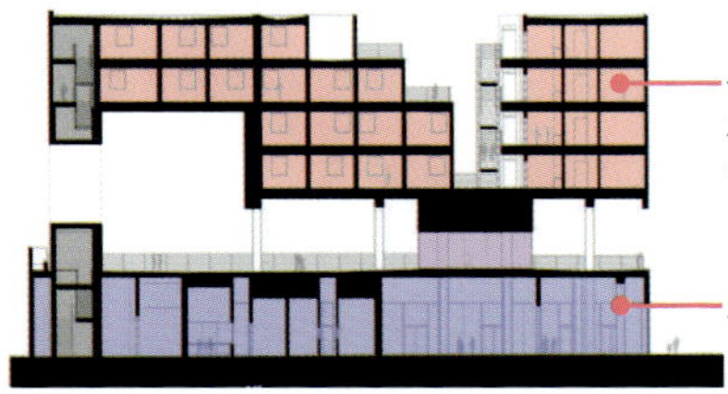

공장에서 만든 후 현지에서 조립한 주거 유닛

보건소

Star Apartments

Michael Maltzan : 설계

240 E 6th St, Los Angeles, CA 90014 : 주소

한낮에도 LA 도심 거리에 노숙자들이 떼지어 앉아 있는 동네다. 이 동네에 있던 1층짜리 상업 건물을 없애고, 노숙자들이 사는 보금자리를 만들기로 한다. 건축가는 이미 저소득층 임대 아파트를 여러 채 지은 마이클 몰츤이 맡았다. 보통 이 건물이 임대아파트라고 하면, 어떻게 이렇게 우람한 모습으로 지을 수 있는 지 의아해 한다. 이번에는 복합 건물로 짓는다. 1층에 시 정부 주거 관련 기관과 보건소가 들어서 인근 노숙자 문제를 해결하려 했다. 2층에는 거주자들이 공동으로 사용하는 시설과 특이하게도 외곽을 따라 조깅 트랙을 만들었다. 3층부터 6층까지가 임대 아파트에 해당하는 공간인데, **철골로 바닥판을 만들고 이 위에 공장에서 만든 모듈러 주거 유닛을 올려 놓았다.** 사선으로 지나가는 것은 비상계단이다. 마이클 몰츤의 대표작이라고 할 만 하다.

2015ONES, 2016CRES, 2017BRIC : 참고

마을 입구에서 보니 멀리 LA 도심이 보인다.

2개의 박공 지붕 아래에 3개의 유닛이 있다.

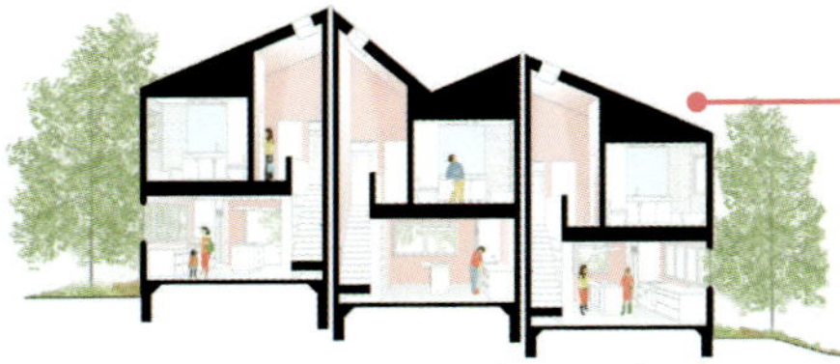

bestorarchitecture.com/

독립된 건물

5개의 독립된 대지를 합친 후 개발한다.

www.google.com/maps

주택들 사이의 넓은 마당 : 다양한 이벤트 장소

BlackBirds

설계 : Bestor Architecture

주소 : 2028 Blackbirds Way, Los Angeles, CA 90026

LA에서는 보기 드물게, 3면이 낮은 산으로 둘러싸인 골짜기에 자리한 동네다. 열린 골짜기 사이로 LA 도심이 한 눈에 들어오는 명당이다. 5개의 대지를 통합한 다음, 여기에 9개의 건물을 지었다. 건축가는 바바라 베스터Barbara Bestor다. 주거 유닛은 한 건물에 2~3개의 유닛을 채워, 모두 18개의 주거 유닛이 어우러져 있다. 가운데 마당을 중심으로 9개의 짙은 회색 또는 흰색 건물이 감싸고 있다. 컬드색cul-de-sac(막힌 골목)으로 이해할 수 있다. 마당은 조경공간이면서 주차장으로 쓰이다가, 특별한 경우에는 주민들의 공동 행사 공간으로도 쓰인다. 2개의 박공 지붕으로 된 건물에는 3개의 주거 유닛이 들어 있다. **대개는 게이티드 커뮤니티로 개발하면서 이웃과 담장을 쌓는데, 여기서는 열려 있다.** 이웃과 함께 사는 공동주택의 좋은 예다.

참고 : 2019ASHL, 2020ATWA, 2021CANY

3층 전시공간으로 오르는 에스컬레이터

미술관의 주 출입구

1층 로비 공간 : 에스컬레이터가 보인다

개념 스케치

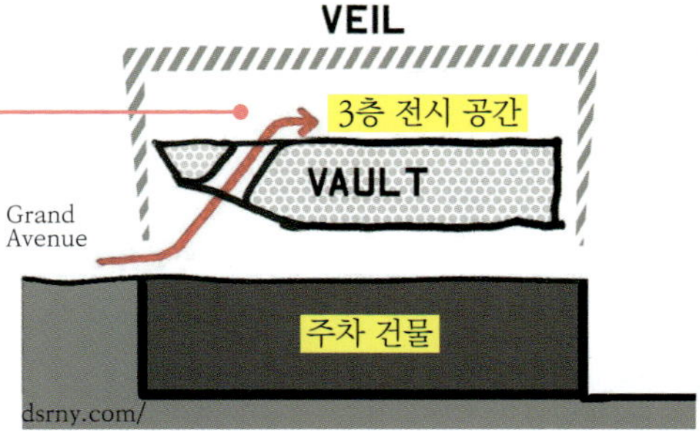

3층 전시 공간 : 기둥이 하나도 없다

The Broad

Diller, Scofidio, & Renfro : **설계**
221 S Grand Ave, Los Angeles, CA 90012 : **주소**

LA에서 손꼽히는 사업가, 일라이 브로드Eli Broad가 이번에는 자신의 이름이 들어간 독립 미술관을 짓기로 한다. 디즈니 콘서트홀 옆의 대지인데, 세계적으로 유명한 건축가들을 제치고, 딜러와 스코피디오와 렌프로 설계사무소의 안이 당선한다. 주 진입로인 그랜드 길Grand Ave.이 대지보다 높이 있어서, 먼저 기존 대지 땅에서부터 그랜드 길까지 주차 건물을 지었다. **건축가는 이미 지어진 디즈니 콘서트홀을 존중해서, 브로드 미술관은 단순한 상자형태로 시작했다.** 대신 이를 구성하는 부분은 하나하나가 조각품처럼 꾸몄다. 미술관의 1층을 뚫고 올라가는 에스컬레이터 위에 3층 전시공간이 있다. 이 공간은 **평면이 60m x 60m의 크기인데, 기둥이 하나도 없다.** 이 큰 공간을 감싸는 천장 전체로부터 자연채광을 이루어내어 기념비적인 미술관을 창조해냈다.

1986MOCA, 1997GETT, 2022OCMA : **참고**

고급스런 쇼핑몰 내부 교차로 : 천창 덕에 밝다.

동쪽 입구에는 계단식 공간이 마련되었다.

배치도

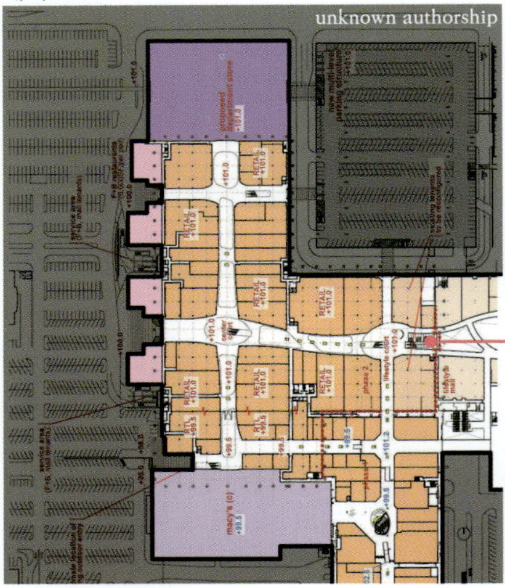

Del Amo Fashion Center

설계 : 5+Design

주소 : 3525 W Carson St, Torrance, CA 90503

원래 1959년에 현재 쇼핑몰의 남쪽 블럭에 큰 상가 건물이 들어서면서 역사가 시작한다. 해가 지나면서 이웃에 이런 큰 상가 건물이 여기저기 들어섰다. 1981년에는 남과 북 2개의 블럭에 자리하고 있던 독립 건물들을 하나로 연결된 건물로 통합하는 대형 프로젝트가 실현되었다. 이렇게 해서 1992년까지 미국 최대의 쇼핑몰이라는 기록을 갖게 되었다. 이후 약 20년이 지난 후부터 매출이 급감하자, 새로운 시도를 한다. 전세계에 대형 건축물 설계를 많이 해온 5+디자인이 쇼핑몰 전체 분위기를 새롭게 바꾸었다. 우선 **고급스런 분위기로 만들기 위해 쇼핑몰 내부를 갤러리를 걷는 기분이 들도록 꾸몄다.** 그리고 사시사철 온화한 기후를 반영해서 바닷바람을 느낄 수 있는 외부공간을 마련하고, 내부에도 식물을 끌어들여 밝고 화사하게 만들었다.

참고 : 1967SCPL, 2002GROV, 2010SANT

도서관 뒤편은 다양한 이벤트 공간으로 쓰인다

도로에 나란하게 자리잡은 투명한 도서관

기존의 시청과 대비되게 자리잡은 도서관

1층 평면도

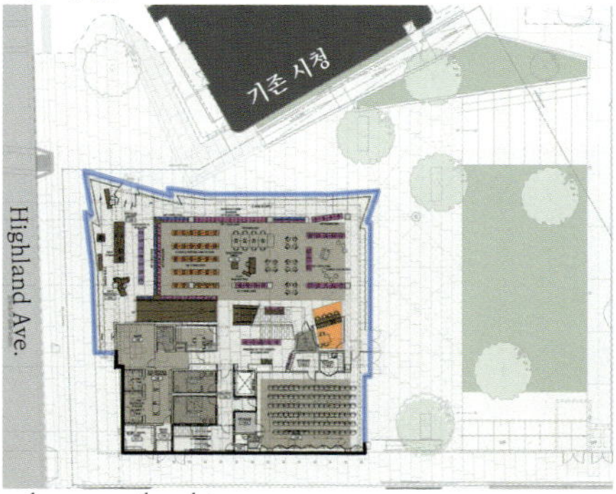

unknown authorship

2층에서 투명한 외벽 너머
바다 풍경을 즐길 수 있다.

Manhattan Beach Library

Johnson & Favaro : **설계**

1320 Highland Ave, Manhattan Beach, CA 90266 : **주소**

맨해튼 비치 시청 옆에 기존의 도서관을 부수고, 새 도서관을 짓기로 한다. 북쪽에 자리한 시청은 벽돌 건물로 정사각형 평면을 보이고, 길에서 삐딱하게 돌아서 앉아 있다. 새 도서관은 시청과 비슷한 크기의 정사각형 평면에서 시작하지만, 도로와 나란하게 배치하고 투명 유리로 마감했다. 그냥 단순한 사각형 평면에서 벗어나기 위해 시청과 마주한 모서리는 뾰족하게 처리했다. 건물 전체를 덮고 있는 유리는 에너지 효율을 높여 생각만큼 내부 공간이 덥지 않다. 1층 내부 장식은 목재를 사용하여 차가운 유리를 보완하고 아늑한 분위기를 만든다. **2층 유리창 너머 바다와 거리 풍경을 보면서 책을 읽는 기분이 좋다.** 건물 뒤는 다양한 야외행사를 위한 무대로 만들어 놨다. 기존 지형이 완만한 경사지여서 자연스레 객석을 형성한다.

2006SANT, 2014PILI, 2019BJKL : **참고**

SCI-Arc에서 북쪽을 본 모습

SCI-Arc에서 남쪽을 본 모습

서쪽 하늘에서 본 모습 : 대지도 길고, 건물도 길다.

건물 사이 마당으로 들어가는 입구

건물로 둘러싸인 마당

One Santa Fe

설계 : Michael Maltzan

주소 : 300 S Santa Fe Ave, Los Angeles, CA 90013

예전에 LA 대중교통국 철도 정비소였던 땅의 일부를 복합 건물로 개발하기로 한다. 대지는 LA 도심의 동쪽 끝으로 볼 수 있고, 남북으로 좁고 긴 땅이다. LA 도심에서 일하거나, 전철을 이용하는 사람으로 자전거를 즐겨타는 사람을 목표 입주 대상으로 삼았다. 길 건너에 유명한 건축대학 싸이악SCI-Arc(2000SCIA)이 있는데, 원래 기차역으로 쓰이던 건물이어서 길이가 무려 400m나 된다. 건축가 몰츤은 싸이악처럼 긴 건물을 북쪽에 배치했다. 바로 동쪽에 정비소 건물이 있어서 프라이버시 때문에 2~3층에는 주차장을 집어넣었다. 1층은 상업시설이고, 4~6층은 주거시설이다. 남쪽은 그나마 여유가 있어서 건물 사이에 마당을 놓을 수 있었다. 1층에 디자인 전문 서점으로 유명한 헤네시 앤 잉걸스Hennessey + Ingalls가 입주해 있다. https://hennesseyingalls.com

참고 : 2009CARV, 2014STAR, 2018ELYS

초기 배치도 :건물이 짧아지고,
야외 극장 스크린 위치가 바뀌었다.

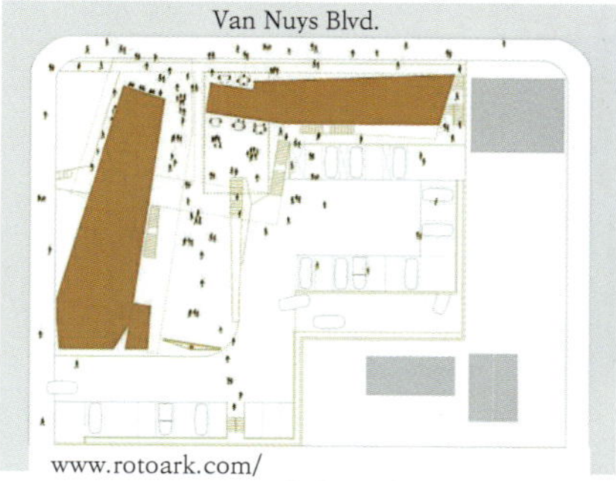

www.rotoark.com/

남서쪽에서 바라본 시청 출장소

투명한 유리로 덮인 북쪽 외벽

시청 출장소의 마당에서 본 모습

동쪽에 있는 야외 극장의 스크린

동쪽에 있는 야외 극장의 객석

Pacoima Neighborhood City Hall

Michael Rotondi 설계

13520 Van Nuys Blvd, Pacoima, CA 91331 : 주소

파코이마는 북쪽 샌퍼낸도San Fernando에 선교마을mission이 생길 때, 낯선 이방인들에게 우호적이었던 아메리카 원주민들이 농사짓던 곳이었다. 미국이 점령하기 이전에 개발되어서, 도시 도로 격자가 동서남북에 맞추지 않고, 약 45도 돌아가 있다. 1915년에 LA 시로 편입되었고, 이번에 멀리 떨어진 시 행정업무를 위한 시청 출장소를 짓기로 한다. 로톤디의 건축 특징을 제대로 볼 수 있는 건물이다. 북쪽에 지나가는 배나이스 길Van Nuys Blvd.이 동네의 간선도로여서 건물의 입구를 대부분 이쪽으로 냈다. 자동차 출입구는 교통량이 적은 서쪽 길에 만들고, 대부분은 지하에 주차한다. 지상은 'ㄱ'자 형 건물로 많은 벽을 유리로 덮었다. 투명한 행정을 표현하기 위함이다. 덕분에 내부공간에도 자연광이 많이 들어온다. 1층 마당의 동쪽은 야외 극장으로 쓸 수 있게 꾸몄다.

1986KATE, 1996CARL, 2004SCIE : 참고

속도감있는 자동차의 질주를 표현한 정면

개조 전의 모습... 현재와는 너무 다르다.

새로 추가된 입면과 기존 벽체 사이의 공간

북쪽을 중심으로 건물 입면을 꾸몄다.

월셔길 쪽 입구

Petersen Automotive Museum

설계 : KPF (Kohn Pedersen Fox Associates)

주소 : 6060 Wilshire Blvd, Los Angeles, CA 90036

LACMA 앞에 시선을 사로잡는 건물이 생겨났다. 원래는 1962년에 백화점으로 지어졌다가 1986년에 문을 닫았다. 1994년에 피터슨 자동차 박물관이 인수하면서 용도가 바뀌었다. 전세계에서 가장 규모가 큰 자동차 박물관 중 하나인데, 관람객 수가 생각보다 저조해서 건물의 입면을 새롭게 바꾸기로 했다. 결과는 대성공이었다. 세계적인 건축설계사무소 KPF는 **20세기 중반 LA에서 꽃을 핀 '구기' 스타일을 오늘날에 맞게 해석해서 새롭게 창조해 냈다.** 속도감 있는 자동차의 질주를 이렇게 표현했다. 어떻게 보면 지문을 확대한 듯 보이기도 한다. 앞면과 바닥은 스테인레스 스틸을 사용했는데, 본연의 재질을 드러냈다. 반면, 뒷면과 윗면은 짙은 빨간색을 입힌 주름진 알루미늄을 이용했다. 두 재료의 강렬한 대비가 인상적이다.

참고 : 2015BROA, 2016WAFF, 2019CALP

Design Development

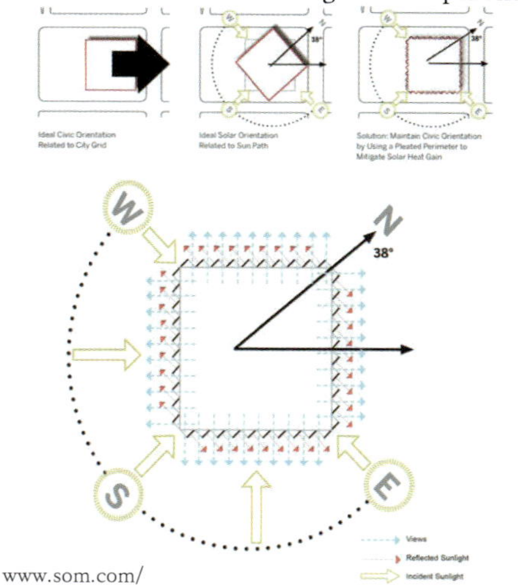

www.som.com/

동쪽에서 본 법원 :
큰 주사위 모양

1층을 띄워 보행자에게 널찍한 보행로를 제공

대지 분석을 통해 재미난 입면을 만들었다.

법원의 1층을 보행자를
위해 개방해 두었다.

United States Courthouse

(Skidmore, Owings & Merrill) SOM : **설계**
350 W 1st St, Los Angeles, CA 900121 : **주소**

LA의 연방법원이 시청 옆에 석재로 지어진 건물(1940)에서 옮기려고, 현상설계를 실시했다. 새 대지는 관공서가 몰려 있는 곳에서 1블럭 떨어진 곳에 자리한다. 세계적인 건축 설계사무소 SOM은 단순하면서 깔끔한 설계안으로 당선한다. 대지 주변의 도로 격자는 동서남북에서 38도 틀어져 있는데, 이를 반영해서 재미나게 풀었다. 건물의 형태는 도로 격자를 따라 정사각형으로 만들고, 건물을 두르는 입면에 동서남북을 따르는 삼각형 유리 주름을 붙였다. 투명한 사법재판을 상징한다고 할 수 있다. 디즈니 콘서트홀(2003WALT)에서 아래로 내려오는 경사지에 있기에 **건물을 1층에서 살짝 띄워** 주사위같은 형태가 두드러지게 했다. 덕분에 건물 주변에 **널찍한 보행로를 제공한다.** 건물 내부 곳곳에 자연광이 잘 뿌려지게 꾸몄다.

1893BRAD, 1966GLEN, 2009LAPD : **참고**

대로에서 보면 사각 상자의 조합으로 보인다.

서쪽 부분은 한 층 떠 있는 것처럼 보인다.

2층 평면도 : 곡선을 직선으로 풀어서 배치

1층 로비 공간

단위 평면 유형

www.archdaily.com/

Crest Apartments

설계 : Michael Maltzan

주소 : 13604 Sherman Way, Van Nuys, CA 91405

LA 카운티에서 집 없이 길에서 살고 있는 사람들과 퇴역 군인들 중에서 선정된 64명에게 저렴한 비용으로 거주하도록 지은 임대 아파트다. 대지는 동서로 약 90ft(27m) x 남북으로 300ft(90m)로 남북으로 깊다. 북쪽으로 도로를 면하고 있어서 건축가 몰츤은 좁고 긴 대지라는 제약을 세련된 감각으로 해결한다. 초기 스케치에서는 초승달 모양의 살짝 휜 곡선에서 시작하고, 실제 배치는 이를 다시 직선으로 풀어냈다. 1층 대부분은 필로티로 건물을 띄워 녹지 공간으로 꾸미고, 나머지는 공공시설이 자리를 차지하게 했다. 그리고 2층 이상에 주거시설을 채워 넣었다. 전체적으로 평면이 복잡해 보이지만, 단위 주거는 간단하다. **공장에서 미리 만들어 놓은 목재 벽체를 현장에서 조립하는 방식으로 공사 기간을 단축했다.** 하얀 레고 블록 조형물처럼 보이기도 한다.

참고 : 2009CARV, 2015ONES, 2017SIXD

다이내믹한 움직임을 내부공간에 표현했다.
마치 척추동물의 골격 구조를 보는 듯 하다.

2층 평면도

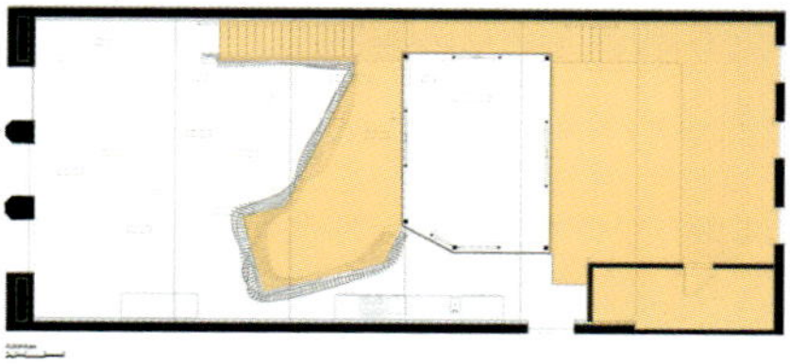

단면도

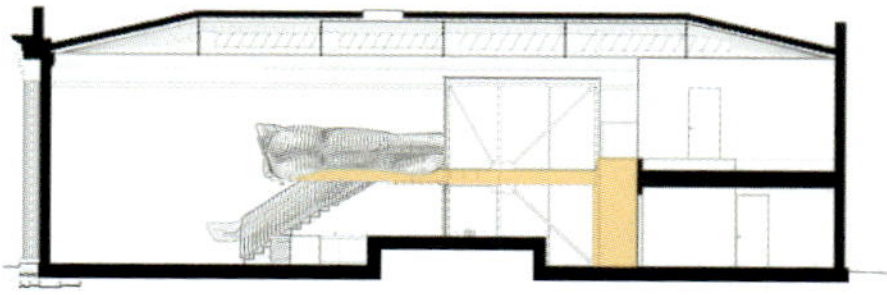

www.oylerwu.com/

계단 부분

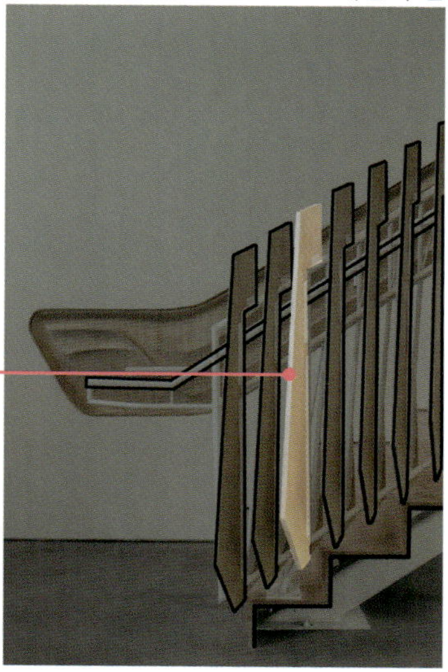

부분 단면도

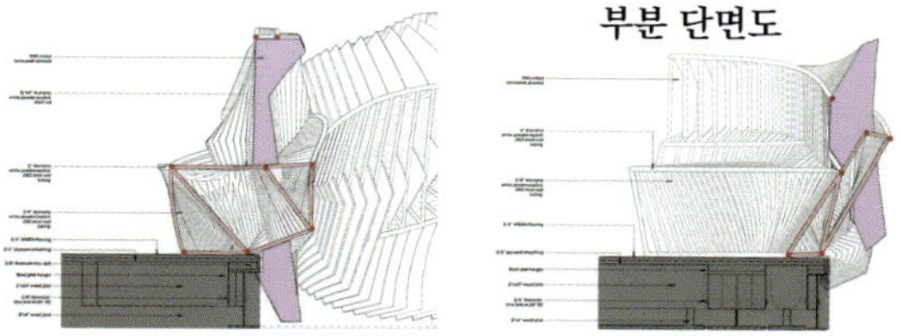

3DS Culinary Lab

Oyler & Wu : 설계
6624 Melrose Ave, Los Angeles, CA 90038 : 주소

3D 프린터가 보편화되고 미식가가 늘어나면서 새로운 사업도 생겨났다. 셰프와 예술가들이 협력해서 식재료를 가지고 재미난 모양의 음식 장식을 만들어 내기로 한다. 이들이 함께 작업할 공간으로, 1920년대에 지어진 신고전주의 스타일 건물이 선택되었다. 클래식한 느낌으로 과거에 은행으로 쓰였고, 이번에는 시간을 건너 뛰어 첨단 기술을 품는 공간으로 되살아난다. 건축가는 드웨인 오일러Dwayne Oyler와 제니 우Jenny Wu가 맡았다. 다이내믹한 움직임을 금속으로 표현하는 건축가 부부다. 기존 건물의 필수 구조만 빼고 다 헐어냈다. 천장도 없애고, 금속 트러스를 그대로 드러냈다. 여기에 건축주가 요구한 프로그램을 배치하고 정렬한 후, **나무와 철을 이용해서 공간을 마치 척추동물의 뼈를 드러낸 것처럼 공간의 경계를 감싸서 마감했다.** 현재는 문을 닫은 상태다.

2002LAEY, 2007HELI, 2009PRIS : 참고

캠퍼스가 있는 북서쪽을 향해 입구가 열린 체육관

1층 입구와 계단을 통해 2층 입구도 보인다.

천장이 높은 로비

주 체육관 : 관중은 1층에서 진입하고, 선수는 지하층에서 진입한다.

단면도

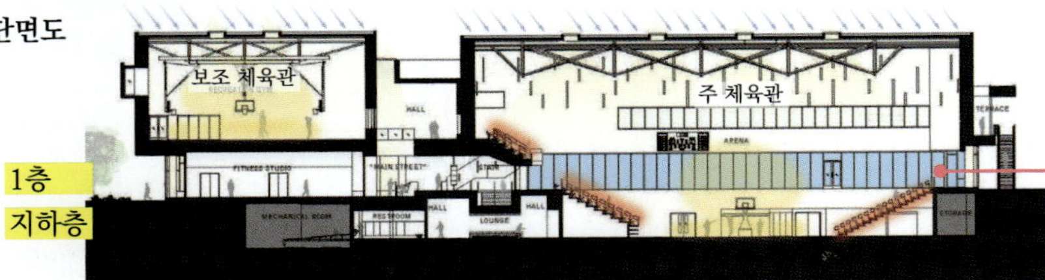

www.archdaily.com/

Roberts Pavilion - Claremont Mckenna College

설계 : Friedman & Kimm

주소 : 690 N Mills Ave, Claremont, CA 91711

클레몬트 맥케나 대학에 체육시설을 아우르는 체육관을 짓기로 한다. 설계는 부부 건축가 좐 프리드먼John Friedman과 앨리스 김Alice Kimm이 맡았다. 앨리스 김은 한국 건축가 김종성의 딸이다. 대지는 대학의 남동쪽에 자리한다. 북쪽에 수영장, 동쪽에 400m 트랙이 있어, 이 두 시설을 품어야 한다. 하지만 캠퍼스의 주동선이 북서쪽에서 오기 때문에 건물의 주출입구를 이 쪽에 내고, 2층으로 오르는 넓은 계단도 만들었다. **주 시설인 농구 경기장은 지하에 만들었다. 대신 관중석은 1층에서 바로 진입하게 만들었고,** 관중석 전체를 3.6m 높이의 유리벽으로 둘렀다. 복도를 지나는 사람이 바로 농구를 구경할 수도 있고, 농구장에 채광 효과도 얻어냈다. 체육관 곳곳에 천창을 뚫어서 자연광을 실내로 끌어들이고 있다.

참고 : 1991SHAT, 1995DICE, 2017UCLA

부분 디테일

사각형 평면을 밀고 당기면서 생겨난 형태

1층 로비에서 2층의 식당으로 오르는 계단

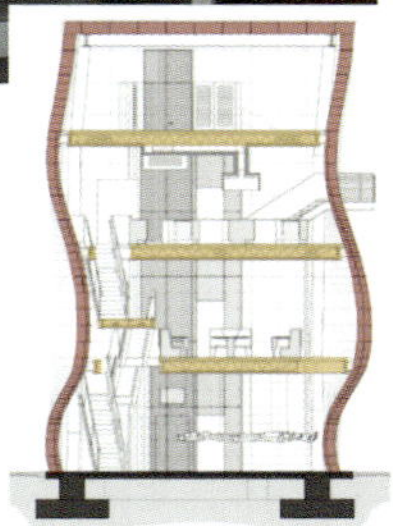

단면도

ericowenmoss.com/

평면도

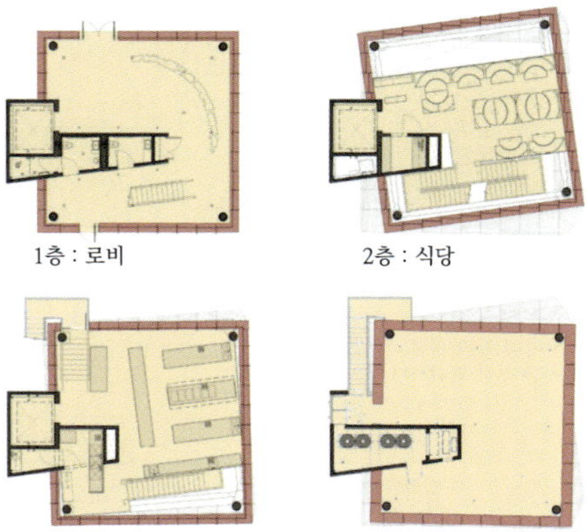

1층 : 로비 / 2층 : 식당 / 3층 : 주방 / 옥상 : 야외 식당

Waffle

Eric Owen Moss : 설계

3599 Hayden Ave, Culver City, CA 90232 : 주소

시카고의 그래픽 디자인 회사가 LA로 옮겨 오면서, 기존에 전등을 생산하던 공장을 고쳐 디자인 회사로 탈바꿈시켰다. 대지 앞에 있던 1층 건물은 부수고 크게 재미난 공간으로 지어 쓰려고 했는데, 중간에 계획이 바뀌어 식당 사업가가 레스토랑으로 쓰게 되었다. 건축가 에릭 오웬 모스는 정사각형 평면을 비틀어 식당 건물을 디자인하기 시작했다. (2010SAMI)와 비슷한 방법이다. 이번에는 **33ft(10m) x 33ft(10m)의 사각형 평면을 밀고 당기고 비틀어서 재미난 모양으로 만들었다.** 콜라병의 선이 보이기도 한다. 비틀어진 건물의 외벽은 철판으로 가로 세로로 이었다. 이 모습이 와플을 닮았다고 해서 건물이름으로 삼았다. 실제 건물은 사각형의 4 모서리에 서 있는 4개의 기둥이 받치고 있다. 건물 뒤 조경 공간도 비슷한 방식으로 꾸몄다.

2010SAMI, 2014PTER, 2023WRAP : 참고

기존 쇼핑몰의 지붕을 열어 개방감을 높였다.

도로에서 자연스레 지하 1층으로 내려온다.

지하 1층에서 본 마당

기존 건물 2층에 복도를 내어 소통을 추구했다.

단면도

주차장이 상점 위에 배치된 것이 특이하다.

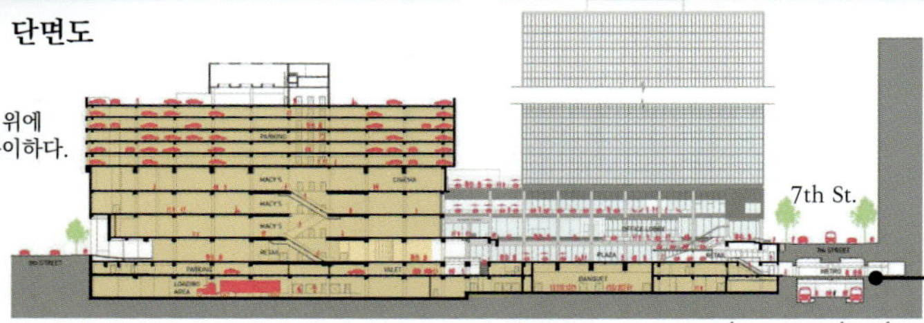

지하철역

unknown authorship

the Bloc

설계 : Studio One Eleven

주소 : 700 Flower St, Los Angeles, CA 90017

1950년 즈음 이후로 LA 도심에서 상업시설이 교외 지역으로 옮겨갔다. 이유는 자가용 자동차가 시민들에게 일반화되자, 주민들이 이미 슬럼화된 도심에서 벗어나 깨끗한 신도시로 옮겨 갔기 때문이다. 이후 도심의 땅값은 꾸준히 내려갔고, 1970년 즈음부터 개발업자들이 도심에 다시 건물을 짓기 시작한다. 여기에도 당시 교외지역에서 유행하던 쇼핑몰 방식을 적용했다. 개장 후 10여년 동안은 도심의 명소로 유명했는데, 30년이 지나면서 매출이 너무 많이 줄어 문을 닫게 되었다. 이후 새 건축주는 2010SANT처럼 기존 쇼핑몰의 지붕을 없애서 개방감을 높였다. **지하 1층부터 지상 2층까지는 마당 너머 이웃끼리 오가는 모습을 서로 볼 수 있게 만들어서, 공간에 활력을 불어 넣었다.** 마당에서는 다양한 행태가 일어난다. 지하 2층에 있는 지하철역과도 연계가 되어 있다.

참고 : 1982BEVE, 2001KODA, 2017SOUR

건물 사이의 마당

상자형과 'ㄴ'자형 건물로 구성된 캠퍼스

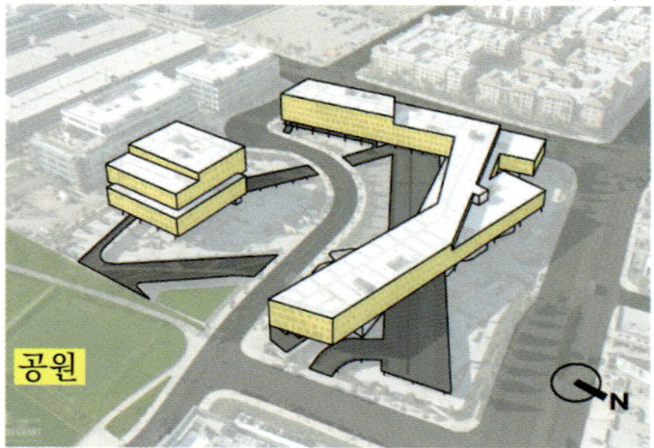

hunterkerhart.com/

건물과 지하 주차장 사이 공간

답답하지 않은 지하 주차 공간

서쪽 'ㄴ'자형 건물에서 상자형 건물을 본 모습

Brickyard

Michael Maltzan : 설계

12105 E Waterfront Dr, Los Angeles, CA 90094 : 주소

대지가 속한 플래야비스타Playa Vista는 2000년 즈음까지 메탄 가스가 땅에서 새어 나와 개발이 억제되었던 곳이다. 이후 규제가 완화되어 동네 전체에서 개발이 이루어지기 시작한다. 최근에는 북 캘리포니아의 실리콘 밸리Silicon Valley에 비견할 만한 '실리콘 비치Silicon Beach'로 한창 뜨고 있다. 대지의 동쪽에 있는 공원을 설계한 몰츤이 이곳 건물도 설계를 맡았다. 대지가 둘로 나뉘어 대지의 형태에 따라 하나는 사각형으로 다른 하나는 'ㄴ'자형 평면을 짰다. 기본 평면을 쪼개기도 하고, 어긋나게 포개기도 하면서 건물의 형태를 발전시켰다. 그리고 대지를 살짝 파낸 후, 인근의 공원을 끌어들이면서 옥외 주차장을 만들었다. 덕분에 건물이 지면에서 살짝 뜨는 효과를 얻어냈다. 건물 외장이 흰 벽돌을 쌓은 듯 해서 이런 이름을 지었다.

2009CARV, 2014STAR, 2015ONES : 참고

도로에 면한 동쪽 입면에 커다란 개구부가 인상적이다.

5층 평면도

남쪽에는 좀 작은 개구부를 마련해 놓았다.

2층 평면도

보행로에서 관리사무실로 들어가는 입구

단면도

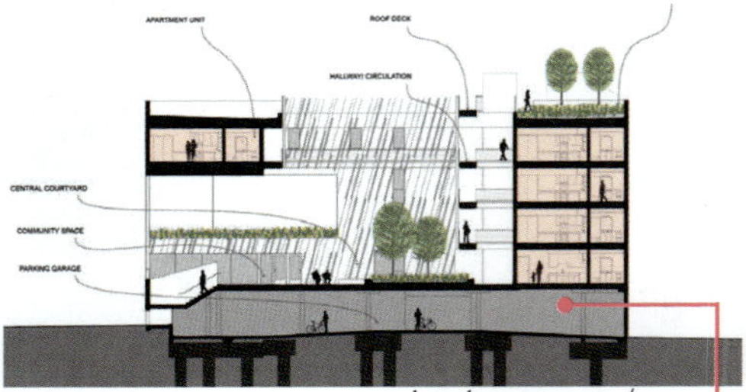

brooksscarpa.com/

The Six Disabled Veteran Housing

설계 : Brooks & Scarpa

주소 : 811 S Carondelet St, Los Angeles, CA 90057

퇴역 군인과 저소득층을 위한 임대 아파트 프로젝트다. 설계는 친환경 건축 전문가 브룩스와 스카르파 부부가 맡았다. 대지는 코리아타운과 다운타운의 중간으로 교통량이 많은 곳이다. 대지에 집을 채울 수 있을 만큼 꽉 채워서 설계한 후 바닥에 콘크리트를 부었다. 지하층 없이 1층부터 건물이 올라간다. 1층에는 자동차와 자전거 주차장, 그리고 아파트 관리사무실과 회의실이 있고, 2층부터 아파트 생활 공간이 시작한다. 2층에 아파트 마당과 커뮤티니 공간과 세탁실이 있고, 나머지는 다 거주 유닛이다. 재미난 것은 **남쪽과 동쪽에 거주 유닛 8개를 비우고 여기에 커다란 개구부를 두었다.** 덕분에 아파트 마당에 햇빛이 가득하고 환기가 잘 된다. 옥상과 2층 마당에 녹지공간도 마련했다. 아파트 주민이 2층의 마당에 서서 지나가는 이웃과 대화를 하는 모습이 정겹다.

참고 : 2021GRAM, 2024ISLA, 2024SAMO

상쾌한 내부공간

clivewilkinson.com/

기존 건물에 노란색 매스를 추가해서 분위기를 바꿨다.

노란 부분을 따라 캠퍼스 내부로 들어간다.

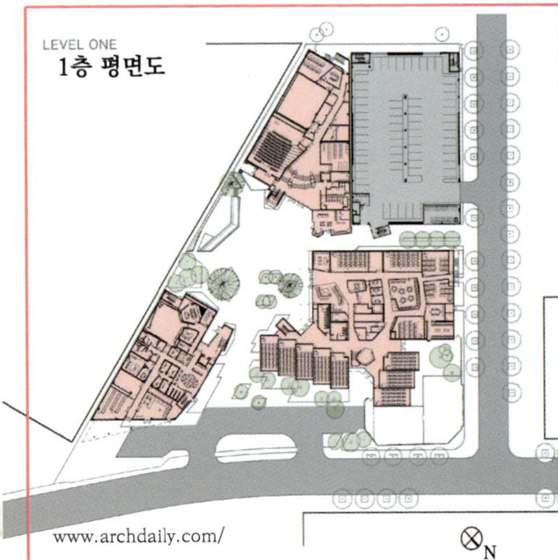

www.archdaily.com/

물을 이용해서 공간을 나눈 중정 공간

SMC Center for Media and Design

Clive Wilkinson : 설계

1660 Stewart St, Santa Monica, CA 90404 : 주소

샌타모니카 대학은 커뮤니티 칼리지로 LA 인근의 커뮤니티 칼리지 중에서 가장 진학률이 높은 학교다. 이번에 디자인과 영화 관련 학과와 라디오 방송국과 연계한 프로그램을 위해 기존 건물을 개보수하고 증축하게 되었다. 설계는 영국 출신 클라이브 윌킨슨이 맡았다. 인테리어 쪽에서 유명한 건축가다. 대지는 사다리꼴 모양인데, 북서쪽에 주차빌딩을 짓고, 세 군데 모서리에 떨어져 있는 건물을 새롭게 고친다. 전체적으로 **외벽은 옅은 벽돌을 유지하고, 강조할 부분은 깔끔하게 개나리 노란 색을 입혀 세 건물 사이에 조화를 이뤘다.** 남동쪽 건물에는 라디오 방송국을 배정했다. LA에 흩어져 있던 여러 공영 방송국들이 35년만에 처음으로 한 곳에 모이게 되었다. 3 건물로 둘러싸인 중정에서 다른 분야의 사람들도 만나 다양한 협력을 도모하기를 바랐다.

2008INAR, 2011ELAC, 2014POCA : 참고

2개의 큰 길이 만나는 모서리에 대지가 자리한다.

외부공간으로 이어지는 쇼핑몰

대중 교통을 이용하는 사람들의 주출입구

3층에서 내려다 본 쇼핑몰 내 중앙 마당

1층에서 본 쇼핑몰 내 중앙 마당

상가 3층 평면도

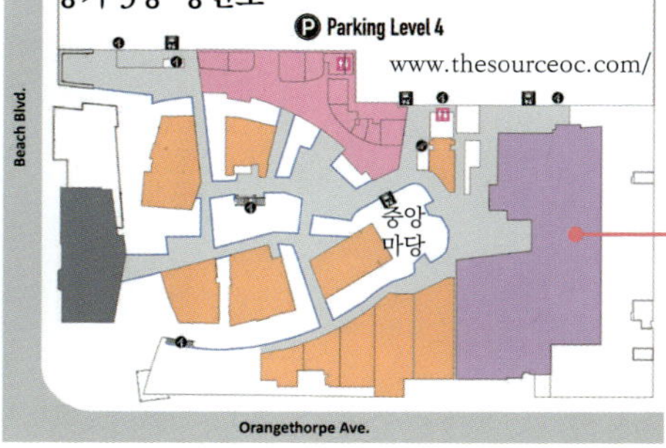

The Source

설계 : NBBJ

주소 : 6940 Beach Blvd, Buena Park, CA 90621

21세기 들어 새로운 코리아타운으로 성장한 부에나팍이라는 도시가 있다. 대지는 두 개의 프리웨이와 비치 길Beach Blvd.이 삼각형을 이루면서 만나는 곳에 있다. 한마디로 교통의 요지로, 기본 설계는 국제적인 설계사무소 NBBJ가 맡았다. 단순한 쇼핑몰이 아니라, 한 단계 넘어선 여러 시설을 한 단지에 복합해서 지으려고 했다. 부에나팍에 여지껏 없었던 큰 시설이다. 우선 북쪽에 커다란 주차건물을 지어 남쪽 복합시설과 연결했다. 두 개의 커다란 국도와 만나는 남서쪽 모서리에 사무실 건물을 세우고, 그 안에 야외 쇼핑몰을 건립했다. 다양한 야외공연을 위한 공간도 마련했다. 동쪽에는 멀티플렉스 영화관을 두고, 그 위에 호텔을 올려 놓았다. 이후 인근 블럭도 대규모로 개발하려고 했다. 컨셉 계획은 모포시스morphosis가 이미 해 두었는데, 실현되지는 못 했다.

참고 : 2008AMER, 2008CITY, 2010SANT

프로그램

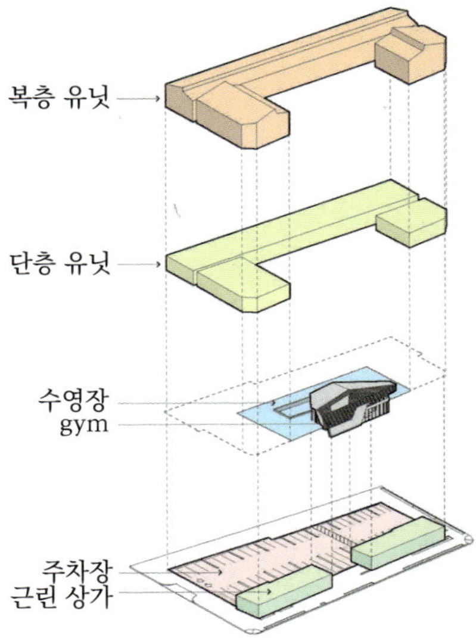

www.dezeen.com/

템플길 건너 북동쪽에서 본 모습

중간에 바위처럼 생긴 부분은 gym

동쪽과 서쪽 입면에 수직 차양시설을 마련했다.

2층 평면도

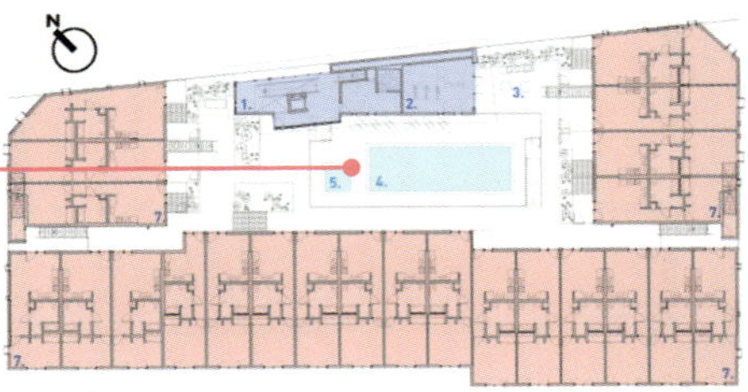

www.dezeen.com/

2510 Temple

Patrick Tighe : 설계

2510 W Temple St, Los Angeles, CA 90026 : 주소

템플길을 따라 젠트리피케이션gentrification이 한창일 때, 필리핀타운Filipinotown에 주상복합 건물을 짓는다. 건축가는 패트릭 타이로 건축계에서 촉망받는 건축가다. 전체적으로 'U'자형 건물이고, 북쪽 2층에 있는 부분은 바위처럼 보이는 형태로 만들었다. 체력 단련장gym이다. 건물 전체를 수직으로 나눈 시멘트 패널이 감싸고, 중간중간에 철판으로 감싼 수직 유리창이 시선을 끈다. 템플길에 면한 1층의 일부를 상가로 배정했다. 나머지는 주거와 관련된 시설이다. 1층 큰 길에 면해서 아파트 입구를 두고, 계단을 오르면 마당이다. 마당의 대부분을 수영장이 차지하고, 스파와 체력단련장이 옆에 붙어 있다. 나머지는 주거 유닛이다. 총 47개가 있는데, 저소득층용과 일반 임대용이 섞여 있다. 2층은 단층 유닛이고, 그 위는 복층 유닛이다.

2014PIHO, 2016CRES, 2018PLAZ : 참고

건물 입구에서 내부를 바라본 모습

단면 투시도

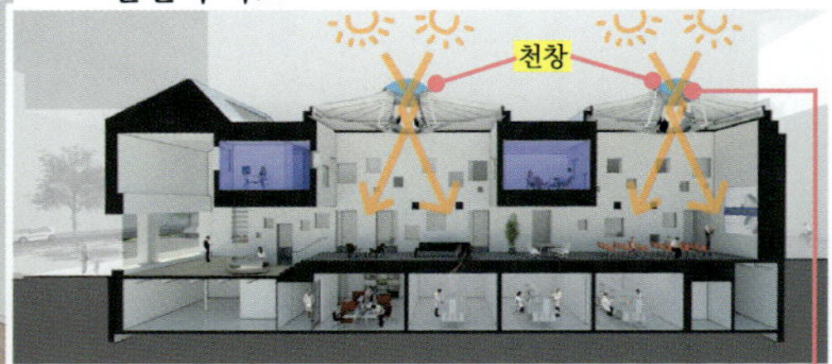

dailybruin.com/

2층 평면도

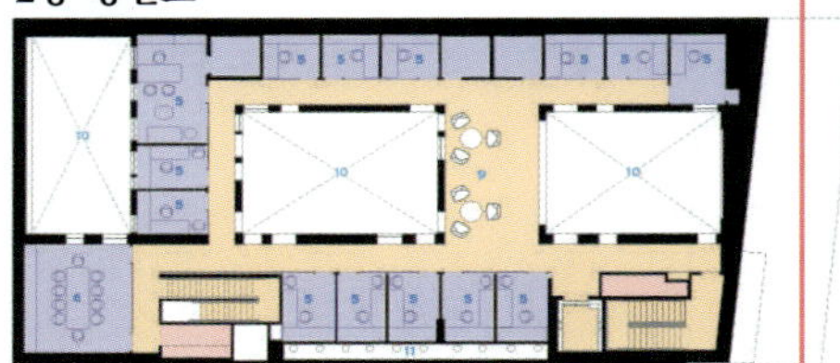

2층 높이의 내부 공간

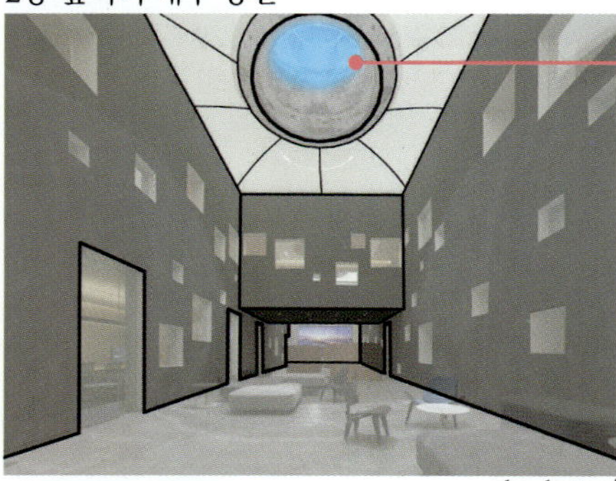

aha.design/

1층 평면도

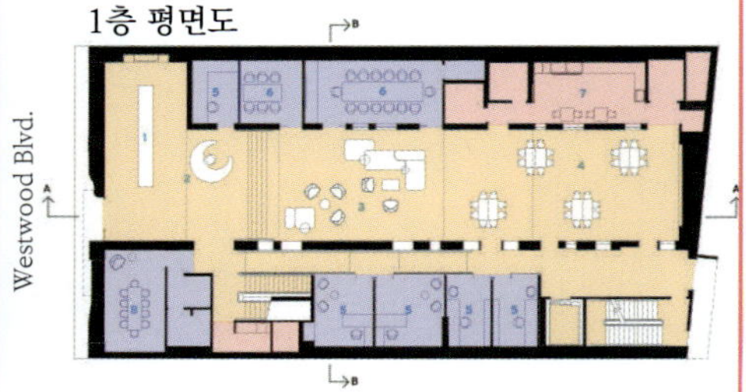

www.architecturalrecord.com/

Terasaki Research Institute

설계 : Hitoshi Abe

주소 : 1018 Westwood Blvd, Los Angeles, CA 90024

장기이식에 있어서 세계적인 권위자였던 폴 테라사키Paul Terasaki 박사가 세운 연구소가, UCLA 앞에 일반 대중들에게 더 친근하게 다가가기 위한 건물을 짓기로 한다. UCLA에서 건축설계를 가르치는 일본인 건축가 히토시 아베가 설계했다. 신축 대신 기존의 2층 건물을 개보수하기로 한다. 프로그램에 비해 대지에 여유가 없어서, 기존의 내부 벽돌 벽을 허물고 철골 구조로 바꾸었다. 도로에 면한 곳은 사람을 끌어들이기 위해 서점과 책을 읽을 수 있는 공간으로 꾸몄다. 내부로 들어오면 앞으로 쭉 뚫려 있다. 서너 계단을 올라가면 앞에 벽이 없이 한 공간이다. 일반 대중에게 강연도 하고, 간단한 콘서트도 할 수 있다. **중간에 2층으로 뻥 뚫린 공간이 재미나다. 천장에 달린 원형 창은 햇빛을 모아 아래로 환히 비춰주는 장치다.**

참고 : 2007CANA, 2009CAHI, 2019LEAV

다이어그램

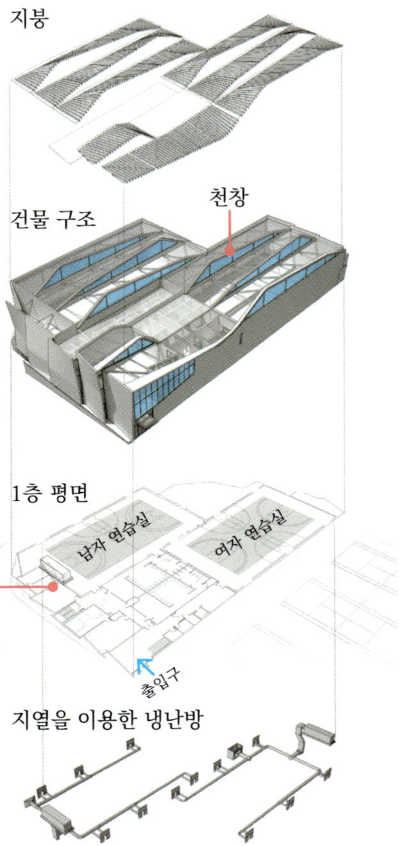

www.dezeen.com/

물고기 지느러미같은 건물 입면

파도치는 듯한 지붕 모양

파도치는 듯한 지붕 아래 실내 공간

www.dezeen.com/

UCLA Ostin Basketball Center

Kevin Daly : **설계**

440 Charles E Young Drive West, Los Angeles, CA 90024 : **주소**

UCLA는 오래 전부터 농구 명문 대학교로 이름을 날려왔다. 이 학교 남녀 농구팀을 위한 연습시설로, 다른 대학팀과 실제 경기가 열리는 경기장과 가까운 곳에 자리한다. 남자 팀 공간을 남쪽에 여자팀을 북서쪽에 배치한 후, 라커룸같은 배후 시설은 북동쪽에 마련해 놓았다. 자연스레 주출입구는 북동쪽에 자리잡았다. 건물을 둘러싼 벽은 유리섬유로 콘크리트를 보강한 패널을 이용했고, 패널 입면에 물결 무늬같은 걸 패턴으로 집어 넣었다. 그래서인지 전체 건물 입면이 마치 물고기의 지느러미처럼 꾸며졌다. 지붕이 가장 특이하다. **공장에서처럼 북쪽면에 고창을 설치해서 농구 연습장에 자연광을 끌어 들이고 있는데, 이것 역시 물결치는 듯하게 꾸몄다.** 에어컨 대신 지열을 이용한 자연 대류방식을 쓰는 등 친환경적인 요소를 반영했다.

1991SHAT, 1995DICE, 2016ROBE : **참고**

미국 서부에서 가장 높은 건물

수직 zoning

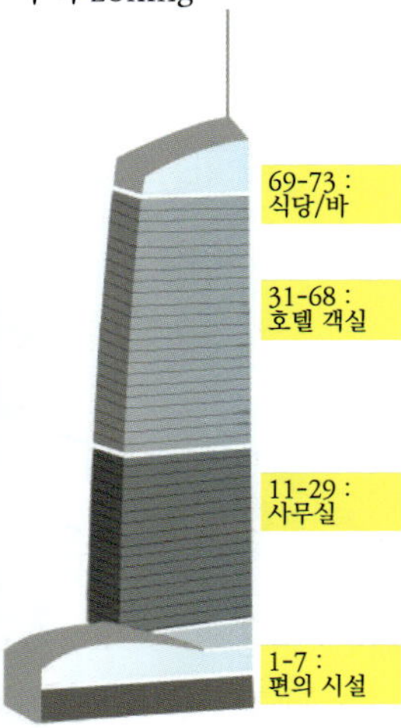

acmartin.com/

구조 시스템

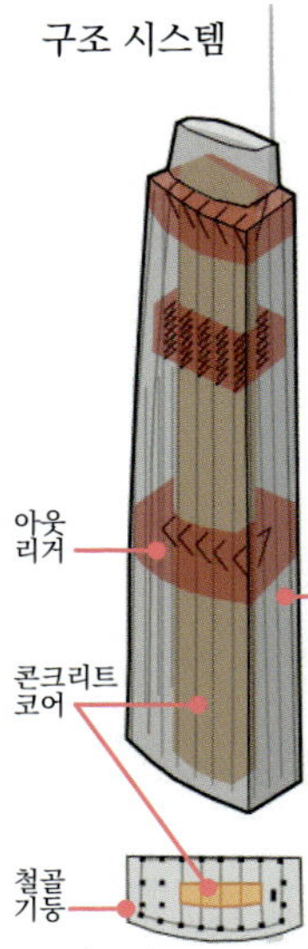

graphics.latimes.com/

오목한 호텔 입구의 유리 지붕

유리 지붕 아래 호텔 로비 공간

Wilshire Grand Center

설계 : AC Martin

주소 : 900 Wilshire Blvd, Los Angeles, CA 90017

대한항공이 소유하고 있던 호텔이 지어진 지 60년이 넘었는데, 활성화할 방안을 찾다가 부수고 새로 짓기로 했다. 대한항공 회장과 AC 마틴의 대표는 둘 다 USC 동문회에 적극적으로 활동하던 사이로, 자연스레 건축주와 건축가가 되었다. AC 마틴으로서는 아직 초고층 건물이나 호텔 경력이 없었고, 이것이 첫 프로젝트다. 가운데에서 중심을 잡아주는 코어는 콘크리트로 세우고, 외벽에 있는 철골 기둥이 전체 구조를 잡아 준다. 그리고 최상층과 중간에 아웃리거outriggers를 설치해서 이상시 전체 구조물의 변형을 막고 있다. 미국 서부에서 가장 높은 건물로 기록되어 있다. 1층~7층에는 소매점과 호텔의 체육관, 수영장 등의 시설이 있고, 11층~29층은 사무실 공간이다. 31층~68층은 호텔 객실이고, 69층~73층에는 전망좋은 식당과 바가 자리한다.

참고 : 1965TRAN, 1976BONA, 2022GRAN

선셋 길에 면한 1층에 공용 공간을 배치했다.

선셋 길을 향해 재미난 입면을 드러내고 있다.

아담한 중정

알루미늄 자재를 이용해서 서쪽 햇살을 걸러낸다.

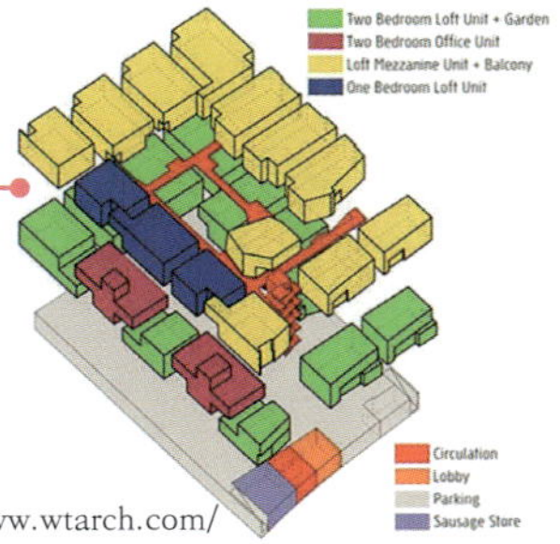

www.wtarch.com/

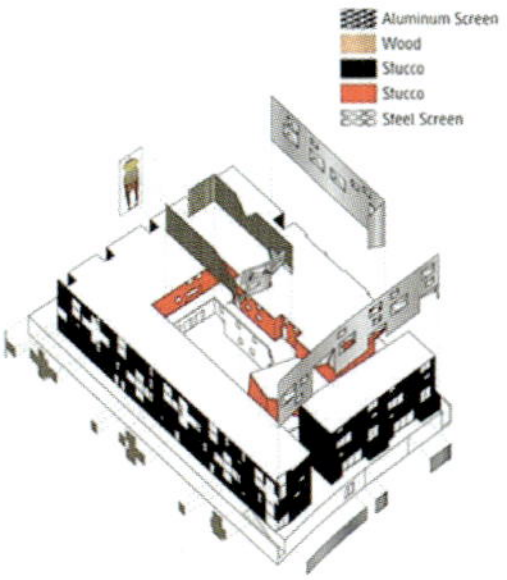

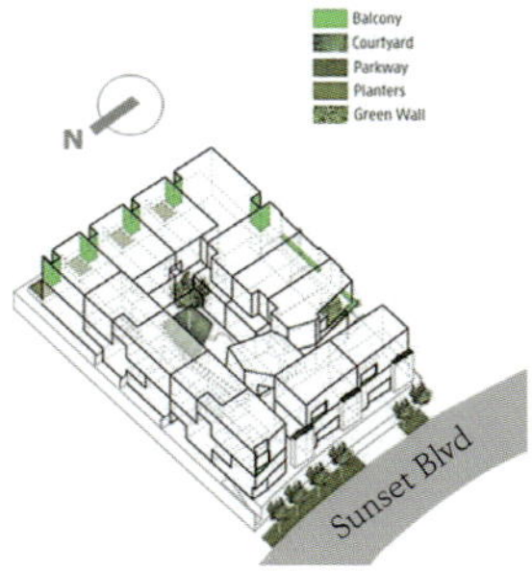

Elysian Fields Apartments

Warren Techentin : 설계
1313 Sunset Blvd, Los Angeles, CA 90026 : 주소

선셋 길을 따라 재개발이 한창이다. 그 중에서 다저스 야구장 앞도 오랜만에 새 건물을 짓는다. 다운타운과 가깝고, 인근의 에코팍Echo Park과 일리지안 팍Elysian Park도 가까이 있어서 살기 좋은 곳이다. 건축가는 워른 테큰틴으로 USC에서 건축설계를 가르치며 꾸준히 작품 활동을 하고 있다. 선셋 길이 예전의 명성을 되찾기 위한 좋은 시도라고 할 수 있다. 1층 대부분은 주차장이 차지하고, 선셋길에 면해서는 공용공간 또는 상점을 들인다. 2층부터 한국으로 치면 다가구 주택인데, 가운데 아담한 중정을 중심으로 유닛을 빼곡히 채웠다. 젊은 세대의 취향에 맞춰 모든 주거 유닛이 복층형으로, 거실 천장이 상당히 높다. 선셋 길 쪽으로는 커다란 금속 차양을 달아서, 시시각각 변하는 빛과 그림자의 재미난 현상을 즐길 수 있다.

2019GARD, 2020COOL, 2023FROG : 참고

2차대전 중 격납고였던 건물 내부를 개조했다.

당시 세계에서 가장 큰 비행기,
헤라클레스를 격납한 1940년대의 모습

playavista.com/

2차대전 당시 활주로와 격납고

unknown authorship

격납고 내부에 여객선 분위기의
건물을 추가했다.

www.dezeen.com/

외관은 거의 바뀌지 않았다.

Google, Spruce Goose

설계 : ZGF (Zimmer Gunsul Frasca Partnership)

주소 : 5865 S Campus Center Dr, Los Angeles, CA 90094

디카프리오가 주연했던 영화 '에이비에이터the Aviator'(2004)에서, 세상에서 가장 큰 수상 비행기인 헤라클레스가 등장했다. 이 비행기가 머물렀던 격납고를 70여 년이 지난 후에 구글이 사무실로 쓰기로 한다. 이 **거대한 비행기의 별명이 '가문비나무 거위Spruce Goose'**였고, 이 이름을 건물이름으로 이용했다. 크기가 450,000sf (41,806m2)로 엄청나게 크다. 이 건물이 지어질 당시 금속은 모두 군수품으로만 쓰였기에, 격납고도 비행기도 모두 목재로 만들 수 밖에 없었다. 설계는 ZGF가 맡았다. 기존의 격납고가 거의 문화재급 건물이기에, 이 건물을 느낄 수 있도록 새 건물은 안으로 떨어뜨려 지어야 했다. 4층 규모로 여객선같은 분위기가 난다. 건물은 층마다 45도 정도 돌려 앉아서 천창에서 받아들인 자연광이 1층까지 충분히 뿌려지게 설계했다.

참고 : 1991CHIA, 2002CIVI, 2021BECK

남쪽 하늘에서 본 건물 구성 : 4개로 나뉘었다.

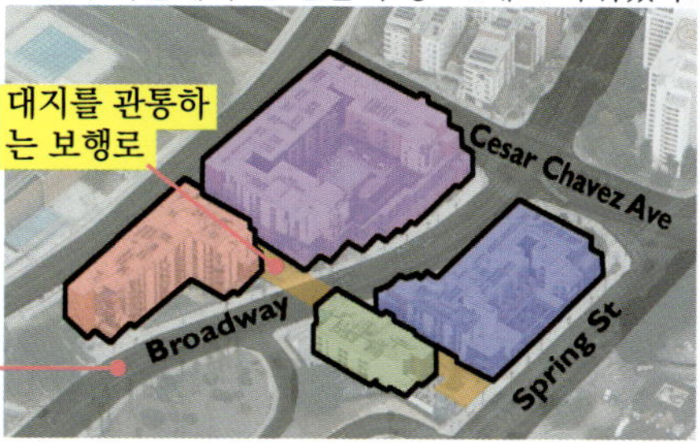

동쪽에서 주택 단지를 본 모습

단지를 관통하는 보행 계단을 아래에서 본 모습

남쪽에서 주택 단지를 본 모습

아래 단지를 관통하는 보행 계단

다양한 색상으로 산뜻하게 표현한 건물 외벽

LA Plaza Village

Johnson & Fain : 설계

555 N Spring St, Los Angeles, CA 90012 : 주소

대지는 엘푸에블로 옆에 오랫동안 야외 주차장으로 쓰이던 곳이었다. 북쪽은 차이나타운이고, 남쪽은 프리웨이101이 지나가는 교통의 요지에 대규모 집합주택을 짓기로 한다. 개발업체는 길 건너의 대형 주상복합건물을 관리하고 있었고, 마침 이 땅의 잠재력을 보고 개발을 추진했다. 건축가는 하버드대학교에서 동문수학한 스캇 좐슨Scott Johnson과 윌리엄 페인William Fain이 맡았다. 대지는 브로드웨이Broadway에 의해 둘로 나뉜다. 분리된 대지를 이번에는 대지를 관통하는 긴 보행로로 한 번 더 나눈다. 이 길 주변에 커뮤니티 공간이나 식당 등이 있어서, 마을에 있는 듯한 분위기가 들게 한다. 건물의 외벽은 빨강, 노랑, 파랑, 오렌지 색으로 칠해서 산뜻하게 표현했고, 외벽 군데군데에 유명 벽화 작가가 남미 분위기의 벽화를 그려 넣었다.

2002SEVE, 2015BLAC, 2020COOL : 참고

진입로에서 바라본 단지

4개로 나뉜 건물 사이의 마당

블럭 내부에 오랫동안 비어 있던 땅을 개발해서 4개의 주거용 건물을 채워 넣었다.

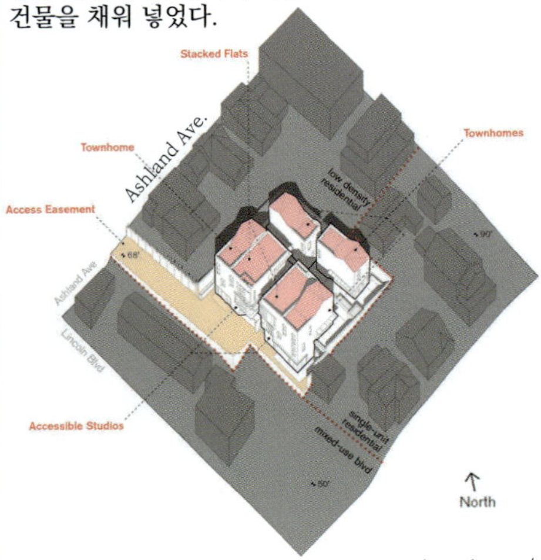

www.kearch.com/

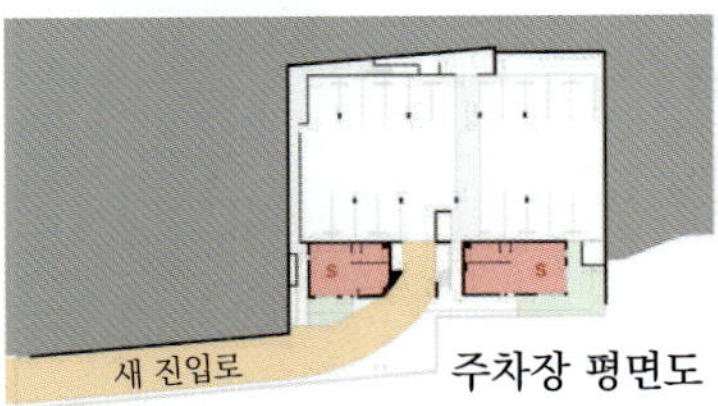

주차장 평면도

1층 평면도

2층 평면도

www.kearch.com/

Ashland Apartments

설계 : Koning & Eizenberg

주소 : 810 Ashland Ave, Santa Monica, CA 90405

주택가 뒤에 오랫동안 빈 땅으로 남아 있던 곳을, 어떻게 하면 저렴한 비용으로 개발할 수 있을까… 이웃들이 방안을 모색하던 중, 부동산 개발업자가 발벗고 나섰다. 설계는 코닝과 아이젠버그가 맡았는데, 간단하고 단정하게 설계하는 건축가 부부다. **대지가 도로와 닿지 않는 맹지여서 새 길을 내야 했다.** 없던 길을 만들기 위해 H 빔으로 말뚝을 박고, 약 10ft (3m) 정도 폭의 콘크리트 길을 새로 만들었다. 같은 레벨에 20대의 주차장을 만들었는데, 주차장 앞을 자동차 출입구만 빼고 2 개의 원룸 유닛으로 막았다. 침실이 있는 주거 유닛은 주차장 위에 공용마당과 함께 자리한다. 건물이 4개로 나뉘어 있는데, 총 8 개의 주거 유닛이 마당 주변에 채워져 있다. 모든 건물이 흰색이고, 아기자기하게 꾸며져 있다. 대지 아래의 집합주택은 Lorcan O'Herlihy가 설계했다.

참고 : 2015BLAC, 2020COOL, 2021CANY

건축 요소 구성
다이어그램

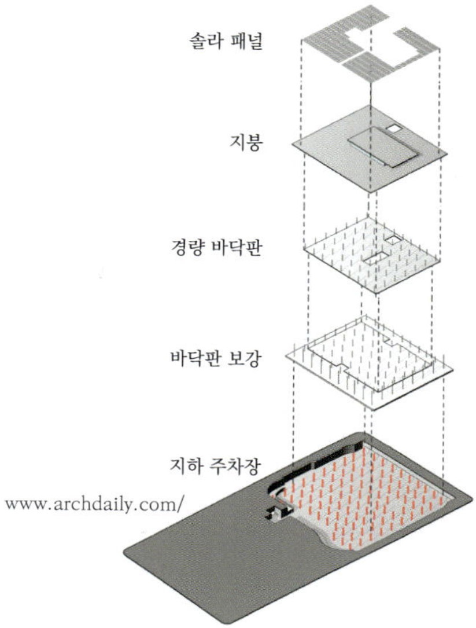

북동쪽에서 본 도서관 주출입구

엄격한 90도 그리드를 따르는 건축 구성 요소

도시 경관을 바라보면서 책을 읽는 내부 공간

주재료는 목재이고, 중간에 강철 보강재를 썼다.

Billie Jean King Main Library

(Skidmore, Owings & Merrill) SOM : **설계**
200 W Broadway, Long Beach, CA 90802 : **주소**

LA 남쪽에 있는 항구 도시 롱비치의 중앙 도서관이다. 세계 테니스 계의 큰 별, 빌리진 킹이 이 도시 출신이어서 그의 이름을 기리게 되었다. 지하에 이미 콘크리트로 지어진 주차장이 있어서, 기존의 지하 주차장을 살리기 위해 새 건물은 가벼운 구조로 올려야 했다. 친환경을 위해 목재를 주재료로 선정하고, 중간중간에 강철 보강재를 사용했다. 주 골조는 구조용 집성목인 글루램 빔이다. 이렇게 함으로써 콘크리트를 사용한 방법에 비해, 내재 탄소 양을 61% 감소할 수 있었다. 건물은 90도 격자에 맞게 기둥을 올리고 보를 걸고 처마를 내밀었다. 1952년에 SOM이라는 건축 설계사무소를 세계 건축계에 드러낸 Lever House의 느낌도 들고, **엄격한 90도 그리드 때문에 종묘 같은 느낌도 든다.** 친환경 인증에서는 최고인 백금 등급을 받았다.

1926LIBR, 2006SANT, 2015MANH : **참고**

실개천을 가로지르는 길다란 주택 건물

디자인 전개 과정

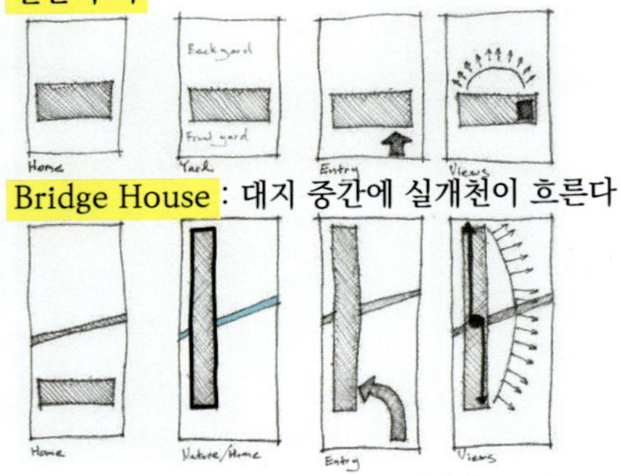

www.archdaily.com/

평면도

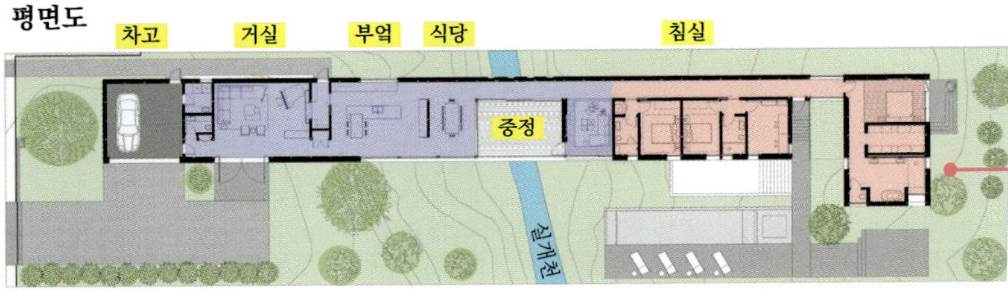

www.dezeen.com/

횡단면도

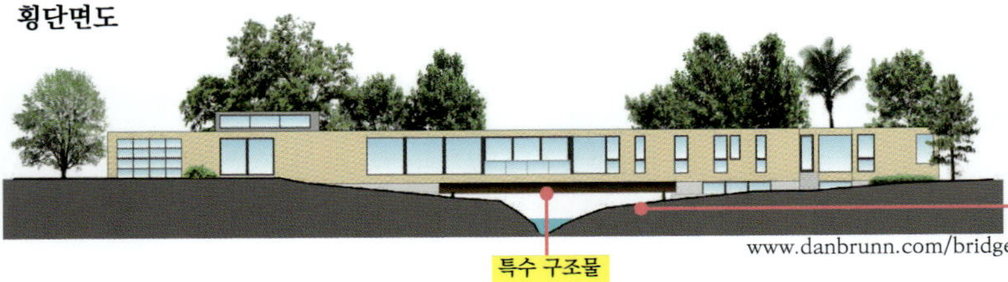

www.danbrunn.com/bridgehouse/

Bridge House

설계 : Dan Brunn

주소 : 737 S Longwood Ave, Los Angeles, CA 90005

코리아타운 서쪽에 브룩사이드Brookside라는 동네가 있다. 실개천이 지나는 곳이다. 이 동네에 건축가 댄 브런이 동서로 길다란 대지를 구입했는데, 대지의 중간에 이 실개천이 흘러간다. 이웃은 대개 도로 쪽에 일반 주택을 짓고, 실개천 건너편에는 건물 없이 공원처럼 꾸몄다. 브런은 이렇게 나머지 대지를 이용 못 하는 게 아쉬워 새로운 방법을 찾았다. 캐나다 회사 본 스트럭쳐Bone Structure의 협조로, **대지 전체를 가로 지르면서 길다란 건물을 지을** 수 있었다. 공간은 기차 객실처럼 차고, 거실, 부엌, 식당, 중정, 침실 공간이 줄지어 배치된다. 프라이버시를 위해, 거실과 식당까지의 복도는 북쪽에, 침실 부분은 남쪽에 배치했다. 실개천 너머는 가족만이 지내는 아늑한 공간이 되었다. 케이스 스터디 주택 22호(1960CASE)를 계승한 듯 보인다.

참고 : 1949EAME, 2002OFFU, 2009PITT

디자인 발전 과정

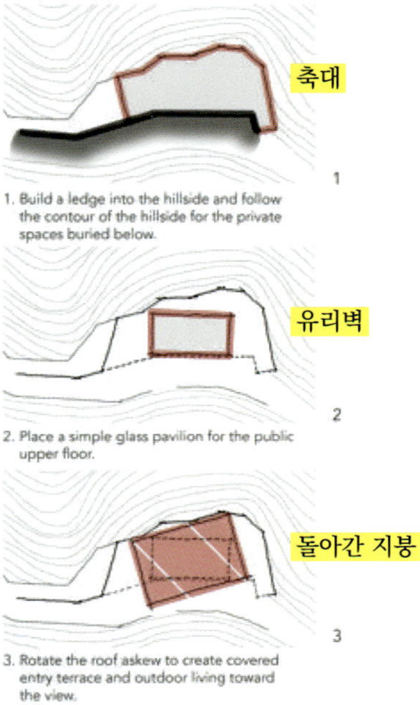

새가 날개짓하는 듯한 가벼운 지붕

1층 평면도 :
단순한 직사각형 평면 &
대부분의 벽면을 유리로 둘렀다.

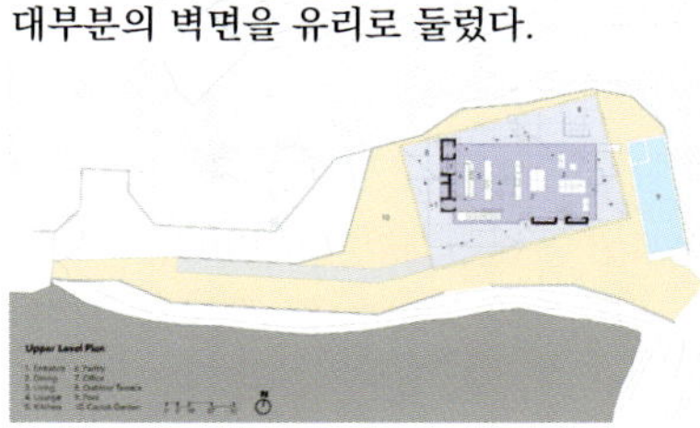

단면도

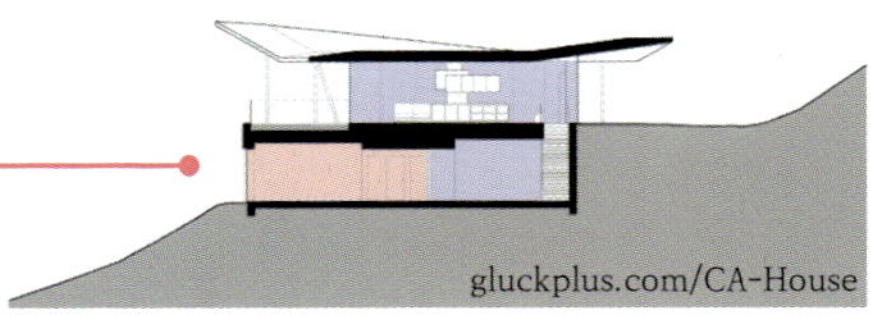

지하 평면도 :
등고선에 맞춰서 축대를 쌓고,
침실 공간을 배치했다.

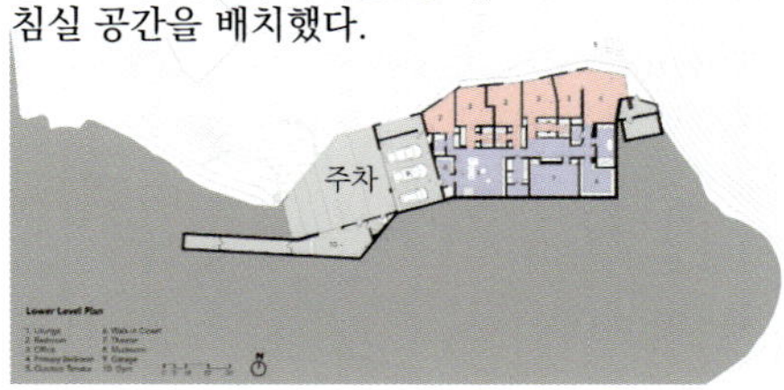

California House

Gluck+ : 설계
7521 Mulholland Dr, Los Angeles, CA 90068 : 주소

영화감독인 건축주가 건축가인 아버지에게 의뢰해서 지은 주택이다. 뉴욕에서 설계와 시공을 같이 하는 피터 글럭이 대륙 건너 아들의 보금자리를 지어 주었다. 대지는 전망좋은 멀홀랜드 길Mulholland Dr.에서 살짝 빠져 나와 북쪽을 내려다 보고 있다. 전체 2 개층으로 나뉘는데, 아래층은 두툼한 콘크리트 상자로, 아늑한 침실 공간을 채웠다. 윗층은 거실 공간으로 가능한 모든 불투명 벽은 최소화해서, 전망을 최대한 살리려고 했다. 그리고 지붕은 날렵한 금속판을 얹어서, 시각적으로 무겁지 않아 보인다. 단순한 상자형 평면인데, 지붕 모서리를 살짝 접어 올려서 마치 새가 날개를 퍼덕이는 느낌도 든다. 지붕 위에 태양광 패널을 올리고, 건물 아래에 빗물 저장소를 마련해서, 친환경적인 면에 신경을 많이 썼다. 20세기 중반의 케이스 스터디 주택 느낌이 난다.

1960CASE, 2005HILL, 2009PITT : 참고

북쪽 하늘에서 본 모습 :
아메바처럼 비정형의 학생회관이다.

1층 평면도

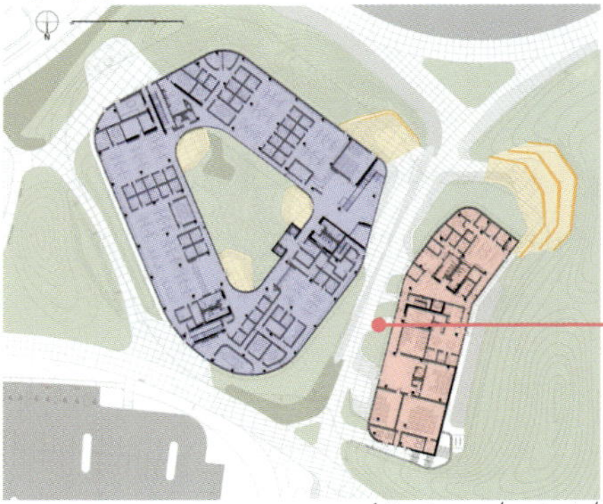

coarchitects.com/projects/

주변 산세와 비슷한 형태의 지붕이다.

학생회관 2층의 중정 공간

북쪽에는 천창을 설치해서, 자연채광을 한다.

Cal Poly Pomona Student Services Bldg

설계 : CO Architects

주소 : 3801 W Temple Avenue, Pomona, CA 91768

캘 폴리 포모나는 기술자 양성을 위한 CSU 시스템 중 하나의 대학교다. 주차장에서 강의동으로 가는 중간에 학생들을 위한 원스탑 서비스 건물을 짓기로 한다. 설계를 맡은 코 아키텍츠는 원래 샌프란시스코에 본사가 있는 안셴 앤 알렌Anshen & Allen 건축사 사무소의 지사였다가 1986년에 독립했다. 대학교나 연구소 건물 설계를 꾸준히 해 오고 있다. 이번에는 캘 폴리 포모나의 입구 역할을 하는 건물이다. 원래는 야외 주차장이었다가, 이번에 건물을 짓고 녹지도 만들었다. 건물은 3층 규모로 사람들의 동선을 방해하지 않기 위해 둘로 나눴다. 그리고 **두 건물 인근의 구릉에서 영감을 얻어 커다랗고 둥글둥글한 지붕을 얹었다.** 주변 녹지도 작은 언덕으로 만들어서 전체적으로 조화를 이룬다. 친환경 백금platinum 등급 건물이다. 지붕 위에 설치한 천창은 북쪽을 향하고 있다.

참고 : 2015PETE, 2017UCLA, 2025MASC

공간 구성도

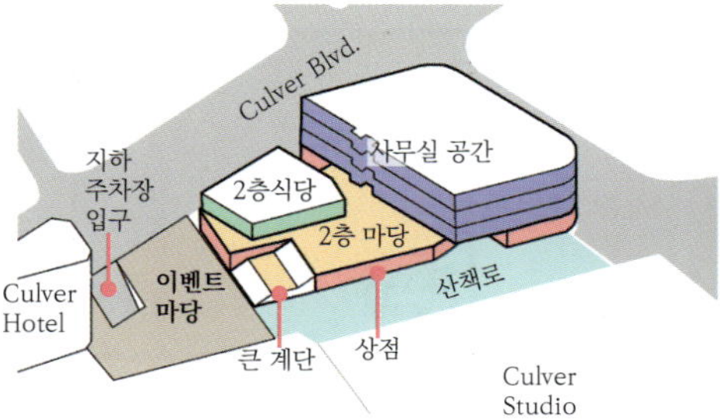

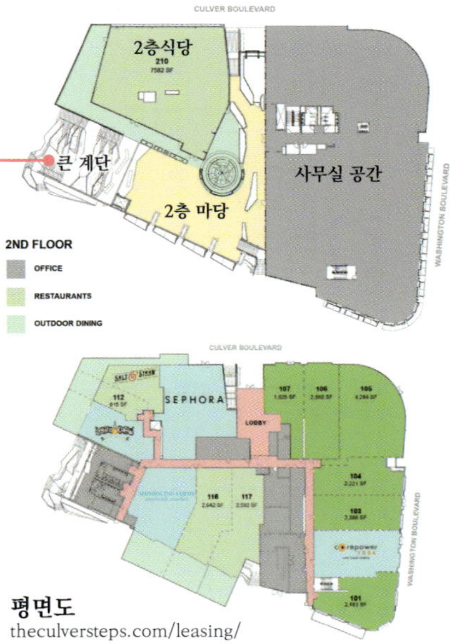

평면도
theculversteps.com/leasing/

대지 서쪽의 넓은 마당은 이벤트 장소로 쓰인다. 마당 너머 큰 계단이 보인다.

계단 위에서 내려다 본 모습

마당 아래 주차장으로 들어가는 입구

Culver Steps

Ehrlich Yanai Rhee Chaney : 설계
9300 Culver Blvd, Culver City, CA 90232 : 주소

20세기 초반부터 컬버시티는 헐리웃과 함께 영화산업의 한 축을 맡아 왔다. '바람과 함께 사라지다(1939)'를 비롯한 수많은 영화를 바로 대지의 남쪽 컬버 스튜디오에서 촬영했다. 대지의 서쪽에는 르네상스풍의 6층 호텔이 있다. 그런데 정작 대지는 아스팔트만 깔린 야외 주차장으로 쓰여 왔었다. 이번에 사무실과 상점이 섞인 복합 건물로 개발한다. 설계는 얼릭/야나이/리/채니 설계사무소가 맡았다. 우선 기존의 주차공간과 새 건물을 위한 주차장은 대지 아래 2개층을 파서 마련했다. 1층은 모두 상점을 배치하고, 2층 위로 오르는 대형 계단을 만들었다. 나중에 호텔 쪽에 무대를 만들어, 여름밤 콘서트를 비롯한 다양한 이벤트를 준비하고 있다. 2층 위의 데크 옆에 식당 자리를 마련해 놓았다. 이벤트장을 만들고 그 주변에 자연스레 상업시설을 배치한 셈이다.

1991SHAT, 2003PALM, 2017BLOC : 참고

지붕을 붉게 표시한 부분은 5층 주상 복합 건물이고, 푸르게 표시한 부분은 3층 타운하우스이다.

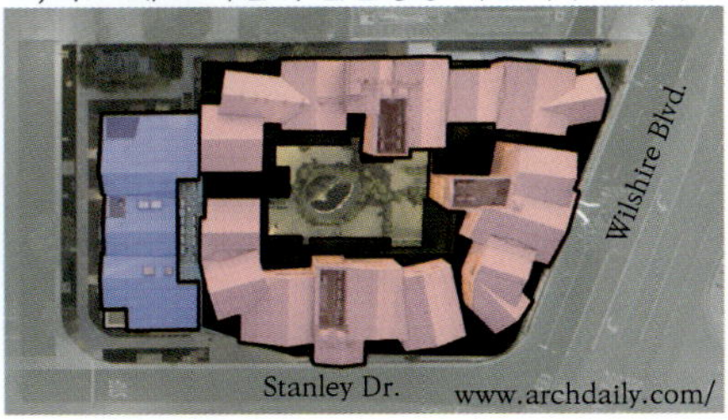

녹색 넝쿨로 덮인 부분에 단층형 유닛을 채우고, 그 위에 복층형 유닛을 올려 놓았다.

이면 도로 쪽은 건물 규모가 작은 타운 하우스를 지었다.

타운하우스 평면도

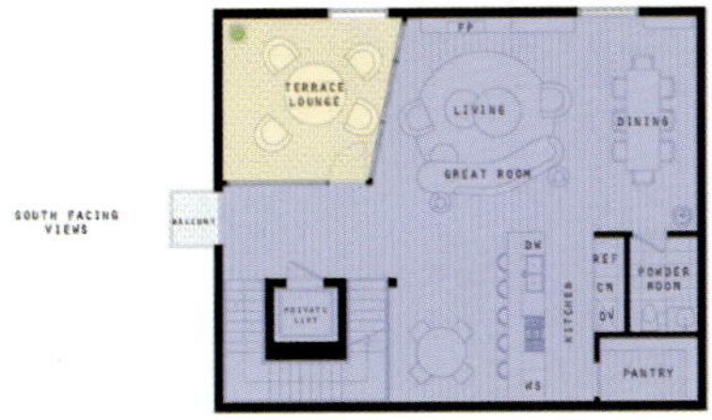

3층 *upper level*

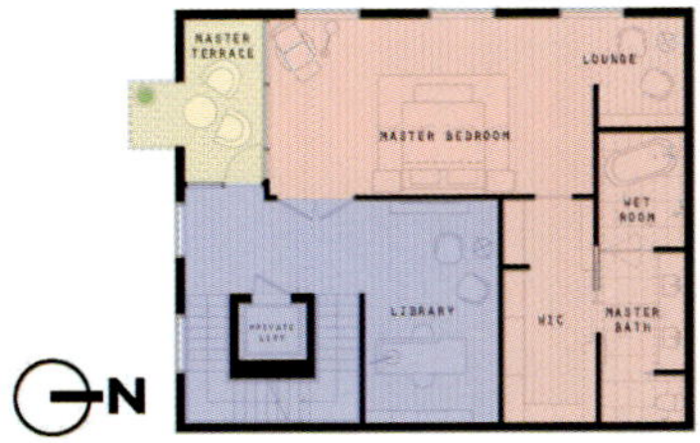

2층 *master bedroom level*

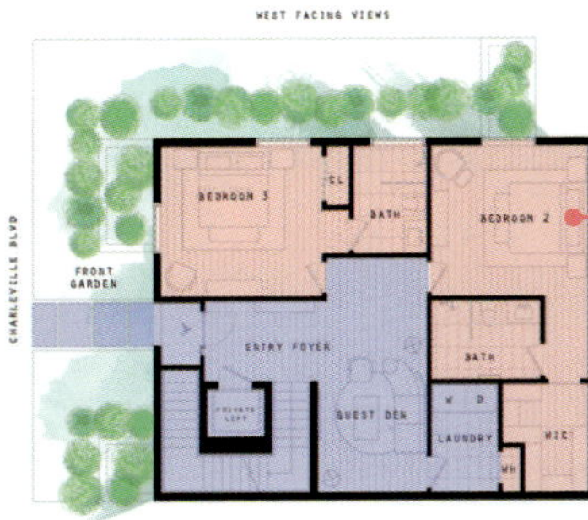

1층 *ground level* www.apartments.com/

Garden House

설계 : MAD architects

주소 : 8600 Wilshire Blvd, Beverly Hills, CA 90211

매드 건축사 사무소는 창립자가 중국인 마얀송Ma Yansong으로, 한국식으로 읽으면 마암송馬岩松이다. Ma Design을 줄여서 MAD라는 이름을 만들었다. 예일대를 졸업하고 나서 피터 아이젠만과 자하 하디드에게서 실무를 익힌 후, 바로 독립했다. **그의 건축에는 대개 '산수시山水市'라는 개념을 반영한다.** 한마디로 자연과 건축이 어우러진 건축이다. 이번 프로젝트에는 자연을 건물 벽을 따라 둘렀다. 윌셔 길에 면해서는 주상복합으로 지으면서, 주거 부분은 가운데 마당을 중심으로 둘러 앉았다. 그들만의 공원이다. 마당을 공유하는 주민들은 주변을 등지고 그들만의 커뮤니티를 이룬다. 반면에 안쪽길에 면해서는 길쪽으로 아담한 타운하우스 3 채를 지어 이웃과 어울리게 만들었다. 건물 전체는 아기자기한 박공지붕으로 마감했다. Lucas Museum of Narrative Art는 공사중이다.

참고 : 2014PIHO, 2018ELYS, 2023FROG

평면도

차고를 지나 살림채의 입구를 바라본 모습

www.assembledge.com/

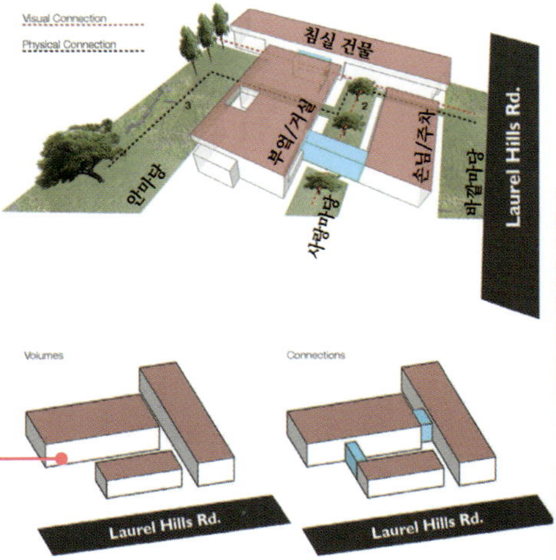

www.assembledge.com/

거실에서 뒷마당을 바라본 모습

www.assembledge.com/

Laurel Hills Residence

Assembledge+ : 설계

11935 Laurel Hills Rd, Studio City, CA 91604 : 주소

건축 설계사무소 어셈블리지 플러스의 소장, 데이빗 탐슨David Thompson의 자택이다. 대지는 사다리꼴 모양으로 남쪽이 좁고, 북쪽이 넓게 펼쳐져 있다. 그리고 도로에 면한 남쪽이 높고, 북쪽이 완만하게 낮아지는 등고선을 갖고 있다. 대지에 3개의 건물을 얹는다. 대문 앞에 손님방 / 주차장이 있는 건물을 두고, 그 다음에 부엌 / 거실 건물을 나란히 배치했다. **2개의 건물이 바깥마당, 사랑마당, 안마당을 구분한다.** 침실 건물은 거실 공간에서 나와 남북으로 길게 이어지고, 전체적으로 중정형 공간을 형성한다. 사랑마당을 중심으로 복도가 이어져 있어서 부엌이나 거실에서 가족의 동선 파악을 쉽게 할 수 있다. 건물의 외피는 따스한 느낌의 목재와 짙은 회색의 금속으로 마무리했다. 규모에 비해 화려하지 않고 단정하며, 주변과 어울리게 자리하고 있다.

1922SCHI, 2002OFFU, 2019BRID : 참고

북서쪽에 있는 주 출입구 : 새로 지어진 부분

둥근 기둥을 붙여 놓은 듯한 외벽 디테일

새 지붕은 bowstring truss를 응용했다.

www.johnstonmarklee.com/

디자인 발전 과정

1. 기존 건물 중 도로에 면한 부분을 철거한다.

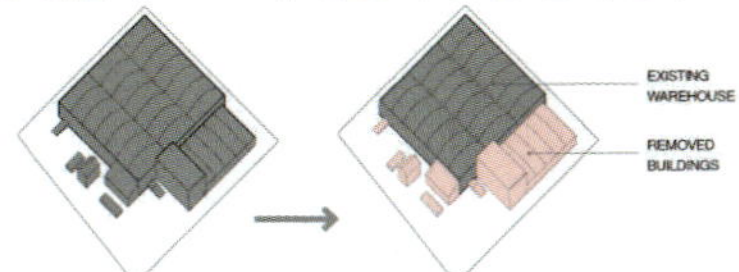

2. 기존 건물과 바닥 레벨을 맞추기 위해 철거된 부분의 바닥판을 올린다.

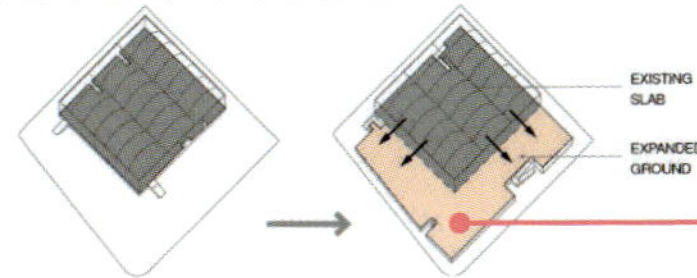

3. 새 바닥판의 벽은 틸트업 방식으로 세운다.

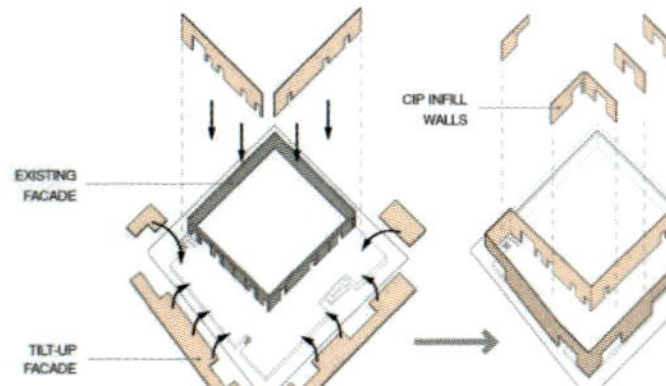

4. 지붕은 기존 보우스트링 트러스 구조를 응용한다.

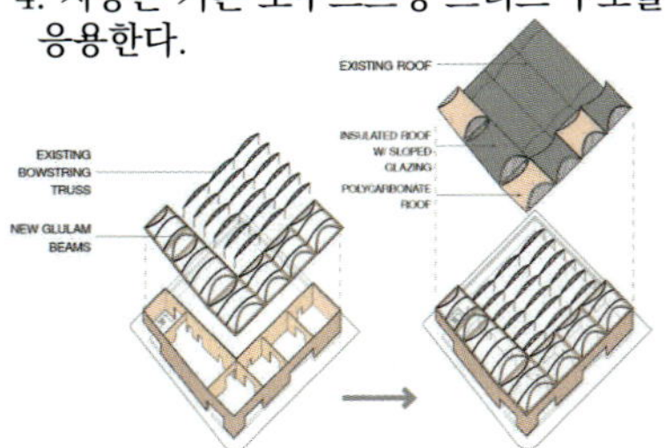

www.johnstonmarklee.com/

UCLA Margo Leavin Graduate Art Studios

설계 : Johnston & Mark Lee

주소 : 8535 Warner Dr, Culver City, CA 90232

원래 벽지 공장으로 쓰이던 건물을 UCLA 미대가 인수하고 작업실로 개조하고자 했다. 현상설계를 통해 섀런 좐스턴과 마크 리의 설계안이 당선되었다. 주변 건물 분위기와 어울리게 하기 위해 재미난 방식으로 설계했다. 기존의 시설 중에서 안쪽에 있는 정사각형 평면은 살리고, 새 건물을 기존 건물 주변에 'ㄱ'자 모양으로 덧붙이기로 한다. 기존의 건물 바닥과 맞추기 위해 바닥판을 약 1m 정도 올렸다. 그리고 새 벽은 콘크리트로 짓는데, LA에서 많이 쓰이는 틸트업 방식이다. 외벽에 원형 기둥을 촘촘히 붙인 듯하게 꾸몄는데, 시간에 따라 벽에 재미난 그림자가 생기도록 의도한 것으로 보인다. 지붕은 기존의 건물이 보우스트링 트러스bowstring truss구조로 되어 있었는데, 이를 응용해서 만들었다. 여기에 투명한 플라스틱polycarbonate을 얹어서, 지붕 전체가 천창 역할을 한다.

참고 : 2014POCA, 2017TERA, 2025MASC

1층 평면도
다양한 프로그램이 모여 있다.

leong-leong.com/

사각형과 원이 조화를 이루며 섞여 있다.

다양한 프로그램이 섞여 있다.

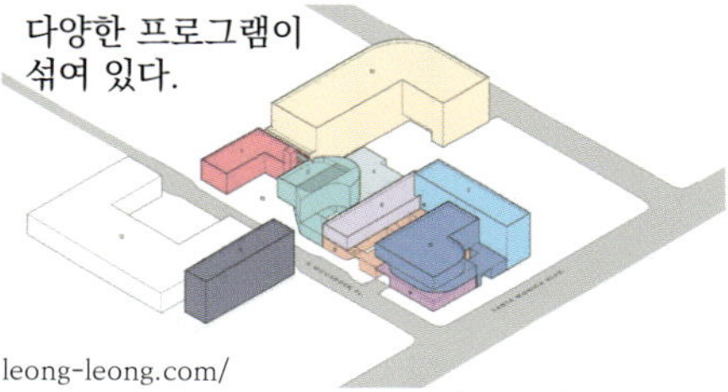

leong-leong.com/

대지의 서쪽에 있는 맥캐든 길에서 본 모습

남동쪽에서 본 모습

Anita May Rosenstein Center

Leong & Leong : **설계**

1118 N McCadden Pl, Los Angeles, CA 90038 : **주소**

뉴욕에서 활동을 시작한 신진 건축가 리엉 형제가 맡은 최초의 대형 프로젝트다. 중국계 아버지가 MIT를 중퇴한 후 가구 목공부터 배우고 건축 시공일을 익히더니, 결국에는 건축설계까지 공부했다. 아버지 덕에 건축을 접한 형제는 자연스레 학부부터 시작해서 아이비리그 대학원까지 건축 공부를 마치고, 같이 설계사무소를 열었다. 그리고 LA의 성소수자 센터 50주년을 기념한 건물을 짓는다. 12개의 다양하고 독특한 공간과 프로그램을 모자이크처럼 통합하는 것을 디자인 개념으로 삼았다. 오랫동안 차별 받았던 성소수자들이 이번에는 사회 통합을 위해 다양한 시도를 한다. 성소수자 뿐만 아니라, 노숙자, 청년, 노인을 위한 시설도 제공해서 다양성을 수용하자는 뜻을 품고 있다. 건물 곳곳에 등그런 구멍을 많이 뚫어서 치즈같은 느낌이 들기도 한다.

2015ONES, 2017BRIC, 2017SMMD : **참고**

1층에는 공용 시설이 앞에 있고
뒤로는 주차장이 자리한다.

친환경 건축 요소가 반영되어 있다.

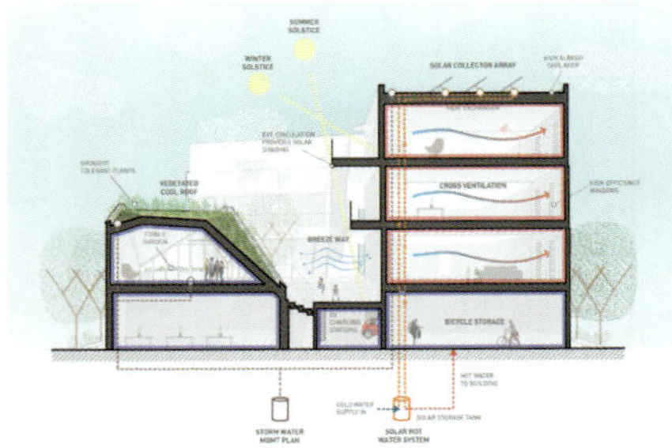

디자인 전개 과정

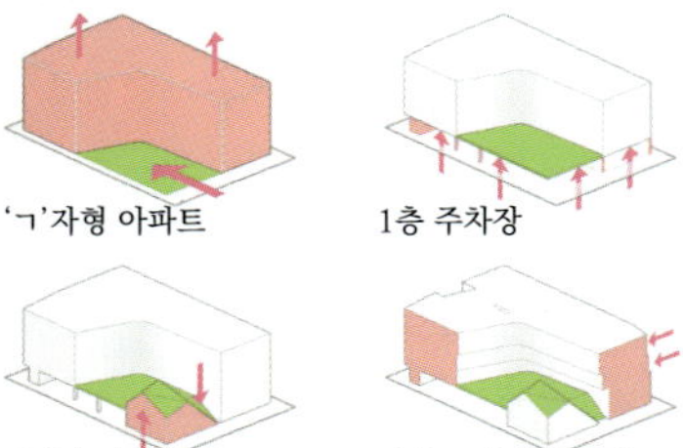

2층 평면도

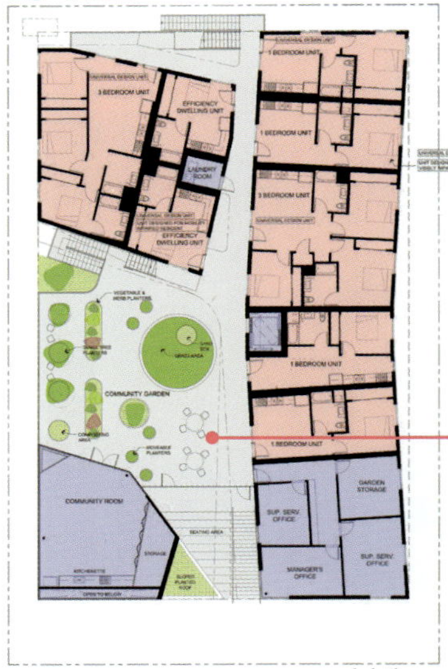

www.archdaily.com/

2층에서 본 아파트 공간

MLK 1101 Supportive Housing

설계 : Lorcan O'Herlihy

주소 : 1101 W Martin Luther King Jr Blvd, Los Angeles, CA 90037

이 동네는 20세기 초반까지만 해도 중산층 백인들의 마을이었다. 옆 블럭에 콜리시엄(1923COLI)과 자연사 박물관, 장미 정원이 있어서 살기 좋은 곳이었다. 그러다가 프리웨이가 건설되고 자동차가 널리 보급되면서, 이곳에 살던 사람들이 교외지역으로 옮겨가기 시작했다. 이 동네는 한동안 슬럼화되었다가, 최근에는 윗동네에 지하철이 지나가면서 하나둘씩 개발이 진행중이다. 오헐리히가 퇴역군인, 저소득층을 위한 임대아파트를 설계했다. 1층은 도로에 면해서 상점을 두고, 그 뒤에 주차장을 마련했다. **서쪽 상점의 벽과 지붕을 경사지게 올리고, 이 위에 녹지를 꾸며 시선을 끈다.** 2층에 입주자들이 함께 쓰는 마당을 만들고, 2층부터 4층까지가 아파트다. 아파트는 자연채광과 원활환 환기를 위해 'ㄱ'자형 평면으로 만들었다.

참고 : 2014STAR, 2017SIXD, 2024ISLA

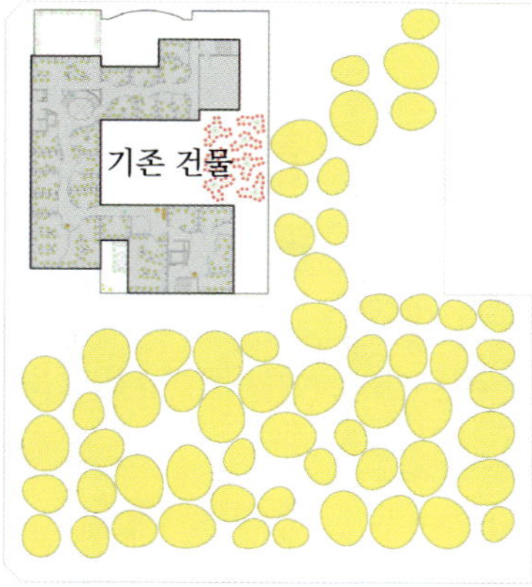

노란 계란 모양의 평면을 가진 작은 건물들이 흩뿌려져 있다.

www.loopnet.com/

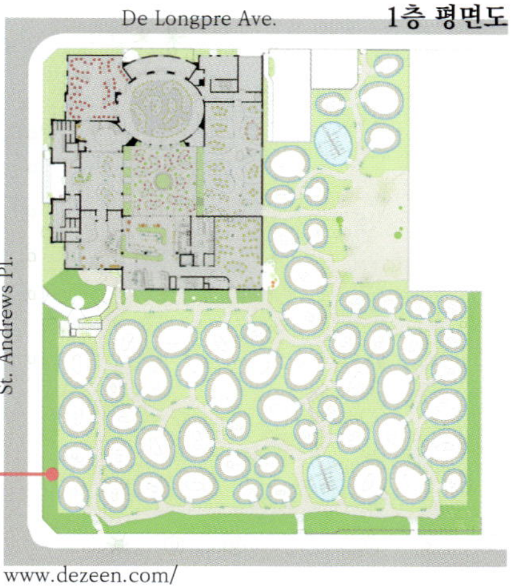

www.dezeen.com/

둥근 건물 사이는 녹지와 보행통로로 채워져 있다.

www.loopnet.com/

(현 the Preserve) **Second Home Hollywood Office**

Selgas & Cano : 설계

1370 N St. Andrews Pl, Los Angeles, CA 90028 : 주소

영국에 본사를 둔 세컨홈이라는 사무실 공유 업체가 LA에 진출한다. 한국에도 진출한 위워WeWork과 비슷한 개념인데, 좀 더 건축적으로 개성이 강한 회사로 보인다. 헐리웃 근처 프리웨이와 가까운 곳에 대지를 얻었다. 설계는 호세 셀가스Jose Selgas와 루치아 카노Lucia Cano라는 스페인 건축가 부부가 맡았다. 기존에 저소득층을 돕는 비영리 단체가 쓰던 건물 중, 반은 부수고 나머지 반은 개보수해서 사용하기로 한다. 유명 흑인 건축가 폴 윌리엄스Paul Williams가 설계한 건물로 쓸 만 했다. 지하의 주차장과 북쪽 건물은 놔 두고, 나머지는 다 부수고 **숲을 만들면서, 중간중간에 계란 모양의 60개 사무실 건물을 지었다.** 지붕은 노랗고, 벽은 투명재료로 만들어 숲 속에서 일하는 기분이 들게 꾸몄다. 독창적인 업무공간이다. 현재는 the Preserve라는 회사로 주인이 바뀌었다.

1936CROS, 1989CREA, 1989NATI : 참고

두 도로가 만나는 모서리에서 본 분홍색 건물

1층에 건물 입구가 보인다.

캐노피에 뚫린 구멍을 통해 시간을 가늠할 수 있다.

상점 공간 구성 :
2층과 3층은 캐노피
역할만 한다.

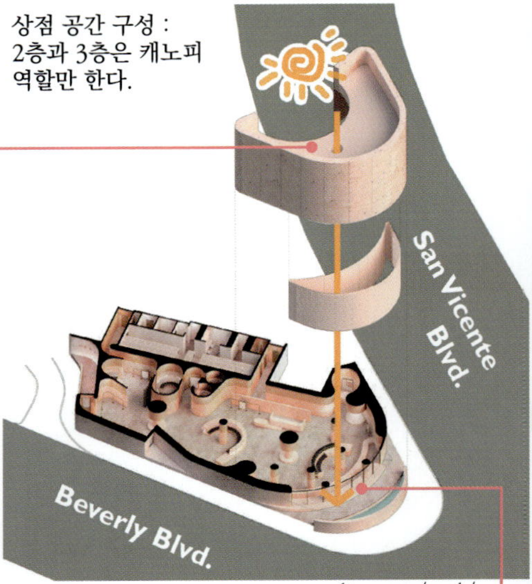

커다란 콘크리트 문을 통해 내부로 들어간다.

www.adjaye.com/work/

the Webster

설계 : David Adjaye

주소 : 8500 Beverly Blvd, Los Angeles, CA 90048

더 웹스터는 플로리다 마이애미Miami에서 시작한 고급 패션 부티크 상점으로, LA에서는 최초로 베벌리센터에 입점하게 되었다. 설계는 아프리카 태생의 영국 건축가 데이빗 아제이가 맡았다. 그는 나이 40에 이미 그의 업적을 인정받아서 영국 여왕으로부터 기사 작위를 수여받았다(2017). 대지는 예전에 하드락 카페Hard Rock Cafe가 있던 곳으로 베벌리힐스에서 오는 사람들에게 바로 눈에 띄는 교통의 요지다. 아제이는 건축주가 요구한 대로 고객이 기억할 만한 장소에 대해 고민했다. 그는 **주 재료로 분홍색 콘크리트를 사용해서 묵직한 캐노피와 입구를 만들었다.** 캐노피 위에 구멍을 뚫어 오후에 햇빛이 스며들게 했다. 내부도 외부와 마찬가지로 둥글둥글한 분홍 콘크리트로 인테리어를 꾸몄다. 콘크리트의 아래 부분은 매끈하게, 그리고 천장 부분은 거칠게 마감했다.

참고 : 1954RAND, 1989EDGE, 2021APPL

서쪽 유닛은 흰 색이고 2층 규모다.

서쪽 유닛 건물의 서쪽 아래에
글렌데일 길이 지나간다.

서쪽 유닛은 길고, 동쪽 유닛은 짧다.

서쪽 유닛 평면도

지붕 : 옥상 정원

2층 : 침실

1층 : 거실/식당

clkrep.lacity.org/

동쪽 유닛은 검은 색이고 3층 규모다.

Atwater Union

Corsini & Stark : 설계

3545 Casitas Ave, Los Angeles, CA 90039 : 주소

기찻길 바로 남쪽의 대지가 빈 주차장으로 쓰이는 게 아쉬웠던 동네 주민이, 재택 근무가 가능한 연립주택으로 개발하려고 했다. 이 동네는 예전에 공장지대였는데, 주거지역으로 바뀌면서 땅값이 올라가고 있었다. 기찻길 너머 북쪽 동네에 유사 사례로 미술가의 주택(2001BURN)이 있다. 이번에는 2005년에 발효된 작은 대지 개발법을 이용해서, 대지를 11개로 나눈 후 개발했다. 북동쪽 모서리는 쓰레기통같은 공용시설을 놓는 용도로 써서, 총 10개의 유닛을 채웠다. 서쪽 유닛은 2층으로 넓게 퍼지고, 동쪽 유닛은 3층으로 좁으면서 수직으로 올렸다. 각각 1층은 거실/식당 또는 사무실용으로도 쓸 수 있고, 2층부터는 가족만을 위한 공간으로 꾸몄다. 주변 건물들이 낮아서 옥상 위에 주변을 둘러 볼 수 있게 옥상정원을 마련했다. 깔끔하고 단정하다.

2015BLAC, 2018ELYS, 2021CANY : 참고

쿨리지 길에서 남쪽을 바라 본 모습 :
각 건물이 독립된 유닛이다.

3개층 유닛 중 하나의 평면도

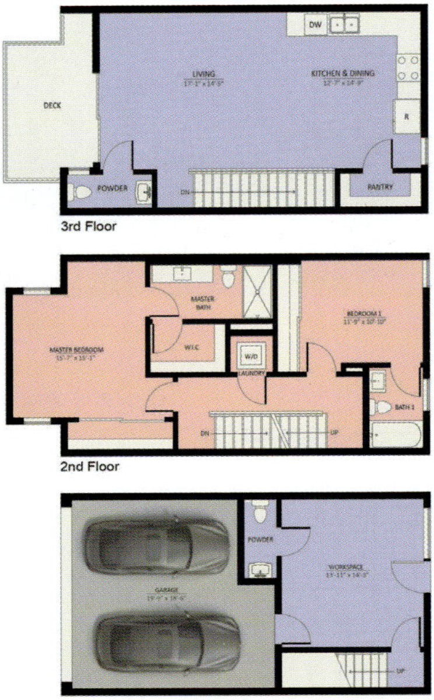

unknown authorship

주택 단지 내부에도 골목길이
개별 유닛까지 이어진다.

배치도

www.modative.com/

Coolidge Place

설계 : Modative

주소 : 3022 N Coolidge Ave, Los Angeles, CA 90039

대학 졸업 후 설계 사무소가 아닌, 주문 제작하는 주택 건설 회사에서 실무를 익힌 2명의 친구가 독립해서 자신들의 회사를 설립했다. 건축주가 의뢰한 대지의 특성에 최적화하는 방안을 찾아서 설계부터 시공까지 빠른 기간에 결과물을 만들어냈다. 이 작전이 먹혀서 짧은 기간에 사업이 자리를 잡았다. 이번 대지 정도의 규모면, 대개 가운데 마당을 중심으로 주거 유닛을 둘러싸서 배치했을 것이다. 하지만 이들은 **마당 대신 골목길을 이용**했다. 양 끝 도로에 면해서 각각의 골목길을 뽑아내고 개별 주거 유닛의 주차장으로 이어진다. 그런데 **두 도로가 어긋나서, 자동차가 대지를 관통하지는 못 한다. 대신 보행자는 자유로이 다니면서 2층 발코니에 있는 이웃과 대화를 주고 받을 수 있게 했다.** 단순한 형태 안에 이웃간의 다양한 행태를 반영한 디자인이라고 하겠다.

참고 : 2003HYPE, 2010FORM, 2021CANY

지붕 끝 디테일

둥그스름한 지붕이 덮여 있는 대형 경기장

Wikimedia : Troutfarm27

지붕이 땅과 만나는 모서리 :
상당히 가볍게 느껴진다.

관객 70,000명 이상을 수용한다.

Wikimedia : Troutfarm27

약 250m나 되는 큰 공간을 가벼운 재료로 구조를 짜서 덮었다.

www.hksinc.com/

SoFi Stadium

HKS : **설계**

1000 S Prairie Ave, Inglewood, CA 90301 : **주소**

1938년부터 2013년까지 경마장이 있던 자리였다. 2014년에 프로 미식축구 팀 램스Rams가 이 곳을 인수하고 연고지까지 옮겨 와, 이 자리에 새 경기장을 짓기로 한다. 건축주는 LA를 상징하는 아이콘이 될 만한 건물을 지어 달라고 했다. 서쪽에 LAX가 있어서 높이 지을 수 없었다. 콜리세움(1923COLI)처럼 관중석의 반은 지하로 내려가고, 반은 위로 올라가도록 계획했다. 거대하고 둥그스름한 지붕을 덮기 위해 지붕 끝은 파이프로 형태를 잡고, 안쪽은 상대적으로 가는 재료로 격자형 틀을 만들었다. **지붕이 상당히 가벼워 보인다.** 이 위에 요즘 친환경 건축자재로 많이 쓰이는 ETFE로 지붕을 덮어, 차양, 환기 등을 해결했다. 스포츠 경기 뿐만 아니라, 다양한 이벤트를 수용할 수 있도록 여러 기능을 복합해서 캠퍼스를 채웠다. 도시 블럭은 하나의 기능만으로 채워지지 않는다.

1923COLI, 1999STAP, 2024INTU : 참고

과거 백화점 건물을 개조하고, 북쪽에 공 모양의 극장 건물을 추가했다.

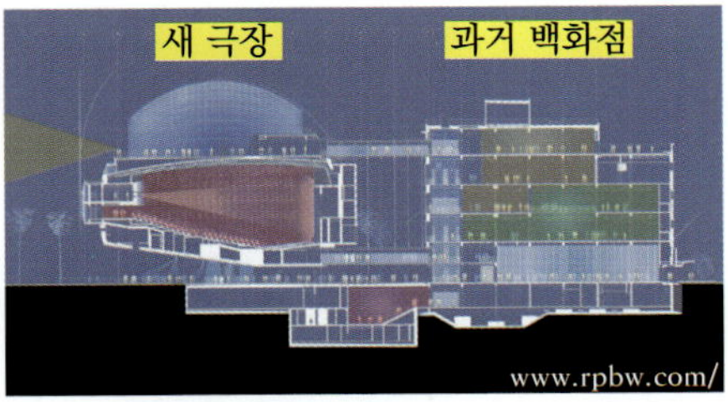

새 극장 아래 부분에는 강풍에 건물이 뜨지 않도록, 지면과 건물을 묶어주는 장치가 있다.

새 극장 아래 부분에는 제진장치earthquake isolators가 설치되어 있다.

새 극장 위의 전망대 공간

둥근 구조물에 차양 시설을 설치할 수 있다.

Academy Museum of Motion Pictures

설계 : Renzo Piano

주소 : 6067 Wilshire Blvd, Los Angeles, CA 90036

1939년에 백화점으로 지어졌다가, 시간이 지나 LACMA가 인수해서 한동안 미술관으로 썼었다. 이번에는 세계 최고의 아카데미 영화 박물관으로 변신하려고 한다. 설계는 옆의 BCAM(2008LACM)을 설계한 렌조 피아노에게 의뢰했다. **기존 건물은 오랫동안 지역의 랜드마크 역할을 했기에 윌셔길에 면한 부분은 최대한 살리고, 나머지는 전면적인 개조를 실시했다.** 'L'자형 평면을 잘라내서 사각형으로 만들고, 북쪽에 에스컬레이터를, 남쪽에는 전시공간을 배치한다. 그리고 북쪽 벽의 전 층에 전면 유리창을 설치해서, 북쪽과 시각적 교류를 유도했다. 바로 북쪽에 공 모양의 거대한 건물을 지었기 때문이다. 안에 1000석 규모의 극장을 마련하고, 위에는 헐리웃 간판을 구경하는 전망대를 올려 놓았다. 공 모양 건물이 지면에서 떠 있는 것처럼 느껴진다.

참고 : 2008LACM, 2015PACO, 2015PETE

캐노피는 내부에도 계속 이어진다.

3층 높이의 거울 캐노피 아래로 들어 간다.

실내 나무 식재 디테일

캐노피의 좌우에 있는 천창을 통해 실내에 자연 채광을 하고 있다.

높은 천장, 자연 채광, 실내 정원 덕에 내부는 상쾌하게 느껴진다.

Apple The Grove

Norman Foster : **설계**
189 The Grove Dr, Los Angeles, CA 90036 : **주소**

건축가 포스터는 2010년대 중반부터 전세계에 30여 개의 애플 관련 건물을 디자인해 오고 있다. 다른 애플 매장에서처럼 건물 입면에 유리패널 외의 다른 자재가 최소한으로 드러나게 꾸몄다. 특히 여기서는 3층 정도의 천장 높이 공간으로 들어가고, 게다가 천장에 거울을 설치해서 어지러울 정도로 거대하게 느껴진다. **천장과 인접 건물이 만나는 양쪽 천장 모서리는 천창을 길게 설치해서, 햇빛을 적절하게 내부로 끌어들인다.** 이 덕에 천장이 마치 물 속에서 배의 아랫부분을 보는 듯한 느낌이 들기도 한다. 천창을 따라 바닥에는 나무를 줄 지어 배치해서, 내부에서도 자연을 느끼게 한다. 높은 천장, 자연채광, 실내 정원을 통해 소비자들이 창의성과 혁신을 품을 기회를 제공하려고 시도했다. OMA가 설계한 베벌리힐스의 프라다 매장(2004PRAD)과 비교해 보기를 권한다.

2002LAEY, 2004PRAD, 2019WEBS : **참고**

오래된 유대교회당 옆에 새 건물을 지었다.

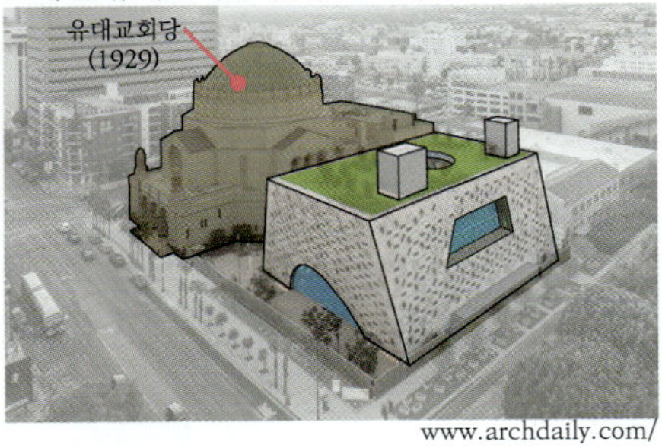

www.archdaily.com/

건물을 관통하는 커대란 개구부가 3개 있다.

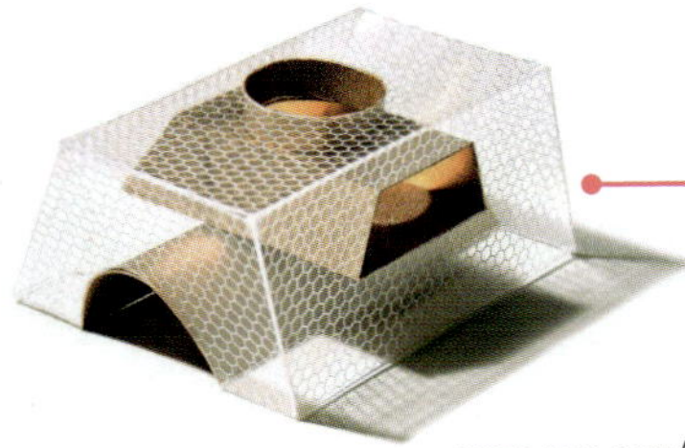

www.oma.com/

삐딱하게 서 있다.

남-북 단면도

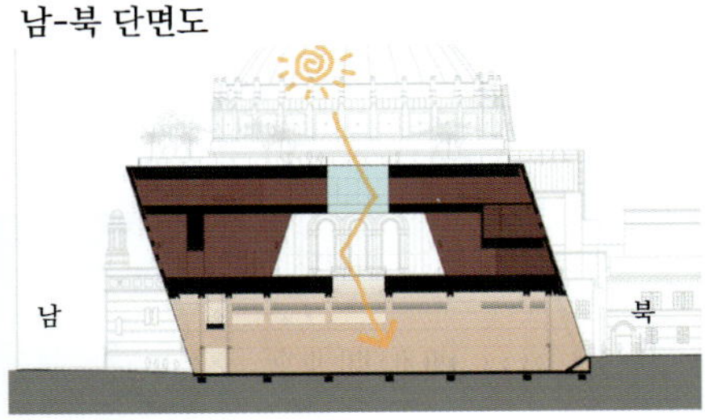

1층 내부 공간

audreyirmaspavilion.org/

동-서 단면도

www.stadlerarch.com/

Audrey Irmas Pavilion

설계 : OMA (Office for Metropolitan Architecture)
주소 : 3663 Wilshire Blvd, Los Angeles, CA 90010

1929년에 지어진 유대교회당이 서쪽에 있고, 이 건물의 동쪽에 새 건물을 짓기로 한다. LA가 미국 영토가 되고, 그 다음 해인 1851년부터 LA에서 유대인들의 종교행사가 있어 왔다. 유대인들은 몇 십년마다 그들의 교회당을 지었다. 유대교회당은 그들의 정체성을 확인하는 중요한 장소 역할을 한다. 이번에는 유대인 뿐만 아니라, 지역 사회와 함께 공존한다는 취지로 다양한 행사를 수용할 수 있는 건물을 짓기로 한다. 25개의 설계사무소를 조사한 후, 최종 4군데에 설계를 의뢰했고, 이 중에서 OMA의 안을 당선작으로 선정했다. 뉴욕 지사장을 맡고 있는 쇼헤이 시게마츠가 설계했다. 기존의 서쪽 교회당에 비해 삐딱해 보이는 것이 장난스러워 보이지만, 나름 서로 어울려 보이기도 한다. **위치에 따라 남-북, 동-서, 천창으로 건물을 관통하는 3개의 개구부가 인상적이다.**

참고 : 1962CONG, 1969BASI, 2019LGBT

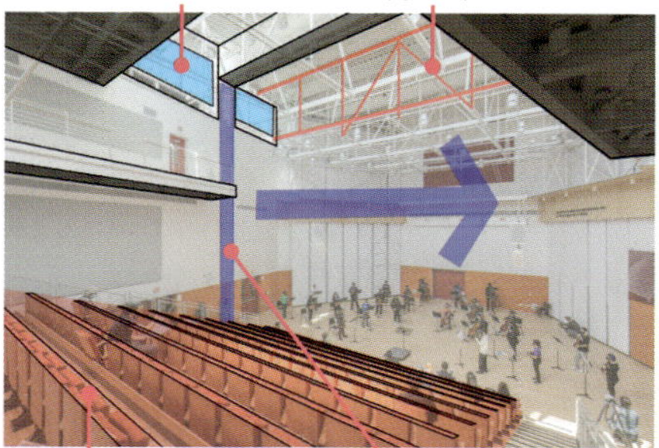

www.architecturaldigest.com/

원래 은행이었던 건물을 교향악 교육시설과 공연장으로 개조했다.

공연장은 2 공간으로 나뉘기도 하고,

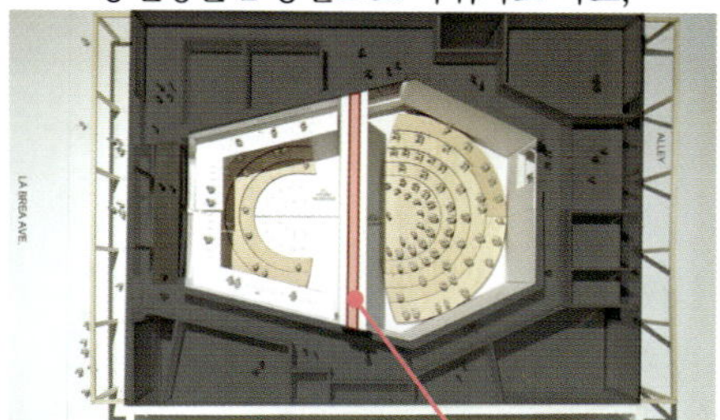

www.laphil.com/learn/yola/

www.laphil.com/learn/yola/

큰 하나의 공간으로 합칠 수도 있다.

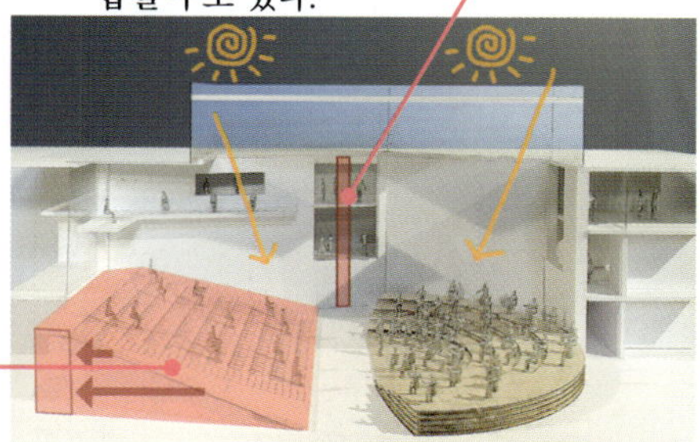

Judith and Thomas L. Beckmen YOLA Center

Frank Gehry : **설계**
101 S La Brea Ave, Inglewood, CA 90301 : **주소**

LA 공항으로 가는 길에 있는 잉글우드라는 도시는 20세기 초반에는 백인들의 도시였지만, 현재는 라티노와 흑인의 인구 비율이 약 95%에 이른다. 그리고 이들의 상당수가 저소득층이다. 이 근방에 살면서 음악을 배우기 힘든 형편의 청소년들에게 LA 교향악단이 음악을 가르치는 프로그램Youth Orchestra of Los Angeles을 만들었다. 잉글우드 시청 옆에 원래는 은행으로 지어졌지만, 오랫동안 버려졌던 건물을 개조해서 연습시설로 쓰기로 했다. 설계는 게리가 맡았다. 건물의 외관은 거의 건드리지 않고, 내부를 싹 바꾸었다. 건물 중앙을 싹 비워서 천장 높이가 45ft(13.5m)나 되는 거대한 공간을 만들고, 여기에 전체 연습실을 배치했다. 보통 때는 **190석의 객석을 앞에 두고 리허설을 할 수도 있고, 가운데에 벽을 치면 2개의 조가 따로 연습할 수도 있다.**

1989EDGE, 2011ALTA, 2019WEBS : 참고

2, 3층에 물결치는 벽이 인상적이다.

남쪽과 북쪽 벽은 온통 유리로 덮었다.

1층은 주로 주차장으로 쓰인다.

Setbacks

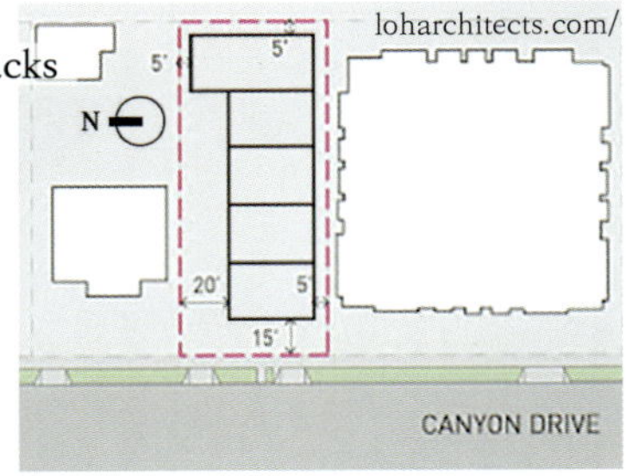

3층 평면도

북

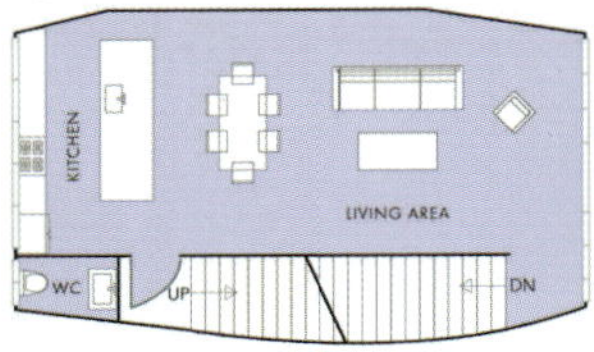

남

2층 평면도

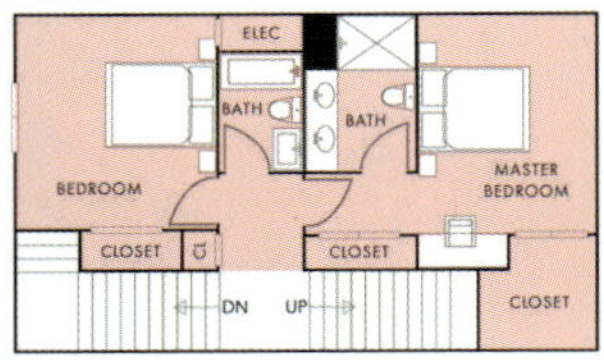

1층 평면도

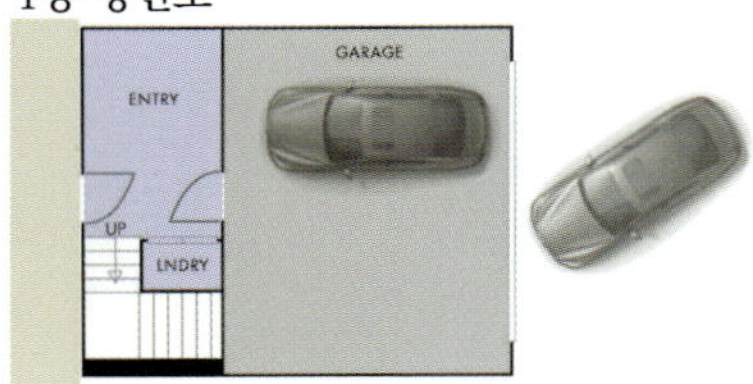

unknown authorship

Canyon Homes

설계 : Lorcan O'Herlihy

주소 : 1826 Canyon Dr. Los Angeles, CA 90028

21세기가 시작되면서 주택 임대료 안정을 꾀하던 LA시는 2005년에 기존 대지를 작게 쪼개서 개발해도 된다는 조례를 통과시켰다. 같은 대지에 더 많은 세대를 채워 넣을 수 있으므로, 주택 임대료가 낮아지는 효과를 기대했다. 헐리웃의 조용한 주택가에 자리한 대지를 쪼개서 5개의 작은 집을 채워 넣기로 한다. 각 집의 구성은 같다. 1층은 차 2대를 넣을 수 있는 주차장, 2층은 침실 공간, 3층은 거실로 채웠다. **일반적으로 2층에 거실을 두고, 3층에 침실을 두기 마련인데, 여기서는 이를 바꾸었다. 옥상정원을 침실보다 거실과 연결하는 것이 낫다고 판단한 것으로 보인다.** 2층과 3층을 감싸는 벽은 물결치듯 세웠는데, 내부와 외부 모두 수직적인 특성을 살리도록 디자인했다. 남쪽과 북쪽 벽은 자연 채광과 환기가 이루어지도록 전면 유리벽으로 만들었다.

참고 : 2015BLAC, 2020ATWA, 2020COOL

동측 입면

남동쪽에서 본 임대 아파트

워싱턴 길에 면해서 1층에는 공용시설을 배치

아파트 주 출입구

아파트 주 출입구 디테일

아파트 유닛 입면 디테일

Gramercy Place Apartments

Kevin Daly : 설계

2375 W. Washington Blvd, Los Angeles, CA 90018 : 주소

코리아타운 남쪽에 주거지역과 작은 공장 지역의 경계에 대지가 있다. 원래 불법 주차로 견인되어 온 차들을 보관하던 곳이었는데, 이번에 저소득층을 위한 임대 아파트로 변신을 꾀한다. 큰 길인 워싱턴 길의 북쪽에 위치한다. 워싱턴 길에 평행하게 2개의 긴 건물을 배치한 다음, 긴 건물을 각각 3개의 덩어리로 나누었다. 워싱턴 길에 면한 1층은 까페나 공동 작업장, 커뮤니티 룸으로 지정했다. 6개 건물 사이에는 간단한 복도를 걸어 놓고, 나머지 1층에는 녹지공간을 배치했다. 6개의 독립된 건물은 단순하게 생겼지만, 그 사이를 채우는 부분은 2x6 목재를 일정한 간격마다 어긋나게 걸어서 마치 파도치는 듯한 느낌이 들게 한다. 그리고, 워싱턴 길을 향하는 건물의 남측 입면에는 창마다 금속 프레임을 걸어서 차양 효과 뿐만 아니라 시각적인 즐거움도 제공한다.

2014PIHO, 2016CRES, 2024ISLA : 참고

수직성을 강조한 입면 패턴이 눈에 띈다.

캠퍼스를 연결하는 야외 계단

강의동 중간의 마당이 아늑하다.

3층 평면도

내부를 관통하는 붉은 계단

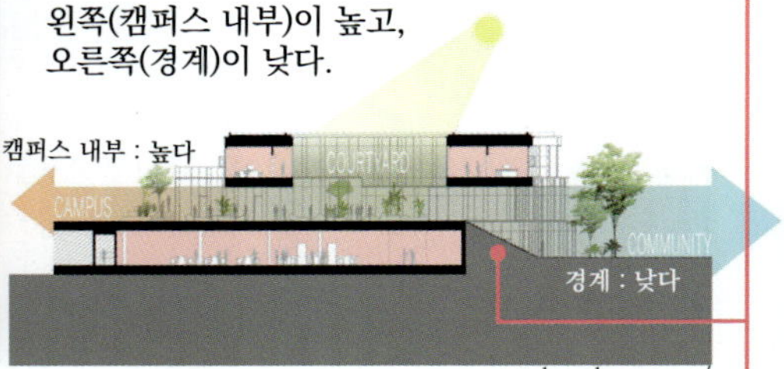

www.steinberghart.com/

McGregor Computer Science Center

설계 : Steinberg Hart

주소 : 201 Platt Blvd, Claremont, CA 91711

클레어몬트에 몰려 있는 7개의 대학 중에 하비머드 대학Harvey Mudd College은 과학과 공학 분야에서 두각을 나타내는 학교다. 캠퍼스가 동서로 긴데, 이 건물은 캠퍼스의 서남쪽 끝에 위치한다. 캠퍼스를 관통하는 보행로와 캠퍼스 경계 도로 사이에는 1개층 정도의 높이 차가 있다. 그래서 **건물 중간에 이 둘을 잇는 야외 계단을 설치하는 것에서 건축 설계가 시작한다.** 건축주가 요구한 다양한 프로그램들이 따로 존재하는 것이 아니라 중정을 중심으로 배치함으로써 학제간 융합하는 기회를 높이려고 시도했다. 내부를 관통하는 붉은 계단은 끊이지 않는 면으로 강조하고 있어 이를 상징하는 듯 보인다. 건물의 입면은 층별로 건물의 매스가 나뉘는데, 각 층은 수직성을 강조한 청록 계열의 유리면과 누런 벽이 패턴을 이루고 있다.

참고 : 2007CANA, 2014POCA, 2025MASC

평면도

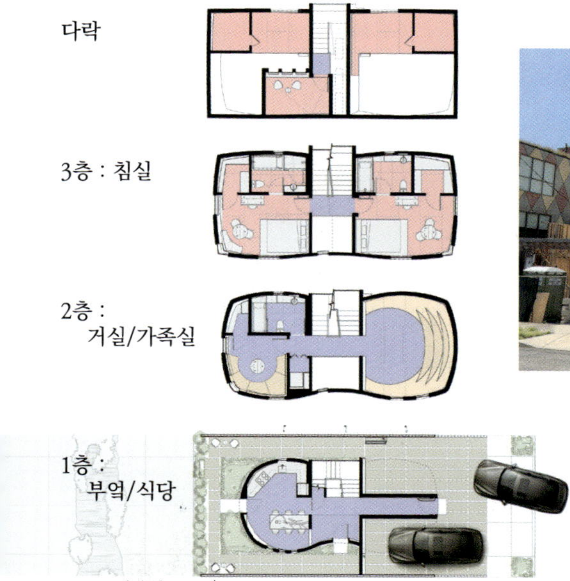

www.archdaily.com/

주택의 정면

2층 바닥이 3층 지붕으로 올라가면서
둥근 곡선이 직선으로 바뀐다.

단면도

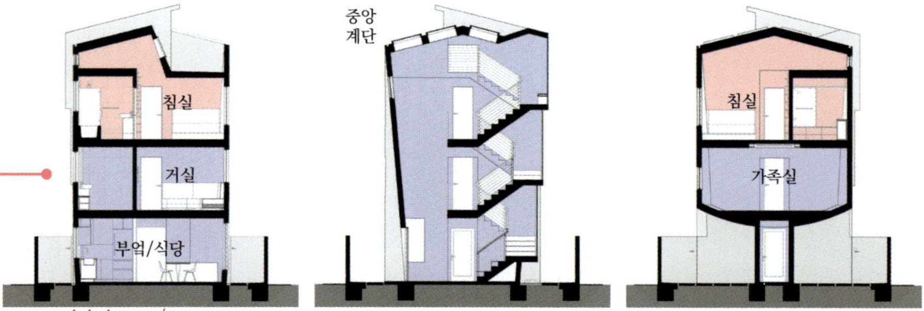

www.archdaily.com/

A+M House

Eric Owen Moss : 설계
211 Entrada Dr, Santa Monica, CA 90402 : 주소

2분만 걸어가면 태평양 백사장인 바닷가 대지이다. LA의 부촌 퍼시픽 팰리세이즈 입구로 작은 땅에 3층 짜리 아담한 집을 올렸다. 건축가 에릭 모스답게 재미난 형태다. 건축주는 어머니와 십대 딸 2명이다. 1층 평면을 보면 기타같다. 보통은 1층으로 지을 프로그램인데, 땅이 작다 보니 3층에 다락까지 올렸다. 층별 프로그램은 일반적이다. 1층은 부엌/식당, 2층은 거실, 3층은 침실 공간으로 채웠다. 평면의 가운데에 계단을 두어 동선을 최소화했다. 특별한 건 아래층 평면은 둥글둥글한 곡선인데, 지붕에 다다르면 사각형이 되도록 벽면을 조각하듯 만들었다. 일반 나무 스터드로 짓기 어려워서, CNC 기계를 이용했다. 가족실의 경우 바닥판이 작은 배의 바닥처럼 둥글게 만들었다. 침실 공간이 모자라서 3층 위에 아담한 다락을 꾸며 재미난 공간으로 탄생했다.

2005HILL, 2009PITT, 2024ANON : 참고

대지의 북쪽에서 본 모습 (디즈니 콘서트홀 앞)

왼쪽 타워는 호텔, 오른쪽은 주거용 건물

대지의 서쪽에서 본 모습 (브로드 미술관 앞)

대지의 동쪽에서 본 모습

호텔과 주거용 건물 사이 공간

사이 공간에서 주거용 건물을 올려다 본 모습

The Grand

설계 : Frank Gehry

주소 : 100 S. Grand Ave, Los Angeles, CA 90012

그랜드길을 LA의 샹젤리제로 개발하려던 LA의 숙원을 완성하려면, 디즈니 콘서트홀 길 건너 마지막 빈 땅에도 건물을 올려야 했다. 오래 전부터 주차장으로 쓰이던 공공 용지였다. 이미 2000년대 중반에 게리의 계획안이 발표되었다. **게리가 디즈니 콘서트홀 주변에 그의 건축물을 실현시키려고 노력했고, 10년이 훨씬 지난 후에야 결실을 맺게 되었다.** 게리는 여기에 여러 개의 상자를 쌓아 올렸다. 이웃에 위압감을 주지 않기 위해, 대지 경계에서 상자가 조금씩 뒤로 물러나면서 올라가게 쌓았다. 곳곳에 녹지와 야외공간이 조화를 이루고 있다. 전체적으로 타워 2개가 스카이라인을 형성하는데, 북쪽 타워는 호텔로 28층이고, 남쪽은 주거용으로 45층이다. 그랜드 길에 면한 저층부 3개 층은 상업시설로 이웃이나 관광객과 함께 이용하도록 꾸몄다.

참고 : 2009LALI, 2017WILS, 2023WRAP

2층 평면도

중간층 평면도 Mezzanine Level

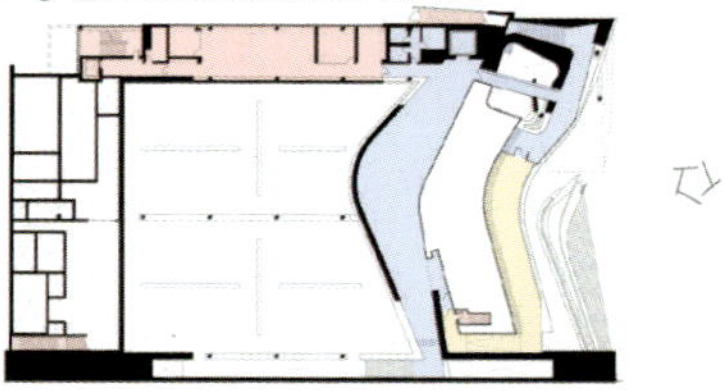

1층 평면도

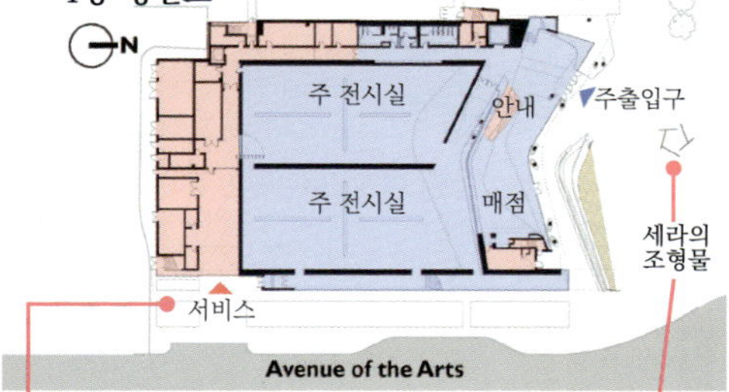

단면도

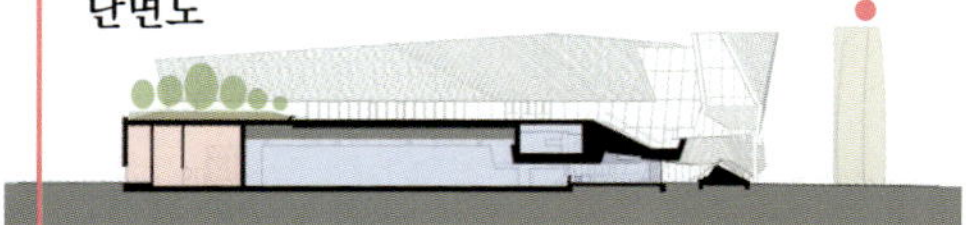

www.morphosis.com/

미술관 옥상에서 입구 쪽을 내려다 본 모습

1층 로비에서 위를 올려다 본 모습

중간층에서 2층으로 오르는 계단

Orange County Museum of Art

Morphosis : 설계

3333 Avenue of the Arts, Costa Mesa, CA 92626 : 주소

사우스 코스트 플라자를 개발한 시거스트롬Segerstrom 가족이 거금을 기부해서 공연장을 비롯한 문화 단지를 만들었는데, 이번에는 미술관이다. 대지의 동쪽에 차도가 있어서 서비스 동선은 이쪽에 두고, 보행자를 위한 주출입구는 북쪽에 두었다. 문화단지의 주출입구가 북쪽에 몰려 있기 때문이다. 여기서 보행자 동선이 시작한다. **유명한 리차드 세라Richard Serra의 철판 조형물을 바라 보도록 자리잡은 계단은 로마의 스페인 계단을 연상하게 한다.** 여기서 사람들 간의 다양한 행태가 일어난다. 계단 뒤에 출렁이는 벽이 미술관의 시작을 알린다. 1층 로비 옆에는 매점이 있고, 뒤에 주 전시실이 있다. 미술관 자체는 거대한 한 공간으로 만들어 놓았는데, 필요하면 다양한 공간으로 구획할 수 있어 가변성을 높였다. 중간층에 작은 전시실이 있다. 2층은 이벤트 장소로 꾸며 놓았다.

2003WALT, 2009LALI, 2017WILS : 참고

새로 만든 다리 : 과거의 아치를 되살렸다.

예전에 있던 다리 : 2개의 아치가 인상적이다.

Mission Rd 위에서 동쪽을 본 모습

Mission Rd 위에서 서쪽을 본 모습

Mission Rd 아래에서 동쪽을 본 모습

자전거 이용자를 위한 원형 경사로

Sixth Street Viaduct

설계 : Michael Maltzan

주소 : 600 S Santa Fe Ave, Los Angeles, CA 90021

로스앤젤레스 강은 한강과 비교할 정도가 아니다. 청계천보다 조금 더 큰 정도다. 이를 가로지르는 다리 중의 하나였는데, 구조적으로 심한 결함이 있어 부수고 새로 짓기로 한다. 원래 있던 다리는 1932년에 건립되었었고, 중간에 2개의 철골 아치가 인상적이었다. 건축가 몰츤은 이 아치 요소를 새 다리에 반복적으로 적용했다. 도로를 따라 세워진 크고 작은 10쌍의 아치가 주변에서 시선을 끈다. **아치는 철근 콘크리트로 토끼가 깡총깡총 뛰는 듯한 느낌이 든다.** 아치가 살짝 밖으로 열려 있어서 개방감이 더 든다. 콘크리트 아치에서 내려온 강철 케이블이 다리 상판을 잡아 준다. 자동차와 보행자를 위한 길 뿐만 아니라, 친환경을 위해 자전거 길도 마련해 놓았다. 다리 아래 공간은 2025년 현재 시민들을 위한 공원과 운동시설로 꾸미고 있다.

참고 : 1966GLEN, 2020SOFI

공사중인 주 입면

주 입면Facade : 1층은 아직도 공사중

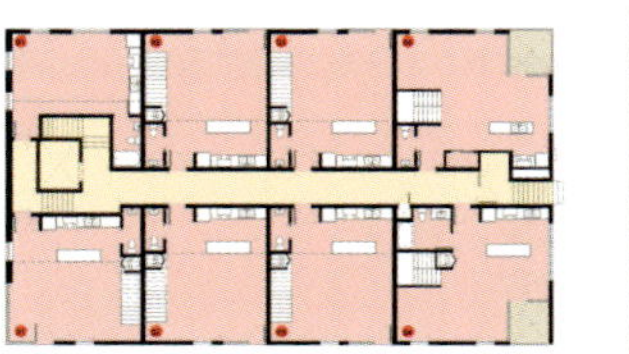

3층 평면도

1층 평면도

단면도

kevin-tsai.com/

주 입면 디테일

Frogtown

Kevin Tsai : 설계
2412 Eads St, Los Angeles, CA 90031 : 주소

LA 다저스 야구장의 북쪽에 낭떠러지 같은 경사가 급한 땅이 있고, 여기에 10차선 정도 되는 프리웨이가 지나간다. 프리웨이 건너 마을을 개구리 마을이라고 불렀다고 한다. 전에는 공장 또는 창고 같은 건물이 많은 동네였는데, LA 도심 주변을 개발하다 보니, 여기도 공장 대신 주거용 건물이 들어서고 있다. 대지의 북쪽으로 LA강이 지나고 있어서, 환경적인 측면에서도 좋은 조건이다. 이를 반영해서 도로에 면한 1층에 커피숍을 두고, 뒤로는 주차장을 두었다. 건물을 지을 수 있는 최대한으로 지었다. 2층부터 3개층 공간을 8개의 유닛으로 채워 넣었다. 아래층은 거실/식당으로, 중간층 일부는 바닥을 없애 거실에서는 높은 천장을 갖도록 꾸몄다. 그리고 위층에는 침실 공간을 배치했다. 공용 마당 대신, 각 유닛마다 천장이 높은 실내 공간을 제공했다고 이해하면 될 듯 싶다.

2018ELYS, 2019GARD, 2019MLK1 : 참고

차이나타운 전철역에서 본 모습

대지의 서쪽이 동쪽보다 약 10ft 더 높다.

서쪽의 강한 햇살을 조절하기 위한 수직 루버

단면도를 통해 친환경 요소가 많이 적용된 것을 확인할 수 있다.

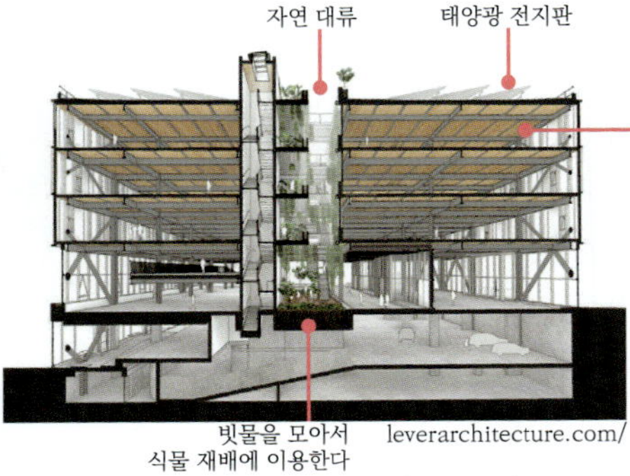

수직 루버 디테일

843 N. Spring

설계 : Lever Architecture

주소 : 843 N. Spring St, Los angeles, CA 90012

길 하나만 건너면 차이나타운 전철역이 자리하는 교통의 요지에 대지가 있다. 설계는 오리건 주 포틀랜드에 본사가 있는 레버 건축이 맡았다. 주로 목재로 건축물을 짓고 있는 회사로 이번에 LA에 지사를 열었다. 30년 동안 자리를 지켜온 단층 짜리 상업 건물을 부수고, 그 자리에 5층 건물을 올린다. 동쪽에서 서쪽으로 경사가 올라가는데, 서쪽 끝이 동쪽 끝보다 약 10ft (3m) 높다. 동쪽과 서쪽에 나란하게 남북으로 길다란 건물을 세우고, 가운데는 수직 동선과 녹지 공간을 채웠다. 동쪽 건물의 1층은 기존 상권을 반영한 시설이 들어서고, 지하층과 1층 뒷공간은 주차장이다. 나머지 윗공간은 사무실 공간으로, 건물이 어떻게 서 있는지 투명하게 보여주고 있다. **LA에서 CLT(cross laminated timber) Panel을 사용한 건물 중에서 가장 규모가 크고 친환경 건축물이다.**

참고 : 2011KRAV, 2013NEWP, 2017BRIC

엘리베이터를 비롯한 부속공간이 들어선 곳에는 창을 덜 냈다.

외벽을 따라 철골로 건물의 뼈대를 감쌌다.

전철 선로와 나란히 건물을 배치

지상에서 3층으로 바로 이어지는 계단이 시선을 끈다.
1층은 필로티로 띄워서 주차장으로 쓰고 있다.

층고에 따른 내부 공간 구성

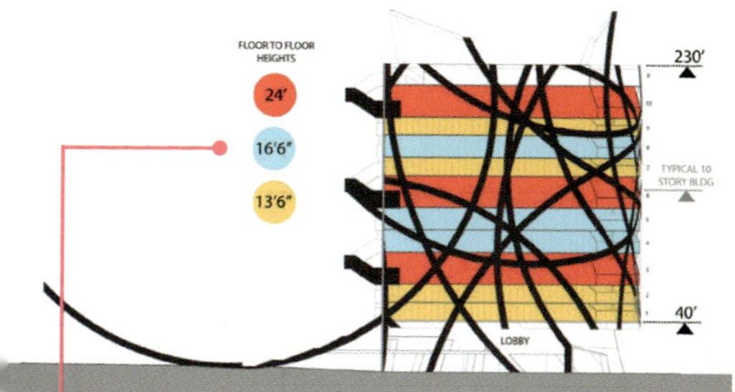

ericowenmoss.com/

Wrapper

Eric Owen Moss : 설계

5790 W. Jefferson Blvd., Los Angeles, CA 90016 : 주소

LA 도심과 샌타모니카를 잇는 지하철은 LA의 오랜 숙원이었다. 최단 거리인 윌셔길로 잇는 방안은 베벌리힐스가 극구 반대를 해서 포기하고, 대신 USC 쪽으로 돌아서 가기로 했다. 이 덕에 새로 전철이 지나 가는 곳 주변이 역세권이 되었다(2012년). 전철이 지나는 철길 바로 남쪽에 이 동네에서 가장 높은 타워를 짓는다. 전망 좋은 철길 쪽으로 넓은 면을 배치하고, 반대편에 엘리베이터를 비롯한 부속 공간을 채워 넣었다. 자연스레 건물은 'T'자형 평면으로 구획되었다. 내부 공간은 층고가 다르게 만들어졌다. 낮은 곳은 13'-6", 높은 곳은 24'도 있고, 중간으로 16'-6"인 곳도 있다. **건물 내부에 기둥을 없애기 위해 구조체를 밖으로 뺐는데, 일반적인 90도 격자가 아니라, 여러 곡선이 얽히고 설키게 해서 입면의 특징으로 삼았다.** 동쪽에 SHoP가 설계한 복합단지가 공사중이다.

2010SAMI, 2014PTER, 2016WAFF : 참고

대지의 북쪽으로 멋진 전망이 펼쳐진다.

프리웨이에서 보면, 눈에 띄는 집이다.

대지의 남동쪽, 진입로에서 본 모습

경사진 대지를 활용하다 보니,
8개의 바닥판이 만들어졌다.

침실 공간 평면도

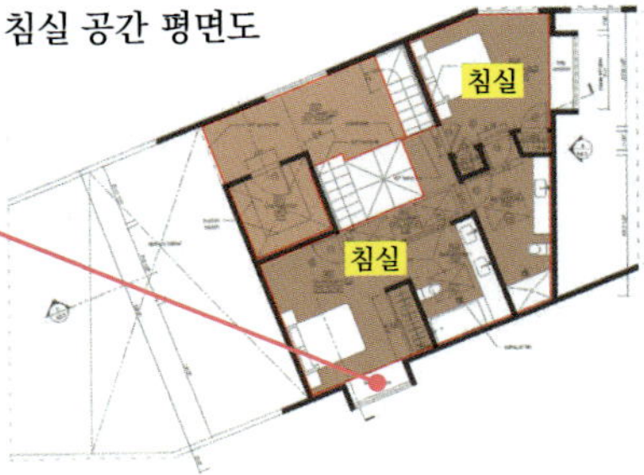

도로 레벨의 평면도

거실 부엌 공간 평면도

planning.lacity.gov

Anonymous House

설계 : Anonymous (Simon Storey)

주소 : 2547 Sundown Dr, Los Angeles, CA 90065

꼬불꼬불 좁은 길을 따라 산기슭 마을을 뚫고 올라 가야 한다. 이윽고 북쪽으로 약 30도 정도로 급한 경사가 내려가는 땅을 만난다. 덕분에 대지는 북쪽을 향해 멋진 전경을 펼치게 된다. LA의 여름 햇살은 너무나 뜨거워 북향이 좋은 선택일 수 있다. 좋은 전망을 누리기 위해 우선 경사지 땅 속 깊숙이 말뚝을 박아야 했다. 그리고 나서 **경사를 따라 자그마한 바닥면을 여러개 놓고, 중앙에 이 바닥면들을 연결하는 계단을 설치했다.** 진입로에서 들어와 주차를 한 후 집 안으로 들어오면 동선이 둘로 나뉜다. 넓은 계단 아래로 내려가면 공적인 성격을 띄는 거실/부엌과 손님방 공간이 나온다. 그리고, 좁은 계단을 따라 위로 올라가면 사적인 가족의 침실 공간이다. 전체적인 건물 형태는 삐딱한 육각형이다. 주변에 건축가 스토리가 경사지에 지은 주택이 여러 채 있다. 다들 독특하다.

참고 : 1939STUR, 1976SCHU, 2005HILL

경기장 내부로 들어가는 입구

프레이리길Prairie Ave 건너에서 본 모습

배치도

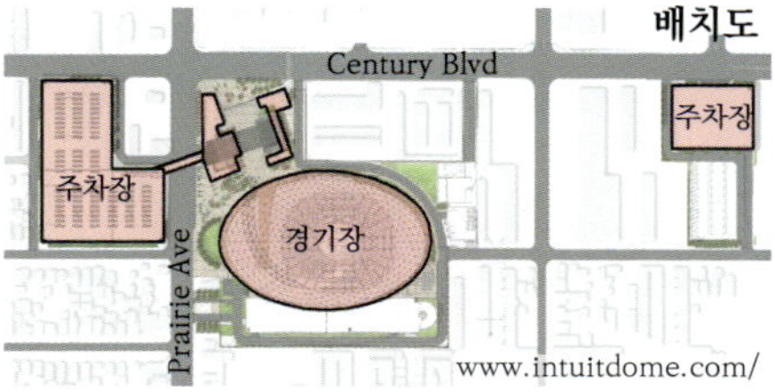

앞 마당plaza은 평상시에는 농구 연습장

콘서트로 사용하기 위한 준비중

Wikimedia : Haruhi8

큰 이벤트 때에는 관중석으로 쓰이는 큰 계단

Intuit Dome

AECOM : 설계

3930 W Century Blvd, Inglewood, CA 90303 : 주소

마이크로소프트의 전임 회장 스티브 발머Steve Ballmer가 20억 달러라는 거금으로 LA Clippers(NBA 농구팀)를 인수하면서, 독립된 경기장을 짓겠다고 공언했다. 2024년 2월까지는 현 Crypto.com Arena(1999STAP)을 여러 프로 스포츠 팀과 나눠 사용했고, 같은 해 8월에 이리로 옮겨왔다. 대지는 SoFi Stadium(2020SOFI)과 가까이에 있어, 잉글우드가 LA의 새로운 스포츠 이벤트 중심지로 자리잡고 있다. 여러 작은 대지를 매입하고 합친 후 진행해서, 주차장과 경기장이 떨어지게 되었다. 연중 온화한 기후를 즐기기 위해 건물의 외피를 완전히 덮지는 않았다. **삼각형 그리드로 타원형 돔을 짜고, 공기가 통하게 살짝 열어 놓았다.** 농구 경기장과 관중석 사이를 최소화했고, 17,800명이 동시에 관람할 수 있다. 2028년 LA 하계 올림픽 농구경기장으로 지정되었다.

1995DICE, 1999STAP, 2020SOFI : 참고

마당을 관통하는 계단의 시작점

삼각형의 대지에 내부 마당을 관통하는 계단이 주민의 주 통행로이다.

loharchitects.com/

계단에서 각 층별로 동선이 빠져나간다.

아담한 내부 마당

층별 마당 너머 멀리 LA 도심이 보인다.

모든 컨테이너 상자의 모서리를 용접해야 했다.

ISLA Intersections

설계 : Lorcan O'Herlihy

주소 : 4242 Crenshaw Blvd Los Angeles, CA 90008

치솟는 주택 임대료를 잡기 위해, LA시는 새로운 해법을 제시했다. 시가 소유하고 있던 땅 중에 1700개를 골라 공공 임대 주택을 짓도록 시장에 내놓은 것이다. 이 중 한 개의 대지로 두 프리웨이가 만나는 인터체인지 근처에 자리하고, LA에서는 드물게 삼각형으로 생긴 땅이다. 건축가는 공사기간을 단축하기 위해 기성 제품인 철제 컨테이너 (20ft x 8ft)를 사용하기로 한다. 북쪽 모서리에 2층짜리 건물을 시작으로, 남쪽으로 갈수록 층수가 올라간다. 최고 5층까지 쌓고, 서쪽으로 돌면서 다시 하나씩 낮아져 전체는 J자 형 배치를 이룬다. **철제 컨테이너가 만나는 모든 면은 외벽에 철판을 덧댄 후 하나하나 용접을 해야 했다. 그래서 예상보다 공사기간이 짧아지지 않고 오히려 늘어났다.** 대지의 서쪽에 있는 좁은 길은 차량의 출입을 막고 보행 전용 공간으로 꾸몄다.

참고 : 2014STAR, 2016CRES, 2021GRAM

건물 중간에 수직과 수평으로 공간을 내서,
채광과 환기에 도움을 얻는다.

층별로 긴 수직 창을 내고,
1층 로비 공간이 앞으로 튀어 나와 있다.

수평으로 난 개구부

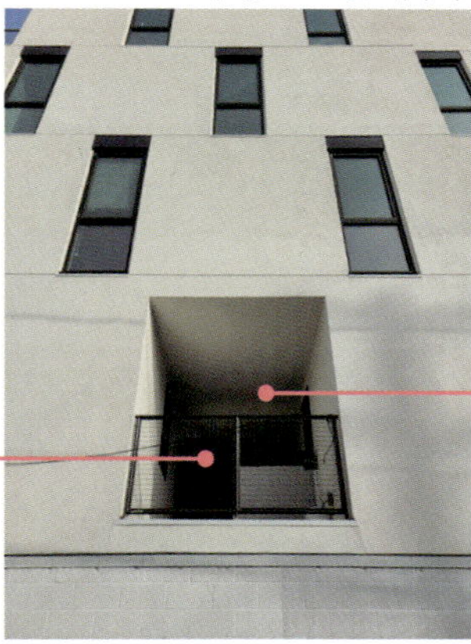

2층 평면도

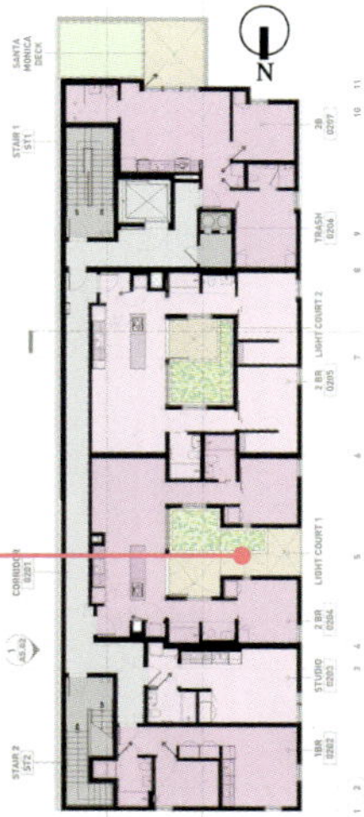

www.iwamotoscott.com/

수직과 수평으로 낸
개구부light court

www.iwamotoscott.com/

4575 Santa Monica

Iwamoto & Scott : 설계

4575 Santa Monica Blvd, Los Angeles, CA 90029 : 주소

샌프란시스코 건축가가 LA에 한국으로 치면 다가구 주택을 지었다. 대중교통을 더 많이 이용하자는 Transit Oriented Development 프로그램을 이용했다. 버스 정류장이 가까워 주차대수 감면 혜택을 받았고, 지하 주차장 없이 1층만으로 주차면적을 해결할 수 있었다. 그리고나서 그 위에 2층부터 5층까지 주거 유닛을 쌓아 올렸다. 중요한 것은 **중간 유닛에 광정light courts을 넣었다**는 거다. Light wells로도 볼 수 있는데, 나름 재미난 공간이다. 자연 채광 뿐만 아니라, 환기도 더 효율적으로 운영할 수 있게 되었다. 이와모토와 스캇은 여기서 멈추지 않고 **수직 중정의 중간에 수평으로 2개의 개구부를 더 뚫었다.** 평면 뿐만 아니라, 입면에서도 중정을 만든 셈이다. 5층 북쪽 끝에는 유닛을 채우지 않고, 주민들의 옥상 정원으로 꾸몄다.

2010FORM, 2018ELYS, 2020COOL : 참고

도서관 앞 기존의 커다란 나무를 품고 있는 입면

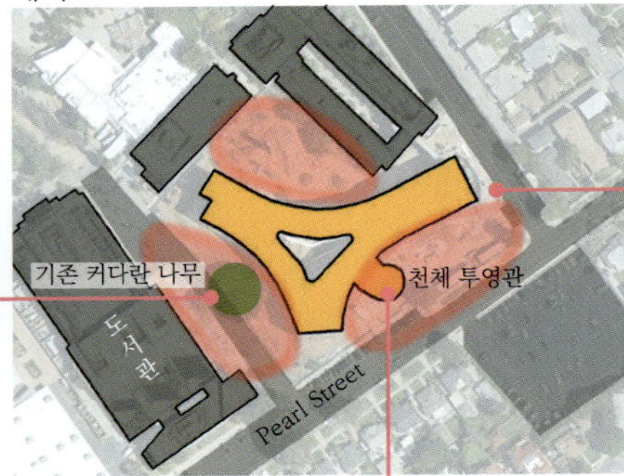

배치도

펄길Pearl St을 향한 입면

3층 복도에서 내려다 본 건물의 중정

건물의 중정에서 2층으로 오르는 주 계단

SMC Math & Science Building

설계 : Mehrdad Yazdani

주소 : 1900 Pico Blvd, Santa Monica, CA 90405

샌타모니카 대학은 2년제로 LA 인근에서 4년제 대학교 편입 진학률이 가장 높은 학교다. 21세기 들어서 STEM(Science, Technology, Engineering, & Mathematics) 계열이 인기가 높아지면서, 과학과 수학을 통합하는 건물을 짓는다. 건물의 위치가 대학 캠퍼스의 남동쪽 모서리에 자리하기 때문에, 이쪽으로 오가는 사람들에게는 대학의 관문 역할도 한다. 건축가 야즈다니는 **이 자리에 맞는 건물은 삼각형이라고 판단했다. 건물 자체의 형태보다 이웃 건물과 사이에 생기는 마당을 중요하게 여겼기 때문**이라고 생각한다. 그래서 건물이 삼각형 안쪽으로 곡선을 이루면서 파였다. 자연스레 마당이 둥글게 생기게 되었다. 성격이 다른 작은 안 마당과 큰 바깥 마당을 비교하는 것도 재미나다. 수학 과학 강의실과 실험실 뿐만 아니라 돔 형태의 천체 투영관도 마련해 두었다.

참고 : 2009CSUN, 2014POCA, 2017SMMD

단면도

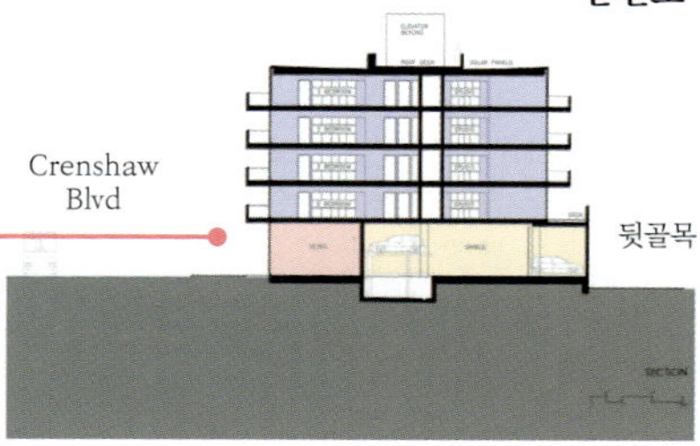

누렇고 하얀 건물이 패턴을 이루며 반복된다.

1층은 상업시설, 2~5층은 주거시설

3~4층 평면도

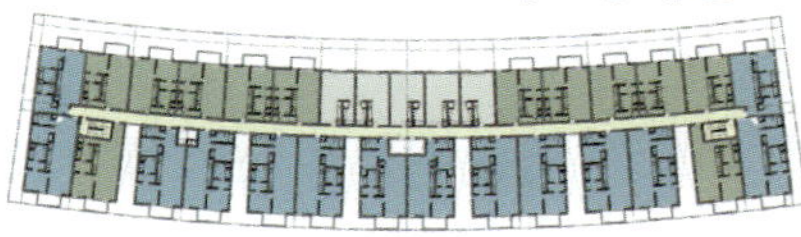

2층 평면도

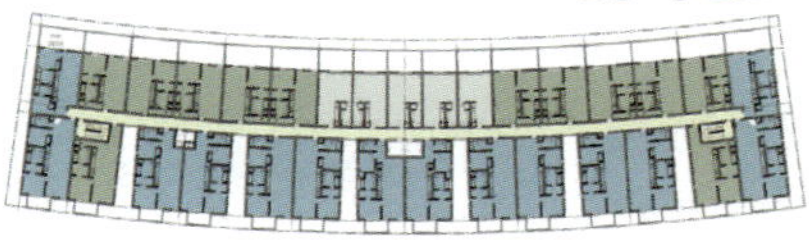

뒷골목에서 본 모습: 주거용은 뒤로 물러나 있다.

1층 평면도

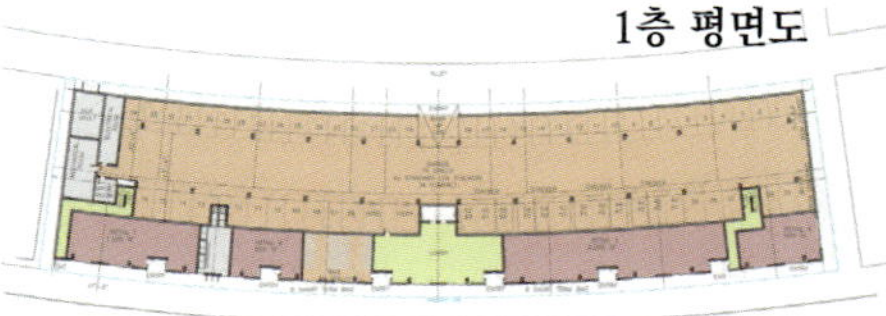

4242 Crenshaw

Stanley Saitowitz : 설계
4242 Crenshaw Blvd Los Angeles, CA 90008 : 주소

세이토위츠는 샌프란시스코에서 설계사무소를 운영하면서, UC 버클리에서 설계를 가르쳐 왔다. 건축주가 요구한 프로그램에 대지가 품고 있는 역사적인 요소나 이웃과의 관계를 고려해서 설계 방향을 제시한다. 대지는 르머트 공원Leimert Park의 한 부분인데, 원래는 카센터로 쓰였던 곳이다. 르머트 공원은 남 캘리포니아에서는 최초로 종합적으로 계획된 커뮤니티 단지다. 건축가는 **이웃의 단독 주택에 규정된 비례와 높이를 고려했다. 새로 짓는 집합주택에도 같은 비율을 적용해서 최대한 이웃과 조화되기를 바랐다.** 건물은 5층 규모로, 1층의 도로 쪽에는 상업시설을, 뒤로는 주차장을 마련했다. 2층부터 5층까지에 주거 유닛을 올려 놓았다. 주거 건물을 대지의 형태를 따라 길게 배치하면 갑갑할 것같아서, 7개로 나눈 후 중간중간에 좁고 긴 마당을 마련하여 채광과 환기를 살렸다.

2013TONG : 참고

Destination Crenshaw

4444 Crenshaw Blvd,
Los Angeles, CA 90043
by Perkins & Will

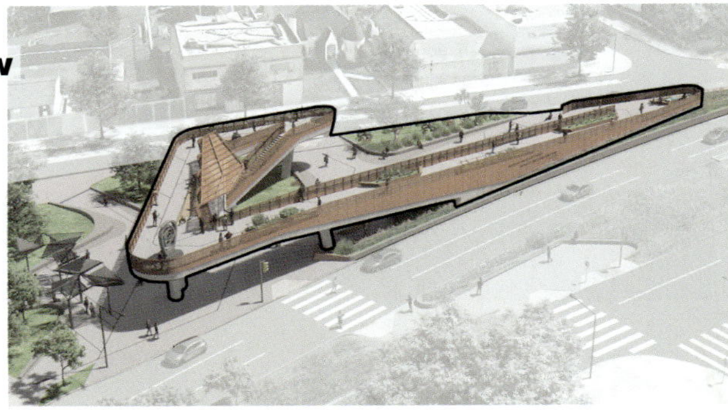

Robert Day Sciences Center

681 Claremont Blvd,
Claremont, CA 91711
by Bjarke Ingels Group (BIG)

LAX Metro Transit Center

9600 Portal Ave,
Los Angeles, CA 90045
by Nicholas Grimshaw

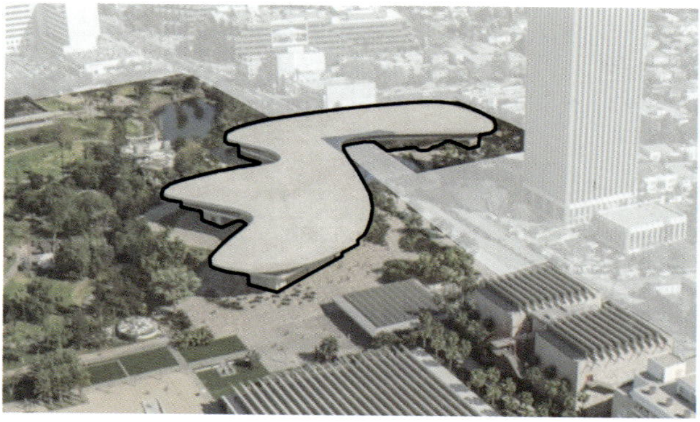

LACMA Expansion
5905 Wilshire Blvd,
Los Angeles, CA 90036
by Peter Zumthor

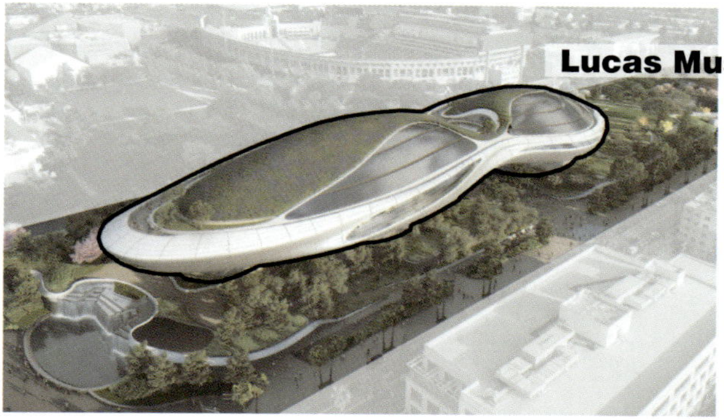

Lucas Museum of Narrative Art
One Lucas Plaza,
Los Angeles, CA 90037
by Ma Yansong
(MAD)

Santa Monica College Art Complex
1500 Pico Blvd,
Santa Monica, CA 90405
by Nicholas Grimshaw

Habitat - 3401 S La Cienega

3401 S La Cienega Blvd,
Los Angeles, CA 90016
by SHoP

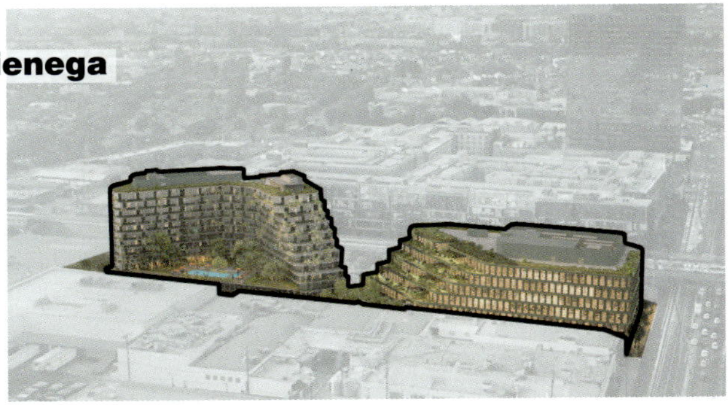

Colburn Center

221 S Grand Ave,
Los Angeles, CA 90012
by Frank Gehry

The Broad Expansion

137 S Hill St,
Los Angeles, CA 90012
by Diller, Scofidio, & Renfro

김태식

- 중앙대학교 건축학과 학부와 대학원 졸업
- 석사논문 : '선교장 가족 성원의 역할을 통해 본 전통주거 공간의 재조명'
  (지도교수 : 이희봉)
- 서울건축학교 워크숍 (튜터 : 정재헌)
- University of Southern California 건축 석사(M. Arch) 졸업
- 원양 건축과 Harley Ellis Devereaux 등에서 건축 실무
- KDK Design Builder, Inc에서 VP로 활동 중
- 개인 블로그 https://blog.naver.com/geocrow 운영 중

로스앤젤레스 건축 가이드

Los Angeles Architectural Guide

:: 2025년 6월 30일 1쇄 발행

:: 김태식 저

:: 발행인 | 김기현

:: 발행처 Spacetime · 시공문화사

:: 등록 | 1993.3.12 제 1-1493

:: 인쇄 | 예림인쇄사

:: 제본 | 보경문화사

:: 03733 서울시 서대문구 독립문공원길 13 극동프라자 5층

:: 전화 02-3147-1212 2323 | 팩스 02-3147-2626

:: spacetime@korea.com | www.spacetime.co.kr

:: ISBN 978-89-5592-493-0

정가 18,000원